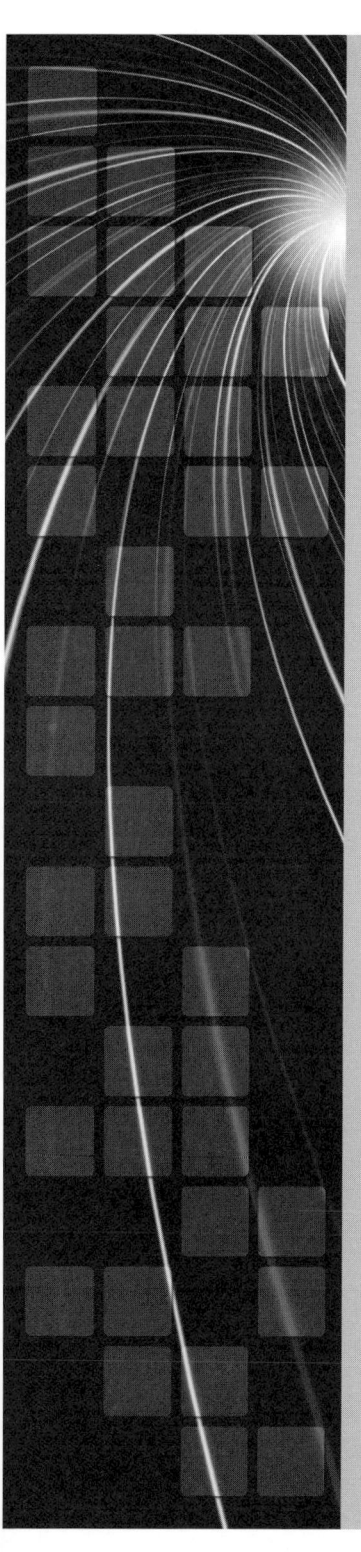

# ディジタル信号処理システムの基礎

Digital Signal Processing Systems

渡部 英二【著】

森北出版株式会社

●本書のサポート情報を当社Webサイトに掲載する場合があります．
下記のURLにアクセスし，サポートの案内をご覧ください．

https://www.morikita.co.jp/support/

●本書の内容に関するご質問は，森北出版 出版部「(書名を明記)」係宛
に書面にて，もしくは下記のe-mailアドレスまでお願いします．なお，
電話でのご質問には応じかねますので，あらかじめご了承ください．

editor@morikita.co.jp

●本書により得られた情報の使用から生じるいかなる損害についても，
当社および本書の著者は責任を負わないものとします．

■本書に記載している製品名，商標および登録商標は，各権利者に帰属
します．

■本書を無断で複写複製（電子化を含む）することは，著作権法上での
例外を除き，禁じられています．複写される場合は，そのつど事前に
(一社)出版者著作権管理機構（電話03-5244-5088，FAX03-5244-5089，
e-mail：info@jcopy.or.jp）の許諾を得てください．また本書を代行業者
等の第三者に依頼してスキャンやデジタル化することは，たとえ個人や
家庭内での利用であっても一切認められておりません．

# まえがき

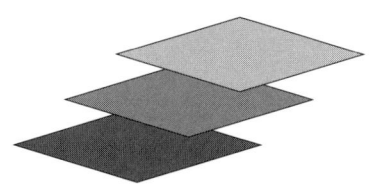

　世の中がディジタル時代に突入したといわれるようになってから久しい．ディジタル時代を支える基盤技術はたくさんあるが，ディジタル信号処理が非常に重要な位置を占めていることは，異論のないところであろう．このようなことから，現在では多くの大学でカリキュラムの中にディジタル信号処理が取り入れられている．実は，ディジタル信号処理は非常に多くのバックグラウンドの上に成り立っている学問である．すぐに思い浮かべるものを挙げてみても，回路理論，制御理論，情報理論，確率過程論，論理回路論など，多くの科目が挙げられる．したがって，教える側がどのような立場から講義するかにより，シラバスの内容が微妙に変わってくる可能性がある．かつては，学部 3 年生までにこれらのバックグラウンドのいくつかを修めてから，4 年生あるいは大学院でディジタル信号処理に取り組むのが主流であったので，立場の違いを特色にして講義ができた．たとえば，筆者の場合は回路理論を基礎とするディジタル信号処理を展開してきた．ところが，昨今の技術の進歩によりディジタル信号処理の立場が発展科目から基礎科目へとシフトしたため，教える側にはこの科目が出発点になるような教え方が望まれるようになった．こうなってくると，従来他の科目で取り扱っていた事項をディジタル信号処理を通して教えざるを得なくなってくる．一例を挙げると，回路理論で教えていた時間領域と周波数領域の概念などである．

　以上のような背景のもと，本書は，ハードウェア実現あるいはソフトウェア実現を問わず，ディジタル信号処理システムを構成するための基礎理論について述べている．解析論だけでなく可能な限り合成論を展開するように心掛けて，設計の楽しさが伝わるように述べたつもりである．まず，第 1 章でディジタル信号処理の背景についてごく簡単に説明した後，第 2 章で離散時間信号とシステムについて述べている．この 2 章は，基礎科目としてのディジタル信号処理となるように信号とシステムの取り扱いの基礎から出発している．第 3 章では，標本化定理を理解するのに必要最小限の連続時間信号とシステムについて述べている．そして第 4 章では標本化定理を解説している．本章では，理想状態での標本化定理の説明に加え，現実の

システムで生じる現象の解析についても比較的多くのページを割いている．第5章では信号のスペクトルを解析するための各種のフーリエ表現について述べた後，高速フーリエ変換の計算法について述べている．第6章では，信号処理においてもっとも基本的な要素システムであるディジタルフィルタについて述べている．ディジタルフィルタの伝達関数の近似問題よりも回路構造に比較的ウェイトをおいて記述している点は，本書の特徴である．第7章では実現問題を取り上げている．従来，実現問題では有限語長問題が中心となっていたが，最近のハードウェアの進歩によりその重要度は低下していると思われるので，ハードウェアあるいはソフトウェアとしていかに実現するかを話題の中心としている．

　本書は先に述べたように学部レベルでのディジタル信号処理の教科書となることを想定して執筆したが，欲張って大学院レベルの参考書にもなりうるように，やや高度な部分も混ぜている．したがって，本書を読むにあたっては，トピックスの取捨選択を適時行いながら読み進めることを読者に期待する．また，読者が複素関数と電気回路の初歩的な知識をもっていることを仮定している．ディジタル信号処理に関する文献は，オッペンハイムの名著をはじめとして，これまでに数多くの優れたものが出版されている．このような状況にあって，著者が浅学を省みず本書を出版することになったが，本書がディジタル信号処理を志す学生および技術者諸氏のお役に立てれば幸いである．

　最後に，森北出版（株）の利根川和男氏をはじめ本書の出版にあたってお世話になった関係各位にお礼申し上げる．

2008年1月

渡部　英二

# 目　次

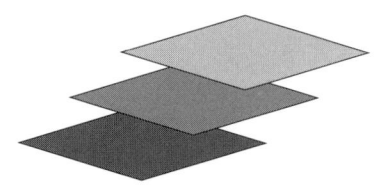

## 第 1 章　信号処理の概要　　　　1
1.1　アナログ信号処理の概念 …………………………………… 1
1.2　基本信号処理 ………………………………………………… 2
1.3　ディジタル信号処理の概念 ………………………………… 4
1.4　ディジタル信号処理の歴史的背景 ………………………… 5
1.5　ディジタル信号処理の特徴 ………………………………… 6
　　　第 1 章の問題 ……………………………………………… 7

## 第 2 章　離散時間信号とシステム　　　　8
2.1　信号とシステムの表現 ……………………………………… 8
2.2　周波数特性 …………………………………………………… 19
2.3　$z$ 変換 ………………………………………………………… 27
2.4　伝達関数と回路 ……………………………………………… 36
2.5　システムの安定性 …………………………………………… 43
　　　第 2 章の問題 ……………………………………………… 45

## 第 3 章　連続時間信号とシステム　　　　48
3.1　フーリエ変換 ………………………………………………… 48
3.2　フーリエ級数 ………………………………………………… 54
3.3　デルタ関数 …………………………………………………… 56
3.4　連続時間システム …………………………………………… 60
3.5　ラプラス変換 ………………………………………………… 65
　　　第 3 章の問題 ……………………………………………… 70

## 第4章　連続時間信号の標本化　72

- 4.1　標本化定理 …… 72
- 4.2　周期信号の標本化 …… 78
- 4.3　現実のフィルタによる内挿 …… 81
- 4.4　帯域制限の影響 …… 84
- 4.5　ホールド回路 …… 88
- 4.6　オーバーサンプリング …… 95
- 4.7　ディジタルシミュレータ …… 98
- 　　　第4章の問題 …… 102

## 第5章　離散フーリエ変換と高速フーリエ変換　104

- 5.1　離散時間フーリエ変換 …… 104
- 5.2　離散フーリエ級数 …… 108
- 5.3　離散フーリエ変換 …… 110
- 5.4　高速フーリエ変換 …… 113
- 　　　第5章の問題 …… 118

## 第6章　ディジタルフィルタ　119

- 6.1　ディジタルフィルタリング …… 119
- 6.2　無歪みフィルタリング …… 120
- 6.3　理想フィルタ …… 121
- 6.4　FIRフィルタの特性近似 …… 124
- 6.5　IIRフィルタの特性近似 …… 132
- 6.6　周波数変換 …… 145
- 6.7　相補性 …… 152
- 6.8　ディジタルフィルタの回路 …… 154
- 　　　第6章の問題 …… 168

## 第7章　システム実現　170

- 7.1　数の表現 …… 170
- 7.2　誤差とその影響 …… 172
- 7.3　ソフトウェア実現 …… 175

| | | |
|---|---|---|
| 7.4 | 専用ハードウェアによる実現 …………………………………… | 182 |
| 7.5 | ディジタルシグナルプロセッサ ………………………………… | 185 |
| | 第 7 章の問題 …………………………………………………… | 187 |

| | |
|---|---|
| **参考および関連文献** | **188** |
| **演習問題解答** | **190** |
| **索　引** | **206** |

┌─ ◆電気抵抗および抵抗器の記号について ─────────────
│ JIS では (a) の表記に統一されたが，まだ論文誌や実際の作業現場では
│ (b) の表記を使用している場合が多いので，本書は (b) で表記している．
│
│
│
│ ※本書では，他の記号においても旧記号を使用している場合があります．
└────────────────────────────────

# 信号処理の概要

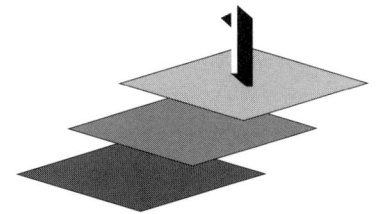

▶▶▶▶▶

　本書で展開される議論の背景を知ってもらうために，具体的な議論に先だって本章で信号処理の背景を述べておく．最初に従来のアナログ信号処理について述べてから，それと対比する形でディジタル信号処理とはどのようなものかについて簡単に述べるとともに，歴史的背景と特徴について述べる．

◀◀◀◀◀

## 1.1　アナログ信号処理の概念

　自然現象や社会現象に由来する量を時間の関数として表したものを信号とよぶ．時間変数と関数値の両方が連続値をとる信号を**連続時間信号**あるいは**アナログ信号**とよび，$x(t)$ のように表現する．たとえば，マイクロフォンで捉えた音声は空気の圧力変化に相似（アナログ）な変化をする電圧で表される連続時間信号である．信号には $s(t) = A\sin(\omega t + \theta)$ のように数式を用いて確定的に記述される**確定信号**と，時点 $t_0$ における信号値 $s(t_0)$ が確率的にしか決まらない**確率信号**の二つのタイプがある．

　**連続時間システム**とは図 1.1 に示すように入出力が連続時間信号であるシステムのことで，入力信号 $x(t)$ に出力信号 $y(t)$ を対応させる機能を有する．連続時間システムは電子回路（アナログ回路）によって構成される．**信号処理**とは与えられた入

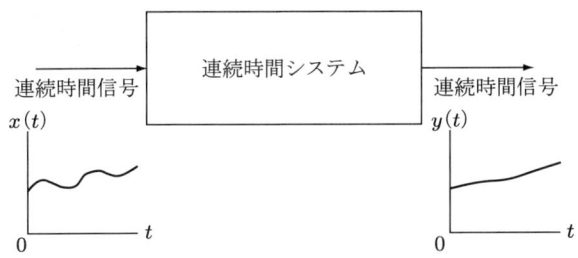

**図 1.1**　アナログ信号処理の概念図

力信号を加工して望ましい形の出力信号を得るための操作のことである．連続時間システムが有する入出力の対応関係を利用して信号処理を行うことを**アナログ信号処理**といい，それを行うシステムをアナログ信号処理システムという．図 1.1 の例では，入力信号 $x(t)$ に存在するゆっくりとした変動を取り除く信号処理をしている．このような処理をフィルタリングといい，基本的な信号処理の一つである．

■**アナログ信号処理システムの例**

図 1.2 に示す RC 回路に $t = 0$ でステップ上に電圧がジャンプする $v_1(t)$ を印加するときの $v_2(t)$ を考えよう．回路理論の教えるところによれば，$v_2(t)$ に関する微分方程式は $t \geqq 0$ において

$$RC\frac{d}{dt}v_2(t) + v_2(t) = E \tag{1.1}$$

である．この微分方程式の解は，コンデンサの初期電荷が零のとき，

$$v_2(t) = E(1 - e^{-t/RC}) \tag{1.2}$$

となる．さらに，$t \fallingdotseq 0$ のとき

$$v_2(t) \fallingdotseq \frac{E}{RC}t \tag{1.3}$$

と近似できるので，この回路は一定値の信号を時間に比例して値が増加する信号に波形整形する信号処理システムであることがわかる．

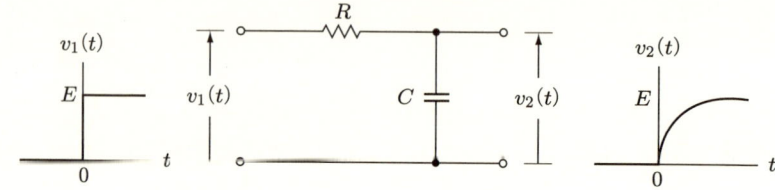

図 **1.2** RC 回路によるアナログ信号処理の例

## 1.2　基本信号処理

一見複雑そうに見える信号処理も基本的な信号処理の組み合わせでできあがっていることが多いので，高度な信号処理を生み出すためには基本的な信号処理について理解することが不可欠である．代表的な基本信号処理を以下に示す．

- フィルタリング
  $s(t) + n(t)$ のように複数の信号が混合されているとき，$s(t)$ のみを取り出す

操作をフィルタリングという．また，これを行う信号処理システムをフィルタとよぶ．フィルタリングはシステムの周波数特性を利用して行うタイプと，確率信号を対象にその統計的性質を利用して行うタイプの二つがある．本書では前者のタイプのフィルタの構成法を取り扱う．後者の処理を信号の平滑化とよぶこともある．

- 波形整形

　信号波形を望ましい形に加工する処理のことである．波形整形はシステムの時間応答特性を利用して実行される．また，ダイオードの電圧・電流特性のような非線形を利用する場合もある．

- 等化

　歪んだ信号から歪みを取り除いて元の信号を再現する処理のことである．それを行う信号処理システムが等化器（イコライザ）である．

- スペクトル解析

　信号の周波数成分（スペクトル）を求める処理をスペクトル解析とよぶ．確定信号の場合は真のスペクトルを解析的に表示することも可能である．一方，確率信号の場合には真のスペクトルを推定するしかないので，この操作をスペクトル推定とよぶ．スペクトル解析を行ってスペクトル分布を表示するシステムがスペクトラムアナライザである．

- 信号モデリング

　われわれが信号を観測するとき，観測可能なのは過去から現在に至る信号の一部に過ぎない．この状況下で信号の未来値を予測しようとすれば，現時点までの有限個の観測データを利用した統計的推定により信号をモデル化しなければならない．この処理を信号モデリングという．

　信号処理システムに入力される信号に関する情報が未知の場合に（たとえば周波数が不明であるなど），信号モデリングを行って未知情報を推定し，それに合わせて上述の基本信号処理のパラメータを制御して信号処理を行う手法を**適応信号処理**という．

　フィルタリングは，波形整形，等化，スペクトル解析，信号モデリングの構成要素としても使われる．上の分類では五つを並べて書いたが，実はフィルタリングがもっとも基本的である．これらの基本信号処理のうち，アナログ信号処理システムでは実現が困難でディジタル時代になってから実用化されたものもある（たとえば，信号モデリング）．

## 1.3 ディジタル信号処理の概念

ディジタル信号処理（Digital Signal Processing, **DSP**）は，簡単にいえば，アナログ電子回路で行われていたフィルタリングなどの信号処理をディジタル計算機の演算で置き換えることである．その概念図をアナログ信号処理と対比して示すと図 1.3 のようになる．アナログ信号処理が信号をアナログ量として電圧あるいは電流の形で電子回路に入力して処理するのに対して，ディジタル信号処理はアナログ信号を A/D 変換器で 2 進符号列に変換してからディジタルハードウェアに入力して処理する．そして，得られた 2 進符号列を D/A 変換器を通してアナログ信号に戻す．1.2 節で述べた基本信号処理は，アナログ信号処理のみならず，ディジタル信号処理によっても実現できる．むしろ，ディジタル信号処理を積極的に使う方が高性能にできることが多い．

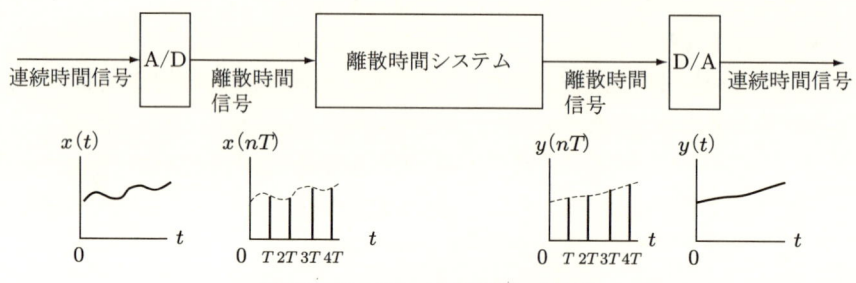

図 1.3　ディジタル信号処理の概念図

A/D 変換器の出力の 2 進符号列のことを**離散時間信号**あるいは**ディジタル信号**とよぶ．離散時間信号とディジタル信号の厳密な区別は，$x(nT)$ が連続値か離散値であるかによるが，ハードウェアを意識しているとき以外は $x(nT)$ が離散値だと考える必要はないので，ほとんどの場合同じ意味で用いられる．ほとんどの離散時間信号は，連続時間信号 $x(t)$ を $t = nT$ で評価することにより

$$\cdots, x(-3T),\ x(-2T),\ x(-T),\ x(0),\ x(T),\ x(2T),\ x(3T),\ \cdots$$

のような数列として得られ，これを**標本値列**という．また，標本値列を得るための操作を**標本化**という．離散時間信号には標本化によって得られるもののほかに，日々の人口推移のような時系列データなど，最初から離散時間信号として存在するものもある．また，離散時間信号も確定的な信号と確率的な信号の二つに分類することができる．

離散時間信号を処理するシステムを**離散時間システム**という．すなわち，離散時間システムは数列を入力して数列を出力するシステムである．ディジタル信号処理は離散時間システムを用いた信号処理のことである．離散時間システムはマイクロ

プロセッサとほぼ同等の構造であり，連続システムに比べて一般に複雑な構成となる．本書では前者の離散時間確定信号をフィルタリング処理するための離散時間システムの解析と構成を中心に議論を展開していく．

■ディジタル信号処理システムの例

ここで，簡単な例を考えてみよう．離散時間システムの入出力信号の関係は

$$y(nT) = by(nT - T) + x(nT) \tag{1.4}$$

のような形式で一般に表される．この式は，時点 $nT$ のシステムの出力が同時点の入力 $x(nT)$ に1時点前の出力 $y(nT - T)$ を $b$ 倍して加えたものに等しいことを意味している．これは高校数学で学ぶ漸化式であるが，本書では**差分方程式**とよぶことにする．ディジタルハードウェアで実現した離散時間システムは式 (1.4) のような差分方程式を $n = 0$ から $y(0), y(T), y(2T), \cdots$ の順に出力を逐次計算している．ここでは，$n \geq 1$ における $y(nT)$ を解析的に求めてみよう．ただし，簡単のために入力 $x(nT)$ を

$$x(nT) = \begin{cases} 0 & (n \leq 0) \\ E & (n > 1) \end{cases} \tag{1.5}$$

とし，出力の初期値を $y(0) = 0$ とする．簡単な変形により式 (1.4) は $n \geq 1$ で

$$y(nT) - \frac{E}{1-b} = b\left\{y(nT - T) - \frac{E}{1-b}\right\} \tag{1.6}$$

のように書き直せるので，$y(nT)$ は

$$y(nT) = \frac{E}{1-b}(1 - b^n) \tag{1.7}$$

となる．この $y(nT)$ において，$b = e^{-T/RC}$ なる関係があれば，$y(nT)$ と式 (1.3) の $v_2(t)$ の間で

$$y(nT) = \frac{1}{1-b}v_2(nT) \tag{1.8}$$

が成立する．すなわち，式 (1.4) の離散時間システムの出力は，定数倍を除けば，連続時間システムの出力を $t=nT$ で計算したものと一致する．このことは，アナログ信号処理と同等の処理がディジタル信号処理によって達成されていることを意味する．

## 1.4　ディジタル信号処理の歴史的背景

ディジタル信号処理の源流をさかのぼれば 17 世紀のニュートンにまで行き着くことができる．この時代に自然現象を微分方程式で記述してシミュレーションを行

うことが始まったが，ニュートンは解析的に解けないものについてすでに数値解法を行っていたといわれている．前節で紹介したアナログ信号処理とディジタル信号処理の例は，別の見方をすれば，微分方程式の数値解法ということができるので，ニュートンがディジタル信号処理の始祖といってもあながち誤りではないだろう．

パルス通信を基礎づけるものとして1940年代後半に発表された標本化定理は，アナログ信号のディジタル処理に正当性を与えるもので，ディジタルフィルタの可能性についての議論もこのころに始まったようである．現在に直接つながる形でのディジタル信号処理は，1950年代に大型電子計算機を用いたデータ処理技術の一環として，A/D変換の結果をデータストレージに蓄積してから処理を行うオフライン処理の形で始められた．石油探査のための人工地震の地震波の解析がその典型例である．ディジタル信号処理の有用性を世に知らしめたのは，1965年のクーリーとチューキーによる高速フーリエ変換（Fast Fourier Transform, FFT）アルゴリズムの発表である．これにより，ディジタル信号処理にはアナログ信号処理にはない特徴があることが明らかになり，今日まで盛んに研究・開発が行われてきた．特に，LSI技術の発展とそれに伴うマイクロプロセッサの進歩は，A/D変換結果をそのまま処理する実時間処理を現実のものとした．その結果，現在は完全にディジタル時代となり，身近な電子機器の中にも当たり前のようにディジタル信号処理が取り入れられている．

## 1.5 ディジタル信号処理の特徴

ディジタル信号処理が現在のように隆盛を極めたのはそれを覆すだけの理由がある．次に，アナログ信号処理と比べたディジタル信号処理の特徴を示す．

① 精度
ディジタル信号処理では，演算語長を長くすれば容易に高精度の処理を実現できる．これに対してアナログ信号処理では，処理精度を上げることは使用する素子の精度を上げることにより達成されるが，経済性を考えると容易なことではない．

② 再現性
アナログ信号処理では素子偏差などにより同一構成のシステムでも特性にばらつきが生じるが，ディジタル信号処理では同一構成のシステムは同一の特性を示す．

③ 安定性
アナログ信号処理では素子の経年変化や温度変化によりシステムの特性が変

動するが，ディジタル信号処理ではこれは生じない．
④ 柔軟性

ディジタル信号処理はプログラマブルな構成が容易で，同一ハードウェア構成で種々の特性を実現できる．アナログ信号処理では，特性を変えることは素子値の変更になり回路の再設計が必要となる．

⑤ 経済性

音声コーデックのようなシステムについて，システム全体をディジタル信号処理で実現して一つのLSIに集積化することにより経済性の向上が図れる．これはLSIの集積度の向上とともに可能になったことで，ディジタル信号処理普及の大きな要因の一つである．

⑥ 機能性

先ほど述べた基本信号処理のうち，スペクトル解析や信号モデリングは高度な演算が必要なため，アナログ信号処理では実現が難しい．このようにディジタル信号処理はアナログ信号処理で成しえなかった機能を実現することができる．

以上をまとめると，ディジタル信号処理の最大の特徴は，アナログ信号処理では実現不可能な機能を高精度に低価格で実現できるところにある．

このような素晴らしい特長をもったディジタル信号処理の応用上のネックは何かというと，処理可能な信号の周波数が抑えられていることである．最近ビデオ信号をディジタル信号処理するシステムが登場してきているが，かつてはディジタル信号処理というと音声帯域処理というイメージがあった．適用可能周波数の上限を決めるのはほとんど乗算器の速度であり，ハードウェア実現技術の進歩とともにこの上限は上がっている．

## 第1章の問題

**1.1** ディジタル信号処理の特徴をアナログ信号処理との比較をしながら述べよ．

**1.2** ディジタル信号処理の発展のキーとなった技術的要因について簡単に説明せよ．

**1.3** ディジタル信号処理を用いてラジオ受信機をディジタル化する場合の構成法を考えてみよ．

**1.4** 世の中の信号処理はほとんどのものがアナログ信号処理からディジタル信号処理に変わりつつあるが，最後までアナログ信号処理が残る部分がいくつかある．ディジタル化が不可能なのはどんな分野であるか，一例を挙げて答えよ．

# 離散時間信号とシステム

▶▶▶▶▶

本章では，ディジタル信号処理システムの解析や設計の基礎となる離散時間信号とシステムの取り扱い方について解説する．信号とシステムの数学的表現からスタートし，システムの構造や安定性まで言及する．ここで書かれている内容は基本中の基本であるので，読者は全項目をマスターすることを望む．

◀◀◀◀

## 2.1 信号とシステムの表現

ディジタル信号処理システムの入出力は，前章でも述べたように

$$\cdots, x(-3T), x(-2T), x(-T), x(0), x(T), x(2T), x(3T), \cdots$$

のような数列がその実体である**離散時間信号**である．いうまでもなく，離散時間信号は時間軸上の離散的な時点のみで値が定義された信号である．ここで $T$ を**標本化周期**とよび，$T$ 秒ごとにこの信号は値をもっていることを意味する．離散時間信号が入力されると直ちに処理を実行する実時間処理では，この $T$ が大きな意味をもつ．しかし，一度離散時間信号がハードディスクなどのデータストレージに格納されてしまえば，$T$ に大きな意味はなくなる．すなわち，離散時間信号において重要なのは値の順序である．そこで，$T$ を省略して $x(n)$ と表すことも可能である．この表現法は，$T$ を1sに正規化しているとみなすこともできる．

数列としての離散時間信号を厳密に表記するためには

$$\begin{aligned} x &= \{\cdots, x(-3T), x(-2T), x(-T), x(0), x(T), x(2T), x(3T), \cdots\} \\ &= \{x(nT)\}, \quad -\infty < n < \infty \end{aligned} \tag{2.1}$$

としなければならないが，本書では $x(nT)$ によって信号そのものを表すことにする．ただし，$x(nT)$ には時点 $nT$ における信号 $x$ の値という意味もあるので，$x(nT)$ が信号そのものを表すのに使われているのか，時点 $nT$ の値を表すのに使われているの

かは，文脈から類推する必要がある．

二つの**信号の和**，**信号の差**および**信号の積**は一つの離散時間信号を表し，同時点の信号値どうしを加算，減算および乗算をすることにより与えられる．たとえば，二つの信号 $x(nT)$ と $y(nT)$ の和は

$$x + y = \{x(nT) + y(nT)\} \quad -\infty < n < \infty \tag{2.2}$$

である．

離散時間信号と同様の用語として**ディジタル信号**がある．本書では，離散時間信号とディジタル信号は同じ意味で用いるが，厳密には異なる．離散時間信号は時間軸方向が離散かどうかに着目した信号のクラスであり，反対の概念が**連続時間信号**である．ディジタル信号は振幅方向が離散かどうかに着目した信号のクラスであり，反対の概念が**アナログ信号**である．したがって，正確に信号を表すためには離散時間ディジタル信号や離散時間アナログ信号のように表記する必要がある．しかしながら，振幅方向が離散であることが問題になるのは演算誤差を考えるときのみであり，そのほかの場合には振幅方向が離散かどうかを配慮しなくても議論は進められる．そこで本書では，離散時間信号とディジタル信号は同じ意味で用いる．

### 2.1.1 インパルス信号とステップ信号

図 2.1 の信号を式で表すと

$$u(nT) = \begin{cases} 0 & (n < 0) \\ 1 & (n \geq 0) \end{cases} \tag{2.3}$$

となる．この信号を**単位ステップ信号**とよぶ．「単位」という単語は大きさが 1 であることを意味していて，それ以外の場合は単に**ステップ信号**とよぶ．

もう一つ重要な離散時間信号に

$$\delta(nT) = \begin{cases} 1 & (n = 0) \\ 0 & (n \neq 0) \end{cases} \tag{2.4}$$

があり，**単位インパルス信号**という．その波形を図 2.2 に示す．この場合の「単位」という単語の使い方もステップ信号のときと同様で，一般的には**インパルス信号**とよぶ．これら二つがもっとも基本的な離散時間信号である．離散時間信号の本質が数列であることから，信号という言葉のかわりに系列を用いてそれぞれ**ステップ系列**および**インパルス系列**とよぶこともある．

$\delta(nT - kT)$ は $\delta(nT)$ を $kT$ だけ時間遅れさせたもの，すなわち図 2.2 で右に $kT$ だけ $\delta(nT)$ を移動さたものである．式で表すと，式 (2.4) より

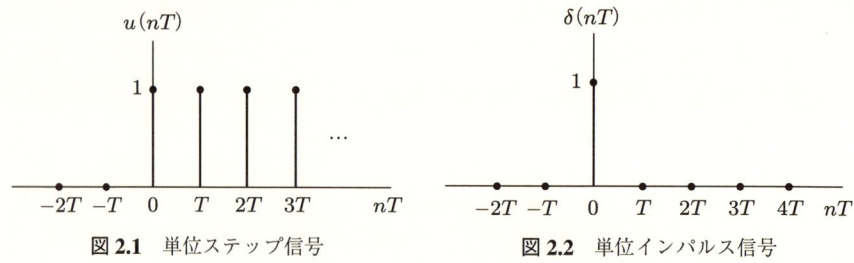

**図 2.1** 単位ステップ信号　　　　**図 2.2** 単位インパルス信号

$$\delta(nT - kT) = \begin{cases} 1 & (n = k) \\ 0 & (n \neq k) \end{cases} \quad (2.5)$$

となる．これから単位インパルス信号と任意の信号 $x(nt)$ の積が

$$x(nT)\delta(nT - kT) = x(kT)\delta(nT - kT) \quad (2.6)$$

となることがわかる．

単位インパルス信号は他の信号を表現するのに用いることができる．図 2.1 と図 2.2 を見比べると，単位ステップ信号は $n \geq 0$ の領域に単位インパルス信号を均等に配置したものであることがわかるので，

$$u(nT) = \sum_{k=0}^{\infty} \delta(nT - kT) \quad (2.7)$$

と表せる．一般の場合には，任意の信号 $x(nT)$ に対して

$$x(nT) = \sum_{k=-\infty}^{\infty} x(kT)\delta(nT - kT) \quad (2.8)$$

が成り立つ．この式は一見奇異に見えるが，システムの応答などを考えるときには重要な役目を果たす．この式の意味を理解するには，$x(nT)$ は信号そのものを表し，$x(kT)$ が時点 $k$ での信号値を表していることを認識しておく必要がある．また，式 (2.7) において $m = n - k$ のように変数変換すると

$$u(nT) = \sum_{m=n}^{-\infty} \delta(mT) = \sum_{m=-\infty}^{n} \delta(mT) \quad (2.9)$$

が得られる．このような総和をランニングサムとよぶ．この計算の仕方は，図 2.3 のように $n < 0$ と $n \geq 0$ の二つの部分に分けて考えると理解しやすい．$n < 0$ のときには総和の中に $\delta(0)$ が含まれないので常に結果は零であり，$n \geq 0$ のときには総和の中に $\delta(0)$ が必ず含まれるので常に結果は 1 である．ゆえに，この総和の結果は単位ステップ関数であることがわかる．

2.1 信号とシステムの表現　**11**

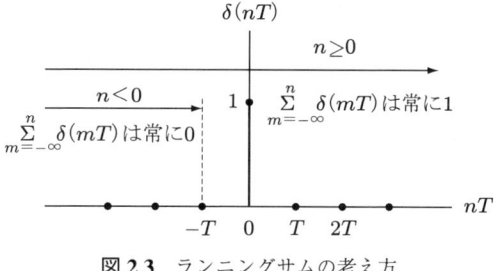

**図 2.3** ランニングサムの考え方

逆に，単位ステップ信号で単位インパルス信号を表現することもできる．1 標本化周期だけ時間のずれた二つの単位ステップ信号の差である

$$\delta(nT) = u(nT) - u(nT - T) \tag{2.10}$$

が単位インパルス信号を表すことは，図 2.1 と図 2.2 を見比べれば，理解できるであろう．

■**例題 2.1**　図 2.4 の信号を単位インパルス信号を用いて表せ．次いで，単位ステップ信号で表してみよ．

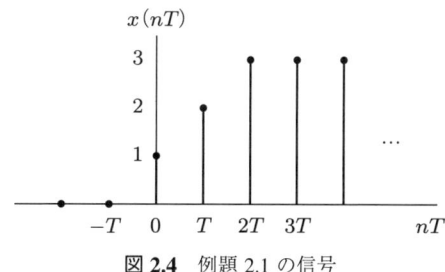

**図 2.4** 例題 2.1 の信号

**解答**　$x(nT)$ は

$$x(nT) = \begin{cases} 0 & (n = -1, -2, -3, \cdots) \\ 1 & (n = 0) \\ 2 & (n = 1) \\ 3 & (n = 2, 3, 4, \cdots) \end{cases} \tag{2.11}$$

のような値をとるので，$x(nT)$ を単位インパルス信号で表すと

$$x(nT) = \delta(nT) + 2\delta(nT - T) + 3\sum_{k=2}^{\infty} \delta(nT - kT) \tag{2.12}$$

となる．単位ステップ信号で表すと

$$x(nT) = u(nT) + u(nT - T) + u(nT - 2T) \tag{2.13}$$

となる．当然のことながら，式 (2.10) を式 (2.12) に代入すれば式 (2.13) が得られる．

□■□

### 2.1.2 システム表現

システム理論に従って分類すると，ディジタル信号処理システムは**離散時間システム**に属する．離散時間システムとは図 2.5 のような入出力がそれぞれ離散時間信号 $x(nT)$ および $y(nT)$ で与えられるシステムであり，その機能は入力数列に対してある演算を施して出力数列を生成することであるといえる．離散時間システムの入出力間の関係は

$$y(nT) = f[x(nT)] \qquad (2.14)$$

と表現できる．$f$ は数列 $x(nT)$ に対して数列 $y(nT)$ を対応させるという機能をもち，数学的には**演算子**あるいは**作用素**とよばれる．

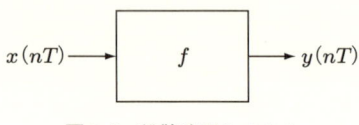

**図 2.5** 離散時間システム

入力信号が

$$a_1 x_1(nT) + a_2 x_2(nT)$$

のように二つの信号 $x_1(nT)$ と $x_2(nT)$ の 1 次結合により表されているとする．ここで $a_1$ と $a_2$ は任意定数である．また，$x_1(nT)$ と $x_2(nT)$ をそれぞれ単独に入力したときの出力を $y_1(nT)$ と $y_2(nT)$ とする．このときのシステムの出力が

$$f[a_1 x_1(nT) + a_2 x_2(nT)] = a_1 f[x_1(nT)] + a_2 f[x_2(nT)] = a_1 y_1(nT) + a_2 y_2(nT) \qquad (2.15)$$

のようにそれぞれの信号を単独に入力したときの出力の 1 次結合となるとき，このようなシステムを**線形システム**とよぶ．

システムの入力が $x(nT)$ を時間 $n_0 T$ だけ遅らせた $x(nT - n_0 T)$ であるとき，システムの出力も $y(nT)$ に対して時間 $n_0 T$ だけ遅れた $y(nT - n_0 T)$ となるならば，すなわち

$$y(nT - n_0 T) = f[x(nT - n_0 T)] \qquad (2.16)$$

となるならば，このシステムは**時不変**あるいは**シフト不変**とよぶ．

システムが線形性と時不変性の両方をもっているとき**線形時不変システム**とよぶ．

線形時不変システムはもっとも基本的なシステムであり，ディジタルフィルタをはじめとして多くのディジタル信号処理システムは線形時不変システムを基にして組み立てられている．

■**例題 2.2** システムの入出力が $y(nT) = 2x(nT) + 3x(nT - n_0 T)$ と表されるとき，このシステムは線形であることを示せ．

**解答** $x(nT) = a_1 x_1(nT) + a_2 x_2(nT)$ とすると

$$y(nT) = 2\{a_1 x_1(nT) + a_2 x_2(nT)\} + 3\{a_1 x_1(nT - n_0 T) + a_2 x_2(nT - n_0 T)\}$$
$$= a_1 \{2x_1(nT) + 3x_1(nT - n_0 T)\} + a_2 \{2x_2(nT) + 3x_2(nT - n_0 T)\}$$

となって，式 (2.15) が成立する．よって，線形であることが示された． □■□

■**例題 2.3** システムの入出力が $y(nT) = a(nT)x(nT)$ のように表されるとき，このシステムが時不変であるかどうかを調べよ．ただし，$a(nT)$ は時間と共に変化するシステムの内部パラメータである．

**解答** このシステムに入力 $x(nT)$ を時間 $n_0 T$ だけ遅延させて入力したときの出力を $y_0(nT)$ とすると

$$y_0(nT) = a(nT)x(nT - n_0 T) \tag{2.17}$$

である．また，時点 $n$ における出力 $y(nT)$ を $n_0$ だけ遅らせると

$$y(nT - n_0 T) = a(nT - n_0 T)x(nT - n_0 T) \tag{2.18}$$

となり，$y_0(nT) \neq y(nT - n_0 T)$ であるので，このシステムは時不変ではない．

ちなみに，パラメータ $a(nT)$ が $a(nT) = A$ のように定数であるならば，$y_0(nT) = y(nT - n_0 T) = Ax(nT - n_0 T)$ となり，システムは時不変となる．このように時不変システムの内部パラメータは定数である． □■□

### 2.1.3 インパルス応答と差分方程式

図 2.5 の離散時間システムに式 (2.4) の単位インパルス信号が入力されたときの応答をインパルス応答という．これを $h(nT)$ と表すと

$$h(nT) = f[\delta(nT)] \tag{2.19}$$

である．このインパルス応答 $h(nT)$ を用いて，任意の入力 $x(nT)$ に対する応答を求めてみよう．図 2.5 の離散時間システムに式 (2.8) の $x(nT)$ が入力したときの出力 $y(nT)$ は

$$y(nT) = f\left[\sum_{k=-\infty}^{\infty} x(kT)\delta(nT - kT)\right] \tag{2.20}$$

と表される．上式は線形性から

$$y(nT) = \sum_{k=-\infty}^{\infty} x(kT) f[\delta(nT - kT)] \tag{2.21}$$

なり，さらに時不変性から $h(nT - kT) = f[\delta(nT - kT)]$ であるので

$$y(nT) = \sum_{k=-\infty}^{\infty} x(kT) h(nT - kT) \tag{2.22}$$

が得られる．式 (2.22) の右辺の形式の計算を**畳み込み和**，あるいは**コンボリューション**とよぶ．この単語を使うと，任意の入力信号に対する離散時間システムの応答は入力信号とシステムのインパルス応答の畳み込み和で与えられるということができる．式 (2.22) の変数を変換して

$$y(nT) = \sum_{k=-\infty}^{\infty} h(kT) x(nT - kT) \tag{2.23}$$

と表現することも可能である．すなわち，畳み込み和は可換演算である．畳み込み和の観点から式 (2.8)，すなわち

$$x(nT) = \sum_{k=-\infty}^{\infty} x(kT) \delta(nT - kT) \tag{2.24}$$

を眺めると，この式は離散時間信号 $x(nT)$ と単位インパルス信号 $\delta(nT)$ の畳み込み和であることがわかり，さらに単位インパルス信号 $\delta(nT)$ が畳み込み和という演算における単位元となっていることがわかる．

離散時間システムの入出力関係の式 (2.22) とは別の表現式として**差分方程式**がある．差分方程式は入出力信号およびそれらを遅延させた信号間の関係式で，その一般形は

$$y(nT) = \sum_{k=0}^{M} a_k x(nT - kT) - \sum_{k=1}^{N} b_k y(nT - kT) \tag{2.25}$$

で与えられる．差分方程式の階数 $N$ をシステムの**次数**とよぶ．ただし $M > N$ の場合は，$M$ を次数とする．差分方程式の一例として

$$y(nT) = x(nT) + b y(nT - T) \tag{2.26}$$

なる 1 階差分方程式を考えてみよう．この差分方程式で与えられるシステムのインパルス応答を求めるために，$x(nT) = \delta(nT)$ および $y(-T) = 0$ として $n = 0, 1, \cdots$ の順に評価していくと

$$\left.\begin{aligned}
y(0) &= x(0) + by(-T) = x(0) = 1 \\
y(T) &= x(T) + by(0) = by(0) = b \\
y(2T) &= x(2T) + by(T) = by(T) = b^2 \\
&\vdots \\
y(nT) &= x(nT) + by(nT-T) = by(nT-T) = b^n \\
&\vdots
\end{aligned}\right\} \quad (2.27)$$

が得られる．$y(-T)$ は入力信号が印加される前にシステムに保持されている量であり，システムの**初期値**とよぶ[*1]．この例のようにインパルス応答が無限に継続することを「システムが **IIR**（**Infinite Impulse Response**）形である」といい，このような離散時間システムを **IIR システム**とよぶ．

これに対し

$$y(nT) = a_0 x(nT) + a_1 x(nT-T) + a_2 x(nT-2T) \quad (2.28)$$

のような差分方程式で表される 2 次システムを考えてみよう．先程の例と同様に，初期値 $x(-T)$ および $x(-2T)$ を零としてインパルス応答を求めてみると

$$\begin{aligned}
y(0) &= a_0 \\
y(T) &= a_1 \\
y(2T) &= a_2 \\
y(3T) &= 0 \\
y(4T) &= 0 \\
&\vdots
\end{aligned}$$

となり，インパルス応答は有限長である．このインパルス応答を $h(nT)$ とするとき，これをインパルス信号を用いて表すと

$$h(nT) = a_0 \delta(nT) + a_1 \delta(nT-T) + a_2 \delta(nT-2T) \quad (2.29)$$

となる．インパルス応答が有限長であることを **FIR**（**Finite Impulse Response**）形といい，FIR 形の離散時間システムを **FIR システム**とよぶ．

これら二つのシステムは，ある時点の出力がそれ以前の出力に依存するかどうかで分類することもできる．最初の IIR システムは，ある時点の出力がそれより 1 時点前の出力に依存しているので，**巡回形**とよばれる．後の FIR システムは，出力が入力のみに依存するので**非巡回形**とよばれる．式 (2.25) を用いて，巡回形と非巡回形の差分方程式の一般形を Σ 記号を使わずに書くと次のようになる．

---

[*1] インパルス応答は，特に断りがない限り初期値を零としたときの応答である．

・巡回形　式 (2.25) において $b_k$ ($k = 1, \cdots, N$) のうち，少なくとも一つは零でないとき．

$$y(nT) = a_0 x(nT) + a_1 x(nT - T) + \cdots + a_N x(nT - NT)$$
$$-b_1 y(nT - T) - b_2 y(nT - 2T) - \cdots - b_N y(nT - NT) \quad (2.30)$$

巡回形システムのインパルス応答は，一部の例外を除き，ほとんどの場合 IIR 形である．

・非巡回形　式 (2.25) において $b_k = 0$ ($k = 1, \cdots, N$) のとき．

$$y(nT) = a_0 x(nT) + a_1 x(nT - T) + \cdots + a_N x(nT - NT) \quad (2.31)$$

非巡回システムのインパルス応答は，FIR 形となる．

■**例題 2.4**　差分方程式 $y(nT) = x(nT) - x(nT - 2T) - y(nT - T)$ で表されるシステムは巡回形か非巡回形のいずれであるか．また，インパルス応答の種類を調べよ．

**[解答]**　このシステムの応答は $y(nT - T)$ という出力の過去の値に依存するので，巡回形である．次に，$x(nT) = \delta(nT)$ および $y(-T) = 0$ として $n = 0, 1, 2, \cdots$ の順に $y(nT)$ を求めていくと

$$\left. \begin{aligned} y(0) &= x(0) - x(-2T) - y(-T) = 1 \\ y(T) &= x(T) - x(-T) - y(0) = -1 \\ y(2T) &= x(2T) - x(0) - y(T) = 0 \\ y(3T) &= x(3T) - x(T) - y(2T) = 0 \\ y(4T) &= x(4T) - x(2T) - y(3T) = 0 \\ &\vdots \end{aligned} \right\} \quad (2.32)$$

が得られるので，FIR 形である．これは，巡回形かつ FIR 形となるシステムの典型例である．　　□■□

### 2.1.4　システムの因果性と実現可能性

システム理論における時間原点 $n = 0$ は観測者がシステムを観測し始める時間である．インパルス応答 $h(nT)$ は時間原点でシステムに単位インパルス信号を入力したときの零状態応答であるので，$n < 0$ のとき $h(nT) = 0$ になるシステムは，入力が印加されるより先には応答が現れないことを意味する．このような性質のことを**因果性**といい，因果性をもつシステムを因果的なシステムという．物理的に実現可能なシステムは因果的なものだけであり，因果的でないシステムは実現不可能である．また，信号 $x(nT)$ が $n < 0$ で $x(nT) = 0$ となるとき，これを因果的な信号という．

過去にシステムを動作させたときの入出力値などがシステムの内部メモリに保持

されているとき，その影響は，システムの初期値として $y(-T)$ や $x(-T)$ の形で取り扱われる．$y(-T)$ は出力の初期値，$x(-T)$ は入力の初期値である．$y(-T)$ や $x(-T)$ があると因果性に反するような気がするが，そうではない．因果性というのは入力が印加されて出力が生起する時刻を問題にする概念であるのに対して，初期値はその時刻以前のシステムの状態を表す量である．すなわち，システムが過去においてどのような動作をしていたかに依存する量であり，因果的入力 $x(nT)$ によって生じる応答ではない．初期値 $x(-T)$ と因果的な信号 $x(nT)$ ($n \geq 0$) は同じ $x(nT)$ という着物をまとっているが，$n < 0$ と $n \geq 0$ では中身が別物と考えてよい．

因果性は，離散時間システムの**実現可能性**に対する必要十分条件であろうか．実は必要条件である．因果的でないと実現は絶対に不可能なのであるが，実現可能となるためにはもう一つ条件がある．それは，システムの次数が有限であることである．そのようなシステムを**有限次数システム**とよぶ．有限次数システムは，その入出力関係を表す式 (2.25) の階数が有限であることを意味し，階数が有限であることはその差分方程式が有限の演算数で演算可能であることを意味する．差分方程式が演算可能であることは，実現可能であることと同義である．

因果的なシステムに因果的な信号が入力されたときの応答を表す畳み込み和は，式 (2.22) より

$$y(nT) = \sum_{k=-\infty}^{\infty} x(kT)h(nT-kT) = \sum_{k=0}^{n} x(kT)h(nT-kT) \tag{2.33}$$

のように有限級数となる．

### 2.1.5 重ね合わせの理

システムの線形性からの帰結として出てくるのが重ね合わせの理である．図 2.6 (a) に示す多入力 1 出力システムを考える．図 2.6 (b) のようにある信号 $x_i(nT)$ ($i = 1, \cdots, m$) だけが入力されてその他は零であるときの出力を $y_i(nT)$ とする．線形性を考えれば明らかなように，すべての入力 $x_1(nT) \sim x_m(nT)$ が印加されたときの出力 $y(nT)$ は

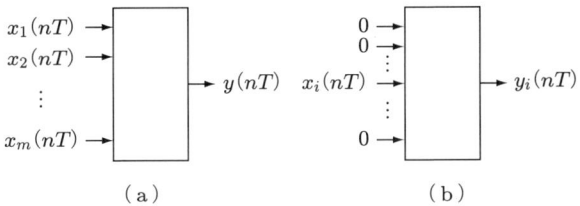

図 2.6 重ね合わせの理

$$y(nT) = \sum_{i=1}^{m} y_i(nT) \tag{2.34}$$

である．これを**重ね合わせの理**とよぶ．重ね合わせの理の教えるところは，多入力システムの応答が各入力信号を単独で印加したときの応答の和で与えられることである．この性質を用いるとシステムの応答を求めるのが簡単になる．

■**例題 2.5** 差分方程式 $y(nT) = x_1(nT) + 2x_2(nT) + by(nT-T)$ で表される 2 入力 1 出力システムに，$x_1(nT) = \delta(nT)$ および $x_2(nT) = 2\delta(nT)$ を入力したときの出力を重ね合わせの理を用いて求めよ．ただし，$y(-T) = 0$ とする．

**解答** 最初に $x_2(nT) = 0$ とする．このときは与式は式 (2.26) と同形になるので，そのときのインパルス応答は $y_1(nT) = b^n$ である．

次に $x_1(nT) = 0$ とすると，式 (2.26) の入力が 2 倍された形になる．入力 $x_2(nT)$ は 2 倍の単位インパルス関数なので，応答 $y_2(nT)$ は線形性より $y_2(nT) = 4b^n$ である．

したがって，重ね合わせの理により出力は

$$y(nT) = y_1(nT) + y_2(nT) = 5b^n \tag{2.35}$$

である．

次に，式 (2.27) と同様にして出力を求めてみる．$n = 0, 1, \cdots$ の順に与式を評価していくと

$$\left.\begin{aligned}
y(0) &= x_1(0) + 2x_2(0) + by(-T) &= 5 \\
y(T) &= x_1(T) + 2x_2(T) + by(0) &= 5b \\
y(2T) &= x_1(2T) + 2x_2(2T) + by(2T) &= 5b^2 \\
&\quad\vdots \\
y(nT) &= x_1(nT) + 2x_2(nT) + by(nT-T) &= 5b^n \\
&\quad\vdots
\end{aligned}\right\} \tag{2.36}$$

が得られる．当然ながら，この結果は重ね合わせの理で求めたものと同一である．□■□

### 2.1.6 システムの初期値と線形性

再び式 (2.26) について考えよう．入力を今度は $x(nT) = 2\delta(nT)$ とし，初期値は前回同様 $y(-T) = 0$ として $n = 0, 1, \cdots$ の順に評価していくと

$$\left.\begin{aligned}
y(0) &= x(0) &= 2 \\
y(T) &= by(0) &= 2b \\
y(2T) &= by(T) &= 2b^2 \\
&\quad\vdots \\
y(nT) &= by(nT-T) &= 2b^n \\
&\quad\vdots
\end{aligned}\right\} \tag{2.37}$$

が得られる．これは式 (2.27) の結果のちょうど 2 倍になっており，この事実は線形性からの帰結である．

次に，入力はそのままで初期値を $y(-T) = y_0$ と設定してみると，

$$\left.\begin{aligned}
y(0) &= x(0) + by(-T) = 2 + by_0 \\
y(T) &= by(0) = 2b + b^2 y_0 \\
y(2T) &= by(T) = 2b^2 + b^3 y_0 \\
&\vdots \\
y(nT) &= by(T) = 2b^n + b^{n+1} y_0 \\
&\vdots
\end{aligned}\right\} \quad (2.38)$$

が得られる．式 (2.38) の結果は，式 (2.27) と式 (2.37) の結果を考え合わせると，システムに初期値があると線形性を満足しなくなるように思われる．ということは，初期値が存在すると線形システムとしての取り扱いが不可能になるのであろうか．実はその心配はないのである．

ここで，入力のみを零にすると明らかに $y(nT) = b^{n+1} y_0$ であるので，初期値も一種の入力とみなせ，$y_0 \delta(nT)$ を $n = 0$ で入力するのと等価である．したがって，式 (2.38) の出力 $y(nT)$ は，入力による応答と初期値による応答の重ね合わせになっていることがわかる[*2]．複数の入力に対する出力が重ね合わせで求められるのは，システムが線形であることのゆえんである．ただし，純粋に式 (2.15) の関係を成立させるためには初期値 $y(-T) = 0$ でなければならない．これを**初期休止条件**とよぶ．

## 2.2　周波数特性

連続時間システムと同じく，離散時間システムにおいても周波数の概念は重要である．周波数に無関係な信号処理はありえないといっても言い過ぎではない．本章ではこの概念が身につけられるように，離散時間正弦波信号の導入から始めて周波数特性までを解説する．

### 2.2.1　離散時間正弦波信号

図 2.7 に示す**余弦波信号**と図 2.8 に示す**正弦波信号**を考える．余弦波信号は $A\cos(n\omega T + \theta)$ と表され，正弦波信号は $A\sin(n\omega T + \theta)$ である．ここで，$\omega$ を**周波数**（厳密には角周波数），$A$ を**振幅**，$\theta$ を**位相**とよぶ．離散時間正弦波信号の周波数

---

[*2] これは 2.3.3 項で述べる零状態応答と零入力応答である．

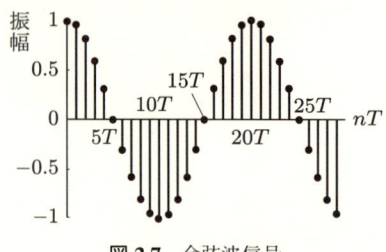
図 2.7 余弦波信号

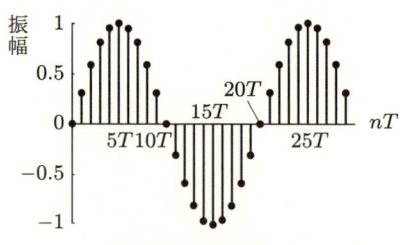
図 2.8 正弦波信号

$\omega$ は[*3]，その包絡線をなす連続時間正弦波信号の周波数であることに注意を払う必要がある．これを**標本化周波数** $f_s = 1/T$ と混同してはいけない．図 2.7 と図 2.8 の場合は，$A = 1$, $\theta = 0$, $\omega = \frac{\pi}{10T}$ rad/s である．狭い意味での正弦波信号は $A\sin(n\omega T + \theta)$ のみを指すのであるが，サインもコサインも単に位相がずれているだけで本質は同じなので，正弦波信号を両者の総称として広義に使う場合もある．さらに，**オイラーの定理**から余弦波信号は

$$\cos(n\omega T + \theta) = \frac{e^{j(n\omega T+\theta)} + e^{-j(n\omega T+\theta)}}{2} \tag{2.39}$$

となり，正弦波信号は

$$\sin(n\omega T + \theta) = \frac{e^{j(n\omega T+\theta)} - e^{-j(n\omega T+\theta)}}{2j} \tag{2.40}$$

と表される．よって，正弦波信号は**複素指数関数信号**によって表現されることがわかる．逆に

$$e^{j(n\omega T+\theta)} = \cos(n\omega T + \theta) + j\sin(n\omega T + \theta) \tag{2.41}$$

であるので，複素指数関数信号をシステムに入力することは式 (2.41) から余弦波信号と正弦波信号を同時にシステムに入力することを意味する．複素指数関数信号の導入にともなって，信号が実数から複素数に拡大されるだけでなく，**負の周波数**の概念も導入されている．これはどういうことかというと，正弦波信号の周波数が正だとしても，式 (2.39) と (2.40) において右辺の分子の二つの複素指数関数信号のうちのどちらかの指数の虚部が負になるため，複素指数関数信号では周波数は正負いずれの値にもなりうるということである．

$N$ をある自然数および $r$ を任意の整数とするとき，すべての $n$ について

$$x(nT) = x(nT + rNT) \tag{2.42}$$

---

[*3] 一般には周波数を $f$，角周波数を $\omega$ で表すが，周波数 $\omega$ のように角周波数を単に周波数ということもあるので注意が必要である．

であるとき離散時間信号 $x(nT)$ は周期 $NT$ をもつといい，またこの $x(nT)$ を**周期信号**という．離散時間正弦波信号の包絡線の周期 $2\pi/\omega$ と標本化周期 $T$ の比 $2\pi/\omega T$ が有理数のとき，離散時間正弦波信号は周期信号となる．特に，$2\pi/\omega T$ が整数のとき，離散時間信号の周期は包絡線の周期 $2\pi/\omega$ と一致する．これが整数でなく単なる有理数のときは，離散時間信号の周期が包絡線の周期 $2\pi/\omega$ より長くなる．また，これが有理数でないときには，たとえ包絡線が周期関数であっても，離散時間信号としては周期をもたない．このように離散時間正弦波信号を考えるときには，標本化周期，包絡線の周期，および離散時間信号としての信号周期の 3 種類の周期があるので，その区別に注意をしなければならない．

■**例題 2.6** 離散時間正弦波信号 $\sin(0.1\pi n)$ の周波数を求めよ．ただし，標本化周期を $T = 0.001$ s とする．

**[解答]** 周波数 $\omega$ かつ標本化周期 $T$ の離散時間正弦波信号は $\sin(n\omega T)$ と表されるので，角周波数は $\omega T = 0.1\pi$ より $\omega = 100\pi$ rad/s となり，周波数は 50 Hz である．

標本化周期が $T = 0.002$ s のときは，$\omega = 50\pi$ rad/s となる．このことからわかるように，同じ式で表される離散時間正弦波信号でも，標本化周期が異なると周波数が違ってくることに注意しなければならない． □■□

### 2.2.2 周波数特性

システムに複素指数関数信号

$$x(nT) = e^{jn\omega T} \qquad (-\infty < n < \infty) \tag{2.43}$$

が入力された場合を考えよう．入力信号の定義域が $-\infty < n < \infty$ であるということは，時点 $n = -\infty$ でシステムに入力信号が印加されてシステムが動作を始めたということである．このときの出力 $y(nT)$ は式 (2.43) を式 (2.23) に代入すると

$$y(nT) = \sum_{k=-\infty}^{\infty} h(kT) e^{j(n-k)\omega T} = e^{jn\omega T} \sum_{k=-\infty}^{\infty} h(kT) e^{-jk\omega T} \tag{2.44}$$

となる．ここで

$$H(e^{j\omega T}) = \sum_{k=-\infty}^{\infty} h(kT) e^{-jk\omega T} \tag{2.45}$$

と定義すると出力は

$$y(nT) = H(e^{j\omega T}) e^{jn\omega T} \tag{2.46}$$

と書ける．$H(e^{j\omega T})$ を**周波数特性**，**周波数応答**あるいは**周波数伝達関数**とよぶ．システムの演算子表現を用いると式 (2.46) は

$$f\left[e^{j\omega T}\right] = H(e^{j\omega T})e^{jn\omega T} \tag{2.47}$$

と書くことができる．このことから，$e^{jn\omega T}$ が演算子 $f$ の**固有関数**であり，周波数伝達関数 $H(e^{j\omega T})$ が**固有値**であることがわかる．

線形性から $\cos(n\omega T)$ と $\sin(n\omega T)$ を単独に印加したときの応答は，それぞれ式 (2.46) の実部および虚部として求められる．そこで，$H(e^{j\omega T})$ を絶対値と偏角で

$$H(e^{j\omega T}) = \left|H(e^{j\omega T})\right|e^{j\theta(\omega T)} \tag{2.48}$$

と表してから，式 (2.46) を実部と虚部に分けると

$$\begin{aligned} y(nT) = y_R(nT) + jy_I(nT) &= \left|H(e^{j\omega T})\right|\cos\{n\omega T + \theta(\omega T)\} \\ &+ j\left|H(e^{j\omega T})\right|\sin\{n\omega T + \theta(\omega T)\} \end{aligned} \tag{2.49}$$

となる．上式の実部をとると $\cos(n\omega T)$ に対する応答が

$$y_R(nT) = \left|H(e^{j\omega T})\right|\cos\{n\omega T + \theta(\omega T)\} \tag{2.50}$$

と求まる．同様にして虚部をとると $\sin(n\omega T)$ に対する応答が

$$y_I(nT) = \left|H(e^{j\omega T})\right|\sin\{n\omega T + \theta(\omega T)\} \tag{2.51}$$

のように求まる．式 (2.50) と式 (2.51) から余弦波を含めた広義の正弦波信号に対する応答は入力と同じ正弦波信号で，その振幅が $\left|H(e^{j\omega T})\right|$ 倍され，位相が $\theta(\omega T)$ だけずれることがわかる．$\left|H(e^{j\omega T})\right|$ を離散時間システムの**振幅特性**，$\theta(\omega)$ を**位相特性**とよぶ．位相が $\theta(\omega) = 0$ になるときを**同相**，$\theta(\omega) = \pi$ あるいはその整数倍の位相のときを**逆相**とよぶ．

位相特性を正規化角周波数 $\omega T$（次節参照）で微分して，$-$ をつけた

$$\tau(\omega T) = -\frac{d\theta(\omega)}{d(\omega T)} \tag{2.52}$$

を**群遅延特性**とよぶ．群遅延特性は入力信号中の周波数 $\omega$ の正弦波成分がどのくらい遅延して出力されるかを表している．式 (2.52) の場合は $\omega T$ で微分しているので，遅延量は $T = 1\,\mathrm{s}$ に正規化した量である．これは，すなわち，何サンプル遅延するかを表す．一方，$\omega$ で微分した

$$\tau(\omega T) = -\frac{d\theta(\omega)}{d\omega} \tag{2.53}$$

は，実際の遅延時間を表す．これら二つの違いは $T$ 倍するか，しないかだけである．

ここで，インパルス応答 $h(nT)$ が実数であるとの仮定の下で，式 (2.45) を実部と

虚部に分けて

$$H(e^{j\omega T}) = \sum_{k=-\infty}^{\infty} h(kT)\cos k\omega T - j\sum_{k=-\infty}^{\infty} h(kT)\sin k\omega T \tag{2.54}$$

と表すと，周波数特性の実部と虚部は $\omega$ に関してそれぞれ偶関数と奇関数であることがわかる．この式から絶対値と偏角を計算すると $|H(e^{j\omega T})|$ と $\theta(\omega)$ がそれぞれ次のように得られる．

$$|H(e^{j\omega T})| = \sqrt{\left(\sum_{k=-\infty}^{\infty} h(kT)\cos k\omega T\right)^2 + \left(\sum_{k=-\infty}^{\infty} h(kT)\sin k\omega T\right)^2} \tag{2.55}$$

$$\theta(\omega) = -\tan^{-1}\frac{\displaystyle\sum_{k=-\infty}^{\infty} h(kT)\sin k\omega T}{\displaystyle\sum_{k=-\infty}^{\infty} h(kT)\cos k\omega T} \tag{2.56}$$

したがって，振幅特性および位相特性は $\omega$ 軸上で周期 $2\pi/T$ の周期をもつ $\omega$ の連続関数であり，かつ振幅特性は偶関数，位相特性は奇関数であることがわかる．また，$H(e^{j\omega T})$ と $H(e^{-j\omega T})$ は複素共役の関係にあり，$|H(e^{j\omega T})|^2 = H(e^{j\omega T})H(e^{-j\omega T})$ である．

振幅特性 $|H(e^{j\omega T})|$ は根号が付いていて，取り扱いが面倒なときがある．そのようなときには，$|H(e^{j\omega T})|$ の代わりに $|H(e^{j\omega T})|^2$ を用いることがある．これを**振幅2乗特性**とよぶ．

振幅特性の $20\log$ をとった $20\log|H(e^{j\omega T})|$ をデシベル表示という．振幅特性をグラフにするときのように振幅特性の数値そのものを用いるときには，デシベル表示することが多い．システムの振幅特性は，たとえば，0.001 から 1000 までというように非常に範囲の広い値となることが多いので，対数をとって表示するほうが扱いやすくなる．振幅2乗特性のデシベル表示は，当然ながら，$10\log|H(e^{j\omega T})|^2$ である．

■**例題 2.7** 差分方程式 $y(nT) = x(nT) + by(nT - T)$ で表されるシステムの周波数特性を求めよ．

**解答** この差分方程式は式 (2.26) と同一なので，このシステムのインパルス応答は $h(nT) = b^n\ (n \geq 0)$ である．これを式 (2.45) に代入すると

$$H(e^{j\omega T}) = \sum_{n=0}^{\infty} b^n e^{-jn\omega T}$$

となるが，この級数は $|be^{-j\omega T}| = |b| < 1$ のとき収束し

$$H(e^{j\omega T}) = \frac{1}{1 - be^{-j\omega T}} \tag{2.57}$$

を得る．このときの振幅特性 $|H(e^{j\omega T})|$ と位相特性 $\theta(\omega T)$ はそれぞれ

$$|H(e^{j\omega T})| = \frac{1}{\sqrt{1 + b^2 - 2b\cos\omega T}} \tag{2.58}$$

および

$$\theta(\omega T) = -\tan^{-1}\frac{b\sin\omega T}{1 - b\cos\omega T} \tag{2.59}$$

のようになる．さらに，群遅延特性は

$$\tau(\omega T) = -\frac{d\theta(\omega T)}{d(\omega T)} = \frac{b^2 - b\cos\omega T}{1 + b^2 - 2b\cos\omega T} \tag{2.60}$$

となる．

$b = 0.6$，$T = 1\,\mathrm{s}$ のときの振幅特性のデシベル表示 $20\log|H(e^{j\omega T})|$ をグラフにしたものを図 2.9 に示す．また，そのときの位相特性を図 2.10 に，群遅延特性を図 2.11 に示す．これらはすべて周波数軸上で周期 1 Hz の周期を有していることがわかる．

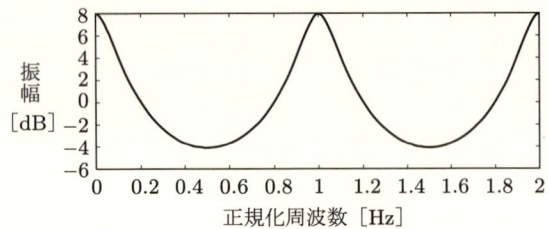

**図 2.9** 1 次 IIR 形伝達関数の振幅特性

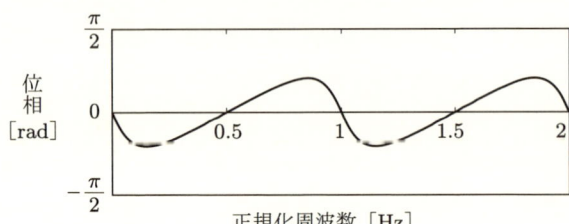

**図 2.10** 1 次 IIR 形伝達関数の位相特性

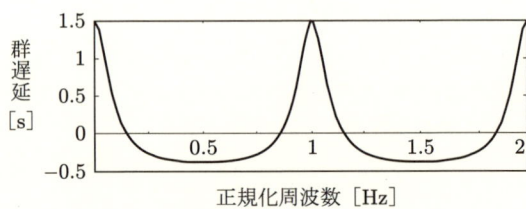

**図 2.11** 1 次 IIR 形伝達関数の群遅延特性

■**例題 2.8** 差分方程式 $y(nT) = x(nT) + by(nT - T)$ で表されるシステムに，離散時間正弦波信号 $\cos(n\omega T)$ を入力したときの時間領域応答 $y(nT)$ を求めよ．

**解答** $x(nT) = \cos(n\omega T)$ として差分方程式を直接解くのは困難なので，例題 2.7 で求めた周波数応答を式 (2.50) に代入することによって求める．しかるに，応答 $y(nT)$ は

$$y(nT) = \frac{1}{\sqrt{1 + b^2 - 2b\cos\omega T}} \cos\left(n\omega T - \tan^{-1}\frac{b\sin\omega T}{1 - b\cos\omega T}\right) \quad (2.61)$$

となる． □■□

### 2.2.3 離散時間フーリエ変換

式 (2.45) の周波数特性は，インパルス応答 $h(nT)$ を一つの離散時間信号とみなしたとき周波数 $\omega$ の正弦波成分がその中にどのくらい含まれているかを表した量である．そこで式 (2.45)，すなわち

$$H(e^{j\omega T}) = \sum_{k=-\infty}^{\infty} h(kT)e^{-jk\omega T} \quad (2.62)$$

において，$h(nT)$ を $H(e^{j\omega T})$ に対応させる変換ととらえ，これを**離散時間フーリエ変換**（**Discrete-Time Fourier Transform, DTFT**）と定義する．変数が $n$ である領域のことを**時間領域**とよび，変数が $\omega$ の領域を**周波数領域**とよぶ．離散時間フーリエ変換は時間領域から周波数領域への変換で，通常の（連続時間）フーリエ変換の離散時間版である．本書では，単にフーリエ変換というときは連続時間のフーリエ変換をさすことにする．さらに，スペクトルという用語を用いて，$H(e^{j\omega T})$ をフーリエスペクトルあるいは単にスペクトルとよび，$|H(e^{j\omega T})|$ を**振幅スペクトル**，$\theta(\omega)$ を**位相スペクトル**とよぶ．フーリエ変換とは逆の操作，すなわち $H(e^{j\omega T})$ から $h(nT)$ を求める操作は**離散時間フーリエ逆変換**（**Inverse Discrete-Time Fourier Transform, IDTFT**）とよばれ

$$h(nT) = \frac{T}{2\pi} \int_{-\frac{\pi}{T}}^{\frac{\pi}{T}} H(e^{j\omega T})e^{jn\omega T} d\omega \quad (2.63)$$

で定義される．離散時間フーリエ変換の性質等については，高速フーリエ変換と関連づけて第 5 章で述べることにする．

### 2.2.4 正規化周波数

21 ページの例題 2.6 の結果からわかるように，同じ式で表される離散時間正弦波信号でも，標本化周期が異なると周波数が違ってくる．逆に，同じ周波数の正弦波信号でも標本化周期が異なると別の式となってしまう．なぜなら，離散時間正弦波信号においては角周波数 $\omega$ と標本化周期 $T$ が必ずそれらの積 $\omega T$ の形で現れ，積

$\omega T$ を与える $\omega$ と $T$ の組み合わせは一つではないからである．重要なのは積 $\omega T$ の値であり，周波数 $f$ は値そのものよりも標本化周波数 $f_s = 1/T$ に対する比の方に大きな意味がある．そこで議論を簡潔にするために，$T = 1\,\mathrm{s}$ に正規化して考えることがよくある．標本化周波数でいうと，$f_s = 1\,\mathrm{Hz}$ に正規化することを意味する．この場合の周波数 $f$ を**正規化周波数**とよぶ．正規化周波数に対応する角周波数を角周波数 $\omega$ を**正規化角周波数**とよぶ．正規化角周波数は，標本化角周波数を $2\pi\,\mathrm{rad/s}$ に正規化したときの角周波数である．正規化されていない実際の周波数を $f'$ とすると

$$f = \frac{f'}{f_s} \tag{2.64}$$

であるので，正規化周波数は無次元の量といえなくもないが，標本化周波数が $1\,\mathrm{Hz}$ であることを考えると単位は依然 $\mathrm{Hz}$ である．正弦波信号の周波数と同様に，離散時間システムの周波数特性を考えるときも標本化周波数からの比が重要となり，実際の周波軸は異なっていても正規化周波数で描いた周波数特性が同じならば，同じシステムとして取り扱うことができる．図 2.12(a) のように標本化周波数で正規化して周波数特性が描けるシステムにおいて標本化周波数を $40\,\mathrm{kHz}$ に非正規化すると同図 (b) のようになる．

なお，$\omega$ が非正規化角周波数を表しているときは，$\omega T$ そのものが正規化角周波数を表す．

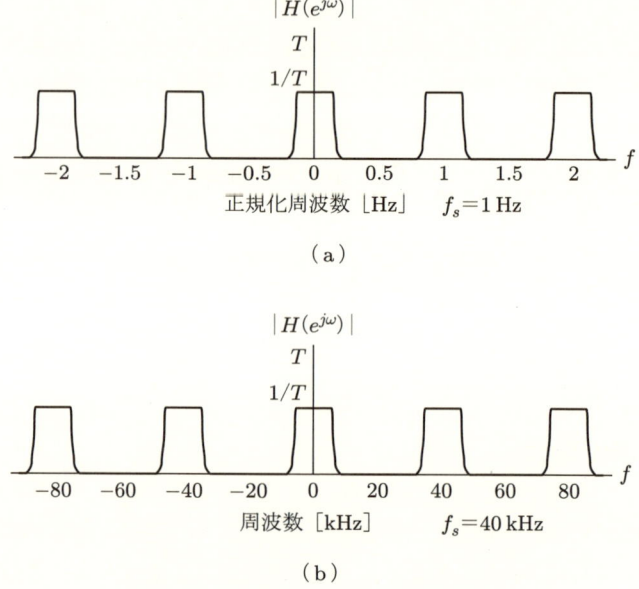

**図 2.12** 正規化周波数と非正規化周波数

■**例題 2.9** 標本化周波数が 16 kHz で標本化された 320 Hz の正弦波の正規化周波数はいくらか．また，正規化角周波数はいくらか．

**解答** 320 Hz を 16 kHz で割ればよい．よって，正規化周波数は 320/16000 = 0.02 Hz である．また，正規化角周波数は $2\pi \times 320/16000 = 0.04\pi$ Hz である． □■□

■**例題 2.10** 正規化周波数が 0.1 Hz の正弦波信号は，標本化周波数が 22 kHz のシステムでは何ヘルツの正弦波となるか．

**解答** 0.1 Hz に 22 kHz をかければよい．よって，$0.1 \times 22 = 2.2$ kHz の正弦波となる． □■□

## 2.3　$z$ 変換

実現可能な離散時間システムを解析したり設計するためには $z$ 変換が不可欠である．$z$ 変換は，連続時間システムで用いられる**ラプラス変換**の離散時間版に相当する変換であり，ほぼ同じ役割で用いられる．

### 2.3.1　定義と性質

2.1.4 項で述べた因果的な信号 $x(nT)$ に対して，複素数 $z$ を導入して

$$X(z) = \sum_{n=0}^{\infty} x(nT) z^{-n} \tag{2.65}$$

で定義される級数を $x(n)$ の **$z$ 変換**とよぶ．$X(z)$ は複素変数 $z$ の関数であり，変数 $z$ の領域を **$z$ 領域**とよぶ．一例として

$$x(nT) = a^n, \ n = 0, 1, 2, \cdots \tag{2.66}$$

をとりあげてみる．これを式 (2.65) に代入すると

$$\sum_{n=0}^{\infty} a^n z^{-n} \tag{2.67}$$

となるが，この級数は $|az^{-1}| < 1$ のとき収束し，$x(n)$ の $z$ 変換として

$$X(z) = \frac{1}{1 - az^{-1}} \tag{2.68}$$

を得る．さらにこの式に対して解析接続とよばれる複素関数論の操作を適用すると，収束範囲が $X(z)$ を無限大にする点を除くすべての $z$ の領域に拡大される．このような $z$ のことを特異点あるいは**極**とよぶ．ほとんどの離散時間信号では，有限個の極

**表 2.1** $z$ 変換表

|     | $x(nT)$ | $X(z)$ |
| --- | --- | --- |
| (1) | $\delta(nT)$ | $1$ |
| (2) | $u(nT)$ | $\dfrac{1}{1 - z^{-1}}$ |
| (3) | $a^n$ | $\dfrac{1}{1 - az^{-1}}$ |
| (4) | $\sin(n\omega T + \phi)$ | $\dfrac{\sin\phi + z^{-1}\sin(\omega T + \phi)}{1 - 2z^{-1}\cos\omega T + z^{-2}}$ |
| (5) | $\cos(n\omega T + \phi)$ | $\dfrac{\cos\phi - z^{-1}\cos(\omega T - \phi)}{1 - 2z^{-1}\cos\omega T + z^{-2}}$ |
| (6) | $a^n \sin(n\omega T + \phi)$ | $\dfrac{\sin\phi + az^{-1}\sin(\omega T + \phi)}{1 - 2az^{-1}\cos\omega T + a^2 z^{-2}}$ |
| (7) | $a^n \cos(n\omega T + \phi)$ | $\dfrac{\cos\phi - az^{-1}\cos(\omega T - \phi)}{1 - 2az^{-1}\cos\omega T + a^2 z^{-2}}$ |

を除いて $z$ 変換は収束することが明らかにされている．$z$ 変換の例を表 2.1 に示す．

$z$ 変換の性質のうち重要なものを次に示す．$x(nT)$ を $z$ 変換することを $Z[x(nT)]$ のように表す．

(1) **線形性**

$x_1(nT)$ と $x_2(nT)$ の $z$ 変換をそれぞれ $X_1(z)$ および $X_2(z)$ のように記述するとき，式 (2.65) より明らかに

$$Z[a_1 x_1(nT) + a_2 x_2(nT)] = a_1 Z[x_1(nT)] + a_2 Z[x_2(nT)]$$
$$= a_1 X_1(z) + a_2 X_2(z) \qquad (2.69)$$

が成立する．

(2) **遅延**

$x(nT)$ を遅延させた信号 $x(nT - T)$ の $z$ 変換は

$$Z[x(nT - T)] = \sum_{n=0}^{\infty} x(nT - T) z^{-n} = x(-T) + z^{-1} \sum_{n=1}^{\infty} x(nT - T) z^{-(n-1)}$$

であるので，

$$Z[x(nT - T)] = x(-T) + z^{-1} X(z) \qquad (2.70)$$

となる．同様に $x(nT - 2T)$ の $z$ 変換は

$$Z[x(nT - 2T)] = x(-2T) + z^{-1} x(-T) + z^{-2} X(z) \qquad (2.71)$$

となる．$x(-T), x(-2T), \cdots$ で示される過去における $x(nT)$ の値が 0 のと

き，信号 $x(nT)$ を $Tk$ 秒遅延させた信号の $z$ 変換は $X(z)$ に $z^{-k}$ をかけることにより得られる．

(3) 指数関数信号の積

$x(nT)$ に指数関数信号 $a^{-n}$ を乗じた $a^{-n}x(nT)$ の $z$ 変換は

$$Z[a^{-n}x(nT)] = \sum_{n=0}^{\infty} a^{-n}x(nT)z^{-n} = \sum_{n=0}^{\infty} x(nT)(az)^{-n}$$

であるので，

$$Z[a^{-n}x(nT)] = X(az) \qquad (2.72)$$

となる．

(4) 畳み込み和

二つの信号 $x_1(nT)$ と $x_2(nT)$ の畳み込み和の $z$ 変換は

$$Z\left[\sum_{k=-\infty}^{\infty} x_1(kT)x_2(nT-kT)\right] = X_1(z)X_2(z) \qquad (2.73)$$

のように，それぞれの $z$ 変換の積となる．

【証明】 畳み込み和の式を $z$ 変換の定義式に代入して，総和の順序を変更すると次式のようになる．

$$\begin{aligned} Z\left[\sum_{k=-\infty}^{\infty} x_1(kT)x_2(nT-kT)\right] &= \sum_{n=0}^{\infty} \sum_{k=-\infty}^{\infty} x_1(kT)x_2(nT-kT)z^{-n} \\ &= \sum_{k=-\infty}^{\infty} x_1(kT) \sum_{n=0}^{\infty} x_2(nT-kT)z^{-n} \\ &= \sum_{k=-\infty}^{\infty} x_1(kT)z^{-k} \sum_{n=0}^{\infty} x_2(nT-kT)z^{-(n-k)} \end{aligned}$$

最後の式において $x_1(nT)$ の因果性を仮定すれば式 (2.73) が得られる．

(証明終)

(5) パラメータ微分

信号 $x(nT)$ がパラメータ $a$ を含んでいるとき，$x(nT)$ を $a$ で微分した導関数の $z$ 変換は，$a$ が $n$ の関数でないならば

$$Z\left[\frac{dx(nT)}{da}\right] = \frac{dX(z)}{da} \qquad (2.74)$$

となる．ただし，$X(z)$ は $x(nT)$ の $z$ 変換である．

【証明】 信号 $x(nT)$ が

$$x(nT) = x_1(nT) + ax_2(nT) \qquad (2.75)$$

のように，$a$ を含まない二つの部分との 1 次結合で表されるとする．このとき $a$ が $n$ の関数でないならば

$$\frac{dX(z)}{da} = \frac{d}{da}\sum_{n=0}^{\infty}\{x_1(nT) + ax_2(nT)\}z^{-n} = \sum_{n=0}^{\infty}x_2(nT)z^{-n}$$
$$= Z\left[\frac{dx(nT)}{da}\right] \tag{2.76}$$

となる．

(証明終)

■例題 2.11　11 ページの図 2.4 の信号の $z$ 変換を求めよ．

**解答**　この信号は，式 (2.13) に示すように，$x(nT) = u(nT) + u(nT - T) + u(nT - 2T)$ と表される．したがって，表 2.1 と式 (2.70) からその $z$ 変換 $X(z)$ は

$$X(z) = \frac{1}{1-z^{-1}} + z^{-1}\frac{1}{1-z^{-1}} + z^{-2}\frac{1}{1-z^{-1}} = \frac{1+z^{-1}+z^{-2}}{1-z^{-1}} \tag{2.77}$$

となる． □■□

■例題 2.12　信号 $x(nT) = \delta(nT) + 2\delta(nT - T)$ について，$x(nT)$ と $x(nT - T)$ の畳み込み和の $z$ 変換を求めよ．

**解答**　$x(nT)$ の $z$ 変換は $1 + 2z^{-1}$ であるので，$x(nT - T)$ の $z$ 変換は $z^{-1}(1 + 2z^{-1})$ である．式 (2.73) より $x(nT)$ と $x(nT - T)$ の畳み込み和の $z$ 変換を $Y(z)$ とすると

$$Y(z) = z^{-1}(1 + 2z^{-1})^2 = z^{-1} + 4z^{-2} + 4z^{-3} \tag{2.78}$$

である．ちなみに，この畳み込み和を実際に計算すると

$$\sum_{k=-\infty}^{\infty} x(kT)x(nT - T - kT)$$
$$= \sum_{k=0}^{1}\{\delta(kT) + 2\delta(kT - T)\}\{\delta(nT - T - kT) + 2\delta(nT - 2T - kT)\}$$
$$= \underbrace{\delta(nT - T) + 2\delta(nT - 2T)}_{k=0} + \underbrace{2\delta(nT - 2T) + 4\delta(nT - 3T)}_{k=1}$$
$$= \delta(nT - T) + 4\delta(nT - 2T) + 4\delta(nT - 2T) \tag{2.79}$$

となり，これを $z$ 変換すると式 (2.78) が得られる． □■□

### 2.3.2　逆 $z$ 変換

$z$ 変換 $X(z)$ から元の離散時間信号 $x(nT)$ を求める操作を逆 $z$ 変換とよび，$x(nT) =$

$Z^{-1}[X(z)]$ と表す．逆 $z$ 変換の定義式は

$$x(nT) = Z^{-1}[X(z)] = \frac{1}{2\pi j}\oint X(z)z^{n-1}dz \qquad (2.80)$$

で与えられる．ただし，周回積分の積分路は単位円上にとる．具体的に逆 $z$ 変換を計算するときは，この積分を直接計算するよりも部分分数展開や連続除法によることが多い．というのは，この複素積分の計算はあまり容易ではないからである．

### ● 部分分数展開

部分分数展開法は $X(z)$ を部分分数に展開し，各部分分数を逆 $z$ 変換する方法である．この方法は $X(z)$ が高次の有理関数であるとき有効であるが，線形時不変システムで信号処理を行う場合は $X(z)$ が高次の有理関数である場合が大部分なので，非常に有力な方法である．ここで，$X(z)$ を $X(z) = N(z)/D(z)$ と表すと，$D(z) = 0$ の解に重解がないとき，その部分分数展開は

$$X(z) = Q(z) + \sum_{i=1}^{N}\frac{a_i}{1 - p_i z^{-1}} \qquad (2.81)$$

と書ける．ここで，$a_i$ は

$$a_i = \lim_{z \to p_i}(1 - p_i z^{-1})X(z) \qquad (2.82)$$

で与えられる．また，$Q(z)$ は $N(z)$ を $D(z)$ で割った商であり，

$$Q(z) = \sum_{i=0}^{m}q_i z^{-i} \qquad (2.83)$$

と表せる．この各項を表 2.1 により逆 $z$ 変換し，それらの和をとれば $X(z)$ の逆 $z$ 変換が

$$Z^{-1}[X(z)] = \sum_{i=1}^{N}a_i p_i^n + \sum_{i=0}^{M}q_i \delta(nT - iT) \qquad (2.84)$$

のように求められる．

$z$ 変換の定義式 (2.65) から，$x(nT)$ が実系列なら $X(z)$ の係数は実数となる．逆に $X(z)$ の係数が実数のときを考えてみよう．このとき $p_i$ が実数なら，式 (2.84) から $x(nT)$ は明らかに実系列となる．次に，$p_i$ は $p_i = re^{j\Omega}$ のような複素数のときを考える．この場合は一見すると式 (2.84) の値は複素数になるように思われる．果してそうであろうか．まずいえることは，$X(z)$ の係数が実数なので，その極には必ず $p_i$ の共役複素数である $p_i^* = re^{-j\Omega}$ も $X(z)$ が含まれることである．さらに，$p_i^*$ に対する式 (2.82) も $a_i$ の共役複素数 $a_i^*$ となっている．そこで，$a_i = qe^{j\phi}$ と表して，式

(2.84) の各項のうち $p_i$ と $p_i^*$ に関係した部分だけを抜き出すと

$$a_i p_i^n + a_i^*(p_i^*)^n = qr^n e^{jn\Omega+\phi} + qr^n e^{-jn\Omega-\phi} = 2qr^n \cos(n\Omega+\phi) \tag{2.85}$$

のようになり，その値は実数となる．ここで $\Omega$ は余弦信号の正規化角周波数である．したがって，$X(z)$ が実係数であれば，極が複素数であってもその逆 $z$ 変換は実数となることがいえる．

ここで部分分数展開による逆 $z$ 変換の一例を示す．

■**例題 2.13** 次式の逆 $z$ 変換を求めよ．

$$H(z) = \frac{1 - 1.2z^{-1}}{1 - 0.6z^{-1}} \tag{2.86}$$

**解答** $H(z)$ は

$$H(z) = 2 - \frac{1}{1 - 0.6z^{-1}} \tag{2.87}$$

のように部分分数展開されるので，その逆 $z$ 変換は

$$Z^{-1}[H(z)] = 2\delta(nT) - (0.6)^n \tag{2.88}$$

となる． □■□

■**例題 2.14** $z$ の有理関数

$$H(z) = \frac{3 + 1.4z^{-1} + 0.1z^{-2}}{1 + 0.7z^{-1} + 0.1z^{-2}} \tag{2.89}$$

を部分分数展開により逆 $z$ 変換せよ．

**解答** この式の分子を分母で割り，さらに分母を因数分解すると

$$H(z) = 1 + \frac{2 + 0.7z^{-1}}{(1 + 0.5z^{-1})(1 + 0.2z^{-1})}$$

であるので，部分分数に展開すると

$$H(z) = 1 + \frac{1}{1 + 0.5z^{-1}} + \frac{1}{1 + 0.2z^{-1}} \tag{2.90}$$

が得られる．したがって，$H(z)$ の逆 $z$ 変換は

$$Z^{-1}[H(z)] = \delta(nT) + (-0.5)^n + (-0.2)^n \tag{2.91}$$

となる． □■□

● 連続除法

$z$ 変換の定義式である式 (2.65) を考慮すると，$X(z)$ の逆 $z$ 変換は，$X(z)$ を $z^{-1}$ に関

してべき級数展開してその展開係数を求めることであるとみなせる．このべき級数展開は $X(z)$ の $z^{-1} = 0$ のまわりでのテーラー展開として求められる．一般に，$X(z)$ をテーラー展開するためには，$X(z)$ の高階の導関数の計算が必要となる．部分分数展開のところで述べたように，$X(z)$ は有理関数である場合が大半であるが，そのような関数の高階導関数の計算はあまり楽な計算ではない．しかし，逆に有理関数であれば，導関数の計算をしなくてもテーラー展開することができる．どのようにするのかというと，$X(z)$ の分子多項式を分母多項式で連続して割算すればよいのである．すなわち，$X(z) = N(z)/D(z)$ と表して式 (2.65) に代入すると

$$N(z) = D(z)\{x(0) + x(T)z^{-1} + x(2T)z^{-2} + \cdots\} \quad (2.92)$$

となるので，求めるべき級数はその商として得られる．たとえば，式 (2.68) に対しては

$$\begin{array}{r}
1 + az^{-1} + a^2z^{-2} + \cdots \\
1 - az^{-1} \overline{\smash{\big)}\, 1 \phantom{-az^{-1}}} \\
\underline{1 - az^{-1}} \\
az^{-1} \\
\underline{az^{-1} - a^2z^{-2}} \\
a^2z^{-2} \\
\cdots\cdots
\end{array}$$

となって，式 (2.67) が得られる．

この連続除法による逆 $z$ 変換は，$x(nT)$ の先頭から何点かの値を必要とする場合に用いると便利である．

### 2.3.3 $z$ 変換のシステム解析への応用

ディジタル信号処理において $z$ 変換が用いられるのは，これを使うことによりシステムの表現が簡潔に行えることにある．その具体例は次節で紹介するが，ここではシステムの応答を求めることを考える．すなわち，入出力関係を与える式 (2.25) の差分方程式の解が $z$ 変換により容易に求められることを例により示そう．

式 (2.26) の巡回形システムの差分方程式の両辺を式 (2.70) を用いて $z$ 変換すれば

$$Y(z) = X(z) + by(-T) + bz^{-1}Y(z) \quad (2.93)$$

が得られる．これを $Y(z)$ について解けば

$$Y(z) = \frac{X(z)}{1 - bz^{-1}} + \frac{by(-T)}{1 - bz^{-1}} \quad (2.94)$$

となる．式 (2.94) を逆 $z$ 変換すればシステムの応答が求められる．式 (2.94) の第 1 項，あるいはそれを逆 $z$ 変換した項は入力信号に依存し，初期状態にはよらないので**零状態応答**とよばれる．これに対し，第 2 項，あるいはその逆 $z$ 変換は入力信号にはよらず，初期状態のみで決まるので**零入力応答**とよばれる．システムの応答が零状態応答のみのとき，すなわちシステムの初期状態が零のとき，そのシステムは零状態であるという．一般に，システムの応答は零状態応答と零入力応答の和として

$$\text{システムの応答} = \text{零状態応答} + \text{零入力応答}$$

のように表され，これを**完全応答**とよぶ．

いま，システムが零状態にあり，入力信号 $x(nT)$ が単位インパルス信号 $\delta(nT)$ であるとき，その応答の $z$ 変換は式 (2.94) において $X(z) = 1$ および $y(-T) = 0$ とすることにより

$$Y(z) = \frac{1}{1 - bz^{-1}} \tag{2.95}$$

となる．式 (2.95) の逆 $z$ 変換は表 2.1 より

$$y(nT) = b^n \tag{2.96}$$

であるから，式 (2.26) の差分方程式において $x(nT) = \delta(nT)$ および $y(-T) = 0$ とするときの解と一致する．すなわち，インパルス応答が得られる．このことは，$z$ 変換を用いると差分方程式を漸化的に評価せずに解を求められることを意味する．

次に，入力信号が単位ステップ信号 $u(nT)$ であるとしよう．単位ステップ信号に対する応答を**ステップ応答**という．このとき式 (2.94) は

$$Y(z) = \frac{1}{(1 - bz^{-1})(1 - z^{-1})} + \frac{by(-T)}{1 - bz^{-1}} \tag{2.97}$$

となる．第 1 項を部分分数展開し，$1/(1 - z^{-1})$ に関する項と $1/(1 - bz^{-1})$ に関する項に分けて整理すると

$$Y(z) = \frac{1}{1 - b} \frac{1}{1 - z^{-1}} + \frac{by(-T) - b/(1 - b)}{1 - bz^{-1}} \tag{2.98}$$

を得る．この式の各項を逆 $z$ 変換すれば

$$y(nT) = \frac{1}{1 - b} u(nT) + \left\{ y(-T) - \frac{1}{1 - b} \right\} b^{n+1} \tag{2.99}$$

のようにステップ応答が得られる．式 (2.99) の第 2 項の逆 $z$ 変換は $b^{nT}$ に比例し，$|b| < 1$ ならば時間の経過とともに減衰して零に収束する．システムの応答のうち，このように時間とともに減衰する項のことを**過渡項**あるいは**過渡応答**とよぶ．これ

に対して第 1 項は $1/(1-b)$ の大きさのステップ信号を表し，無限に継続するので，過渡項が零に収束した後にも残る．こちらの項を**定常項**あるいは**定常応答**とよぶ．過渡応答が零に収束する前を**過渡状態**，収束した後を**定常状態**という．システムの完全応答のもう一つの表現として

$$\text{完全応答} = \text{過渡応答} + \text{定常応答}$$

のように過渡応答と定常応答の和として表すこともできる．式 (2.95) からわかるように，インパルス応答は過渡項のみであるので，システムの過渡応答特性はインパルス応答により評価される．$T = 1$, $b = 0.5$ および $y(-T) = 10$ のとき式 (2.99) は

$$y(n) = 2u(n) + 4 \times 0.5^n \qquad (2.100)$$

となり，これを図示すると図 2.13 のようになる．

今度は，式 (2.28) の非巡回形システムの差分方程式を考えよう．システムには初期値 $x(-T)$ と $x(-2T)$ があり，入力 $x(nT)$ がステップ信号であると仮定して，その両辺を $z$ 変換すると

$$Y(z) = (a_0 + a_1 z^{-1} + a_2 z^{-2}) \frac{1}{1 - z^{-1}} + x(-2T) + (1 + z^{-1}) x(-T) \qquad (2.101)$$

が得られる．この式の第 1 項が零状態応答で，第 2 項と第 3 項が零入力応答である．ここで簡単のため $x(-T) = -1$, $x(-2T) = 0$ および $a_0 = a_1 = a_2 = 1$ として，第 1 項に関して分子を分母で割ると

$$Y(z) = -2 - z^{-1} + \frac{3}{1 - z^{-1}} - 1 - z^{-1} = \frac{3}{1 - z^{-1}} - 3 - 2z^{-1} \qquad (2.102)$$

となるので，$Y(z)$ を逆 $z$ 変換すると

$$y(nT) = 3u(nT) - 3\delta(nT) - 2\delta(nT - T) \qquad (2.103)$$

が得られる．この式の第 1 項が定常項で，第 2 項と第 3 項が過渡項である．$y(nT)$ を図示すると図 2.14 となる．$n = 2$ から定常状態に入っているのがわかる．

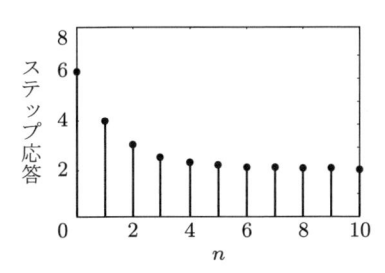

**図 2.13** IIR システムのステップ応答

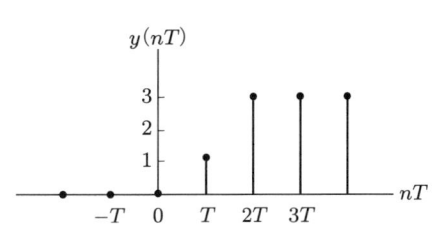

**図 2.14** FIR システムのステップ応答

## ■例題 2.15

(1) 差分方程式
$$y(nT) = a_0 x(nT) + a_1 x(nT - T) \tag{2.104}$$
で与えられる離散時間システムの零状態応答の $z$ 変換を求めよ．ただし，初期値 $x(-T)$ は零とする．

(2) 上の結果を利用してインパルス応答 $h(nT)$ を求めよ．

### 解答

(1) 式 (2.104) の両辺を $z$ 変換することにより
$$Y(z) = (a_0 + a_1 z^{-1}) X(z) \tag{2.105}$$
を得る．

(2) 式 (2.105) に $X(z) = 1$ を代入して逆 $z$ 変換することにより
$$h(nT) = a_0 \delta(nT) + a_1 \delta(nT - T) \tag{2.106}$$
を得る．

□■□

## 2.4 伝達関数と回路

システムの入出力関係の表現法として 14 ページの式 (2.22) で示されるインパルス応答との畳み込み和による方法を紹介したが，この表現法はシステムの内部構造を考察するのには最適とはいえない．式 (2.25) の差分方程式は内部構造を考慮した入出力関係のもっとも原始的な表現方法であるが，これはシステムの特性を考察するのには便利な形ではない．ディジタル信号処理システムの設計は，所望の入出力関係を実現するようなシステムの内部構造を決定することであるといえるので，システムの内部構造と特性の両方を考察するのに適した入出力の表現法が必要である．このような目的のために使われるのが伝達関数である．また，システムの内部構造を図的に表現したものが回路である．

### 2.4.1 伝達関数

伝達関数は
$$\text{伝達関数} = \frac{\text{零状態応答の } z \text{ 変換}}{\text{入力信号の } z \text{ 変換}} \tag{2.107}$$
と定義される．

入力信号が単位インパルス信号のとき，その $z$ 変換は 1 であるから，伝達関数はインパルス応答の $z$ 変換であることがわかる．すなわち

$$\text{伝達関数} = Z[\text{インパルス応答}] \tag{2.108}$$

である．式 (2.73) から時間領域の畳み込み和は $z$ 領域の積に対応することがわかるので，式 (2.22) の両辺を $z$ 変換すると $Y(z) = Z[h(nT)]X(z)$ となり，上式が裏付けられる．一般に，IIR システムの伝達関数は $z^{-1}$ に関する有理関数となり，FIR システムの伝達関数は $z^{-1}$ に関する多項式となる．伝達関数に現れる $z^{-1}$ に関する最高のべき数をシステムの**次数**とよぶ．ここで述べる次数と，2.1.3 項で述べた差分方程式による次数は同一である．式 (2.26) の IIR システムの伝達関数 $H(z)$ は，式 (2.94) において $y(-1) = 0$ とすることにより

$$H(z) = \frac{Y(z)}{X(z)} = \frac{1}{1 - bz^{-1}} \tag{2.109}$$

となる．このシステムの次数は 1 である．式 (2.28) の FIR システムの伝達関数 $H(z)$ は，式 (2.101) から

$$H(z) = a_0 + a_1 z^{-1} + a_2 z^{-2} \tag{2.110}$$

となる．こちらのシステムの次数は 2 である．

■**例題 2.16**
(1) インパルス応答が $h(nT) = 3\delta(nT) + 2\delta(nT - T) + \delta(nT - 2T)$ であるシステムの伝達関数 $H(z)$ を求めよ．
(2) このシステムの次数はいくらか．
(3) このシステムのステップ応答 $y(nT)$ を求めよ．

【解答】
(1) インパルス応答の $z$ 変換が伝達関数であるので，$H(z) = 3 + 2z^{-1} + z^{-2}$ である．
(2) $z^{-1}$ の最高のべき数が 2 であるので，次数は 2 である．
(3) 単位ステップ信号の $z$ 変換が $1/(1 - z^{-1})$ であるので，ステップ応答の $z$ 変換 $Y(z)$ は

$$Y(z) = \frac{3 + 2z^{-1} + z^{-2}}{1 - z^{-1}} = \frac{6}{1 - z^{-1}} - 3 - z^{-1} \tag{2.111}$$

となる．よってステップ応答は $y(nT) = 6u(nT) - 3\delta(nT) - \delta(nT - T)$ である．

□■□

■**例題 2.17** 伝達関数が

$$H(z) = \frac{1 + z^{-1}}{1 - bz^{-1}} \tag{2.112}$$

であるシステムのインパルス応答を求めよ．

**解答** 式 (2.112) の伝達関数を部分分数展開すると

$$H(z) = -\frac{1}{b} + \frac{1+1/b}{1-bz^{-1}} \tag{2.113}$$

であるので，これを逆 $z$ 変換することによりインパルス応答は

$$h(nT) = -\frac{1}{b}\delta(nT) + \left(1 + \frac{1}{b}\right)b^n \tag{2.114}$$

となる． □■□

$N(z)$ と $D(z)$ をそれぞれ $z$ に関する $M$ 次および $N$ 次の多項式とするとき，伝達関数 $H(z)$ は一般に

$$H(z) = \frac{N(z)}{D(z)} \tag{2.115}$$

のような有理関数で表される．ここで $M$ と $N$ のうち大きい方の数がシステムの次数となる．$H(z)$ において $D(z) = 0$ の解を**極**，$N(z) = 0$ の解を**零点**とよぶ．$z = \infty$ を一つの解と考えると，極と零点の数は同数である．ここまでは極と零点の説明のために $N(z)$ と $D(z)$ は $z$ に関する多項式としたが，$z^{-1}$ が遅延を表すことから，実際には $N(z)$ と $D(z)$ を $z^{-1}$ に関する多項式として表現することが多い．FIR 形伝達関数は

$$H(z) = a_0 + a_1 z^{-1} + \cdots + a_N z^{-N} = \frac{a_0 z^N + a_1 z^{N-1} + \cdots + a_N}{z^N} \tag{2.116}$$

のように $z$ の多項式に変型できるので，$D(z) = z^M$ である．したがって，FIR 形伝達関数ではすべての極が原点に存在することがわかる．

次に，$w = z^{-1}$ のように伝達関数の変数を変換してみる．FIR 形伝達関数では

$$H(w) = a_0 + a_1 w + \cdots + a_N w^N \tag{2.117}$$

のようになり，$w$ の関数として極と零点を計算すると，$w$ 平面の有限のところには零点しか存在しない．そのため，FIR 形伝達関数のことを**全零形伝達関数**とよぶ．また，

$$H(z) = \frac{h}{1 + b_1 z^{-1} + \cdots + b_N z^{-N}} \tag{2.118}$$

のような IIR 形伝達関数では

$$H(z) = \frac{h}{1 + b_1 w + \cdots + b_N z w^N} \tag{2.119}$$

となり，$w$ の関数として極と零点を計算すると，$w$ 平面の有限のところには極しか存在しないことがわかる．そのため，これを**全極形伝達関数**とよぶ．

■**例題 2.18** 伝達関数

$$H(z) = \frac{bz^{-1}}{1+az^{-1}} \tag{2.120}$$

の極と零点を求めよ．

**[解答]** 伝達関数の分母と分子に $z^{-1}$ をかけると

$$H(z) = \frac{b}{z+a} \tag{2.121}$$

となるので，極は $z = -a$ にあり，零点は無限遠点に一つある． □■□

■**例題 2.19** 伝達関数

$$H(z) = 1 + 2az^{-1} + z^{-2} \tag{2.122}$$

の極と零点を求めよ．

**[解答]** $H(z)$ は

$$H(z) = \frac{z^2 + 2az + 1}{z^2} \tag{2.123}$$

のように変形されるので，極は $z = 0$ に二重極で，零点は $z = a \pm \sqrt{a^2-1}$ である． □■□

### 2.4.2 周波数特性と正弦波定常応答

次に伝達関数と周波数特性の関係を考察する．$z$ 変換を定義した式 (2.65) において $z = e^{j\omega T}$ とおくと

$$X(e^{j\omega T}) = \sum_{n=0}^{\infty} x(nT) e^{-jn\omega T} \tag{2.124}$$

となり，これは式 (2.45) と同形である．よって，$z$ 変換において $z = e^{j\omega T}$ とおくことにより因果的な信号に対する離散時間フーリエ変換が得られることがわかる．インパルス応答の離散時間フーリエ変換が周波数応答であるので，伝達関数 $H(z)$ において $z = e^{j\omega T}$ を代入すると周波数応答が得られる．たとえば，式 (2.109) の 1 次 IIR 形伝達関数に $z = e^{j\omega T}$ を代入すると

$$H(e^{j\omega T}) = \frac{1}{1 - be^{-j\omega T}} \tag{2.125}$$

となる．これは 23 ページの例題 2.7 の結果と一致する．

振幅特性 $|H(e^{j\omega T})|$ の最大値を**利得水準**とよび，伝達関数 $H(z)$ に定数を乗じることによって調整される．利得水準は 1 とすることが多い．

なお，伝達関数の逆数を**伝送関数**あるいは**反伝達関数**ということもある．すなわち

$$伝送関数 = \frac{入力信号の\,z\,変換}{零状態応答の\,z\,変換} \tag{2.126}$$

である．伝送関数の絶対値を**減衰量**という．

2.2節で取り扱ったシステムの正弦波応答は，正弦波を時点 $n = -\infty$ で入力したときの応答であり，このとき過渡項は零に収束していて定常項のみである．すなわち，システムの周波数特性からシステムの定常応答特性が評価できる．このことをよりはっきりさせるために，システムの完全応答を求めて正弦波入力に対する過渡応答と定常応答との関係をみてみよう．因果的な離散時間正弦波信号

$$x(nT) = \cos(n\omega T) = \frac{e^{j(n\omega T)} + e^{-j(n\omega T + \phi)}}{2}$$
$$= \frac{1}{2}e^{jn\omega T} + \frac{1}{2}e^{-jn\omega T} \quad (n = 0, 1, \cdots) \quad (2.127)$$

が，伝達関数 $H(z) = N(z)/D(z)$ をもつシステムに時点 $n = 0$ で入力されたとする．ただし，$N(z)$ の次数は $D(z)$ の次数より大きくはないことを仮定する．$x(nT)$ の $z$ 変換 $X(z)$ は

$$X(z) = \frac{1}{2}\frac{1}{1 - e^{j\omega T}z^{-1}} + \frac{1}{2}\frac{1}{1 - e^{-j\omega T}z^{-1}} \quad (2.128)$$

となる．この結果は，表 2.1 の $\cos(n\omega T + \phi)$ の $z$ 変換を部分分数展開したものに等しい．システムが零状態にあるときに，この正弦波信号に対する出力の $z$ 変換は

$$Y(z) = \frac{1}{2}\left(\frac{1}{1 - e^{j\omega T}z^{-1}} + \frac{1}{1 - e^{-j\omega T}z^{-1}}\right)\frac{N(z)}{D(z)} \quad (2.129)$$

となる．上式を $D(z)$ の極を含む部分と含まない部分に分けて部分分数展開すると

$$Y(z) = \frac{1}{2}\frac{H(e^{j\omega T})}{1 - e^{j\omega T}z^{-1}} + \frac{1}{2}\frac{H(e^{-j\omega T})}{1 - e^{-j\omega T}z^{-1}} + \frac{N_1(z)}{D(z)} \quad (2.130)$$

が得られる．ただし，$N_1(z)$ は $D(z)$ より次数が 1 次低い多項式で

$$N_1(z) = \frac{N(z)D(e^{j\omega T}) - N(e^{j\omega T})D(z)}{(1 - e^{j\omega T}z^{-1})D(e^{j\omega T})} \quad (2.131)$$

により与えられる．式 (2.130) において，第 3 項は $H(z)$ の極の位置で定まる応答の $z$ 変換であり，それはシステムが安定ならば時間とともに消滅するので，過渡応答である．第 1 項と第 2 項は入力の $z$ 変換に比例しており，定常項である．定常項を $y(nT)$ と表し，式 (2.130) の第 1 項と第 2 項を逆 $z$ 変換すると

$$y(nT) = \frac{H(e^{j\omega T})e^{jn\omega T} + H(e^{-j\omega T})e^{-jn\omega T}}{2} = |H(e^{j\omega T})|\frac{e^{j\{n\omega T + \theta(\omega T)\}} + e^{-j\{n\omega T + \theta(\omega T)\}}}{2}$$
$$= |H(e^{j\omega T})|\cos\{n\omega T + \theta(\omega T)\} \quad (2.132)$$

となり，これは式 (2.50) と一致する．

以上より，正弦波定常応答の計算は，完全応答を求めなくても，周波数応答に $e^{jn\omega T}$ を乗じてその実部あるいは虚部をとることにより求めたので十分であることがわ

■**例題 2.20** 次式の伝達関数を有する FIR システムに $\cos(n\omega T)$ を入力したときの正弦波定常応答を求めよ．

$$H(z) = \frac{1}{1 - bz^{-1}} \tag{2.133}$$

**解答** 式 (2.133) に $z = e^{j\omega T}$ を代入すると，23 ページの例題 2.7 の結果より，振幅特性と位相特性は

$$|H(e^{j\omega T})| = \frac{1}{\sqrt{1 + b^2 - 2b\cos\omega T}} \tag{2.134}$$

および

$$\theta(\omega T) = -\tan^{-1}\frac{b\sin\omega T}{1 - b\cos\omega T} \tag{2.135}$$

となる．よって，$\cos(n\omega T)$ に対する応答は式 (2.132) より

$$|H(e^{j\omega T})| = \frac{1}{\sqrt{1 + b^2 - 2b\cos\omega T}} \cos\left(n\omega T - \tan^{-1}\frac{b\sin\omega T}{1 - b\cos\omega T}\right) \tag{2.136}$$

となる． □■□

### 2.4.3　回路

式 (2.27) を求めた手順からわかるように，離散時間線形時不変システムの応答は遅延と加算と定数乗算の 3 種類の演算で計算される．すなわち，離散時間線形時不変システムの構成要素は**遅延要素**と**加算器**と（定数）**乗算器**の 3 種類である．システムの内部構造をブロック図として表現したものを**回路**というが，離散時間線形時不変システムを実現する回路は，これら三つの要素を回路表現した図 2.15 の基本回路素子の相互接続によって構成される．同図 (a) が加算器，(b) が乗算器，(c) が遅延要素である．線形時不変システムでは $H(z)$ の係数はすべて定数であるので，$H(z)$ を回路実現したとき含まれる乗算器係数はすべて定数となる．この定数が実数であるならば，極や零点は実数か共役複素数対となり，乗算器係数も実数となる．有限次数システムでは，回路実現したときの素子数が有限である．

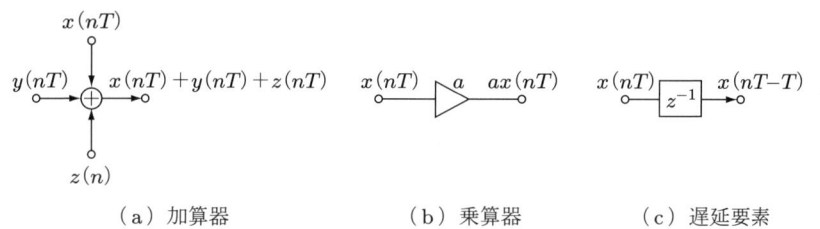

（a）加算器　　　　　（b）乗算器　　　　（c）遅延要素

**図 2.15** 離散時間線形時不変システムの構成要素（回路素子）

**図 2.16** 1 次 IIR 形回路

**図 2.17** 2 次 FIR 形回路

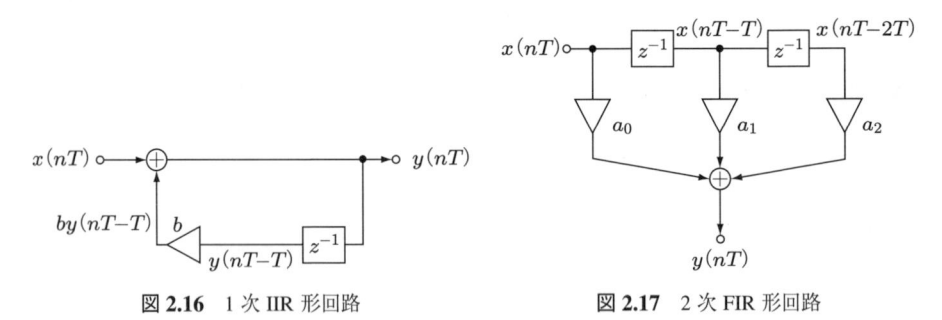

　これらの素子を用いると，式 (2.109) の 1 次 IIR 形伝達関数を実現する回路は，式 (2.26) を考慮すれば図 2.16 のようになる．式 (2.110) の 2 次 FIR 形伝達関数を実現する回路は，式 (2.28) から図 2.17 のようになる．

　回路の別の表現形式として，矢印線図（有向グラフ）でシステムの内部構造を表す**シグナルフローグラフ**がある．シグナルフローグラフでは，回路素子のうち，乗算器は枝重みが乗算器係数である有向枝に対応させ，遅延要素は枝重みが $z^{-1}$ である有向枝に対応させる．枝重みが未表示の枝は重みが 1 であることを意味し，単なる信号伝達枝である．また，有向グラフの節点には加算器と信号の分岐点および入出力ポートが対応する．一つの節点において，入力枝が一つで出力枝が二つ以上あるときは信号分岐点，入力枝が二つ以上で出力枝が一つ以上あるときは加算器に対応する，以上をまとめると図 2.18 の基本シグナルフローグラフとなる．入力枝と出力枝がそれぞれ一つの節点は，枝の重みが両方とも 1 でないなら，乗算器と遅延要素が縦続に接続された点を表す．出力枝のみで入力枝のない節点は，システムの入力ポートであり，入力枝のみで出力枝のない節点は，システムの出力ポートである．例として，図 2.17 の 2 次 FIR 形回路をシグナルフローグラフで表すと図 2.19 のようになる．

（a）乗算枝　（b）遅延枝　（c）加算節点　（d）分岐節点

**図 2.18** 基本シグナルフローグラフ

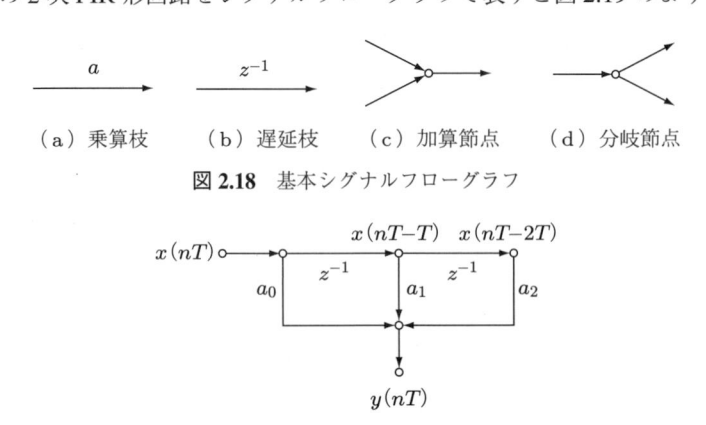

**図 2.19** 2 次 FIR 形回路のシグナルフローグラフ

■例題 2.21　図 2.20 の回路の入出力関係を表す差分方程式を求めよ．

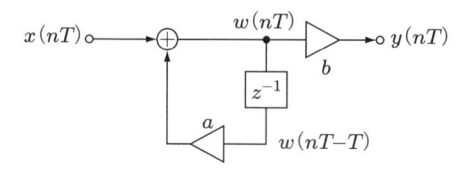

**図 2.20**　1 次 IIR システムの回路

**解答**　回路中の遅延要素への入力信号を $w(nT)$ と表すと，$x(nT)$，$y(nT)$ および $w(nT)$ の間には次のような関係が成立する．

$$w(nT) = x(nT) + aw(nT - T)$$
$$y(nT) = bw(nT)$$

これらから $w(nT)$ を消去すると

$$y(nT) = bx(nT) + ay(nT - T) \tag{2.137}$$

を得る．　　　　　　　　　　　　　　　　　　　　　　　　　□■□

## 2.5　システムの安定性

システムへの入力 $x(nT)$ がある正の実数 $M$ に対して $|x(nT)| \leq M$ を満足するとき，そのような入力を**有界**な入力とよぶ．有界な入力に対してその出力 $y(nT)$ も有界であるとき，すなわち $|y(nT)| \leq kM$ であるとき，システムは**安定**であると定義する．ただし，$k$ もある正の実数である．安定でないシステムを**不安定**であるという．不安定なシステムはある時点の出力が無限大に発散することを意味するが，出力が無限大ということはシステムの動作が制御不可能に陥っていることを意味するので，どうしてもこの状態は避けねばならない．よって，システムを実現するときは安定でなければならない．システムが安定であるための必要十分条件は，インパルス応答を使って

$$\sum_{n=-\infty}^{\infty} |h(nT)| < \infty \tag{2.138}$$

のように記述される．

あるシステムが安定かどうかを調べることを**安定判別**という．基本的には，インパルス応答が式 (2.138) を満足するかどうかを調べることになるが，式 (2.138) をそのまま用いるのは容易なことではない．そこで，極の位置から安定判別をする方法

を述べよう．単位インパルス関数は有界な関数なので，インパルス応答が有界であればシステムは安定である．分母の次数が分子の次数とおなじかそれ以上の IIR システムの伝達関数を因数分解すると式 (2.81) より

$$\sum_{i=1}^{N} \frac{a_i}{1 - p_i z^{-1}} \tag{2.139}$$

のようになるので，そのインパルス応答は

$$h(nT) = \sum_{i=1}^{N} a_i p_i^n \tag{2.140}$$

のように表される．そして

$$|h(nT)| = \left| \sum_{i=1}^{N} a_i p_i^n \right| < \sum_{i=1}^{N} \left| a_i p_i^n \right| \tag{2.141}$$

であるので，

$$\sum_{n=-\infty}^{\infty} |h(nT)| < \sum_{n=-\infty}^{\infty} \sum_{i=1}^{N} |a_i p_i^n| = \sum_{i=1}^{N} |a_i| \sum_{n=-\infty}^{\infty} |p_i|^n \tag{2.142}$$

となる．$p_i$ が実数か複素数かに係わらず $|p_i| < 1$ ならば

$$\sum_{n=-\infty}^{\infty} |p_i|^n < \infty \tag{2.143}$$

であるので，式 (2.138) が満足される．ゆえに，すべての極の絶対値が 1 より小さい，すなわちすべての極が単位円内にあれば，IIR システムは安定である．安定な極の存在位置を図示すると図 2.21 のようになる．

FIR システムのインパルス応答は有限の時間で 0 に収束することから，必ず式

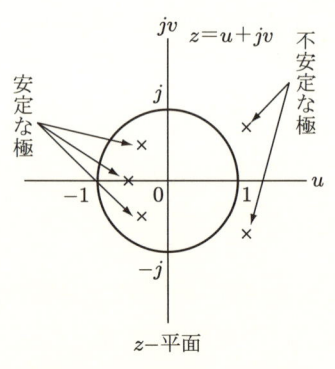

**図 2.21** 安定な極の存在位置

(2.138) を満足するので，FIR システムは常に安定である．別の言い方をすると，38 ページで述べたように，FIR システムのすべての極は必ず原点に存在するので，FIR システムは常に安定である．

次に具体的な伝達関数の安定判別の例を示す．

■**例題 2.22** 伝達関数

$$H(z) = \frac{2(1+2z^{-1})}{1+4z^{-1}+5z^{-2}} \tag{2.144}$$

の安定性を調べよ．

**[解答]** この伝達関数の極は $z = -2 \pm j$ であり，その絶対値はいずれも $|z| = \sqrt{5}$ である．したがって極の絶対値が 1 を超えているので，$H(z)$ は不安定である．

試しに $H(z)$ を逆 $z$ 変換してインパルス応答 $h(nT)$ を求めてみる．$H(z)$ は

$$H(z) = \frac{1}{1-(-2+j)z^{-1}} + \frac{1}{1-(-2-j)z^{-1}} \tag{2.145}$$

のように部分分数展開される．したがって逆 $z$ 変換は

$$\begin{aligned}h(nT) &= (-2+j)^n + (-2-j)^n = \left(\sqrt{5}\right)^n e^{jn\tan^{-1}0.5} + \left(\sqrt{5}\right)^n e^{-jn\tan^{-1}0.5}\\ &= 2\left(\sqrt{5}\right)^n \cos\left[n\tan^{-1}0.5\right]\end{aligned} \tag{2.146}$$

となり，インパルス応答は増加振動していることがわかる．$\tan^{-1}0.5$ が増加振動の正規化角周波数である．このことからインパルス応答が式 (2.138) を満足していないのは明らかであるので，システムは安定とはいえない．

なお，このインパルス応答は表 2.1 の (7) において $\phi = 0$, $a = \sqrt{5}$, $\cos\omega T = -2/\sqrt{5}$ とおくことによっても得られる． □■□

## 第 2 章の問題

**2.1** 図 2.22 に示す**離散時間方形波**を単位インパルス信号で表せ．次に，単位ステップ信号で表せ．

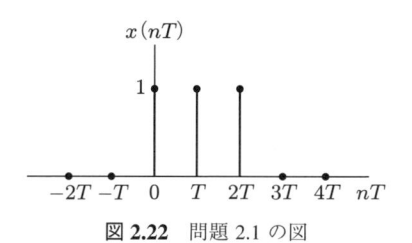

**図 2.22** 問題 2.1 の図

**2.2** 入出力関係が $y(nT) = x^2(nT)$ で与えられるシステムが線形であるかどうかを調べよ．

**2.3** 差分方程式
$$y(nT) = x(nT) + bx(nT - T) + ay(nT - T)$$
で表されるシステムにおいて線形性が成立していることを示せ．

**2.4** 差分方程式
$$y(nT) = x(nT) + 0.7y(nT - T)$$
で表されるシステムのインパルス応答を $n$ の関数として表せ．

**2.5** 離散時間正弦波信号 $2\cos(0.5\pi n + 0.25\pi)$ の振幅，正規化周波数および位相を求めよ．

**2.6** 図 2.9 の振幅特性の周波数軸を標本化周波数 44 kHz に非正規化せよ．

**2.7** 伝達関数
$$H(z) = \frac{1}{1 - 0.5z^{-1}}$$
を有するシステムの振幅特性を求めよ．

**2.8** 130 ページの式 (6.25) を式 (6.24) より導出せよ．

**2.9** 信号 $\delta(nT) - \delta(nT - T)$ の $z$ 変換を求めよ．

**2.10** 信号 $u(nT) + 2u(nT - T)$ の $z$ 変換を求めよ．

**2.11** 表 2.1 の (6) と (7) において $\phi = 0$ を代入するのでなく，式 (2.72) と表 2.1 の (4) と (5) を利用して，信号 $a^n \sin(n\omega T)$ と $a^n \cos(n\omega T)$ の $z$ 変換を求めよ．

**2.12** （a） 次の $H(z)$ の逆 $z$ 変換を部分分数展開により求めよ．
$$H(z) = \frac{2 - 1.3z^{-1}}{(1 - 0.5z^{-1})(1 - 0.8z^{-1})}$$
（b） この $H(z)$ を伝達関数としてもつ離散時間システムが安定かどうかを理由とともに述べよ．

**2.13** （a） 図 2.23 の回路の入出力関係を表す差分方程式を求めよ．
（b） この回路の伝達関数を求めよ．

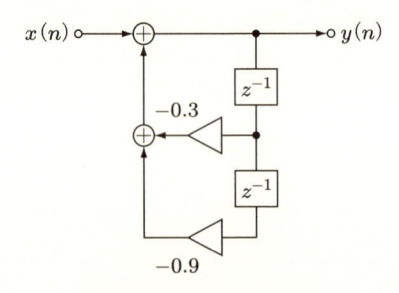

**図 2.23** 問題 2.13 の図

**2.14** （a） 次の $h(n)$ をインパルス応答としてもっている離散時間システムの伝達関数を求めよ．

$$h(n) = u(n) - u(n-3)$$

ただし，$u(n)$ は単位ステップ信号である．

（b） この離散時間システムが IIR システムか，FIR システムのいずれであるかを理由とともに述べよ．

**2.15** 次の差分方程式で表される離散時間システムの伝達関数を求めよ．

$$y(nT) = x(nT) - x(nT - 2T) - y(nT - T)$$

**2.16** 伝達関数

$$H(z) = \frac{0.5 + z^{-1}}{1 + 0.5z^{-1}}$$

に関して次の問に答えよ．

（a） 極と零点を求めよ．
（b） この伝達関数の安定性を判定せよ．
（c） 振幅特性を求めよ．
（d） インパルス応答を求めよ．

# 連続時間信号と
# システム

▶▶▶▶▶

　本章では，ディジタル信号処理システムを理解するための必要最小限の連続時間信号[*1]とシステムを解説する．特に次章のテーマである連続時間信号の標本化定理において中心的な役割を果たすのが，フーリエ変換とフーリエ級数をベースとする連続時間システムの表現であるので，その部分に重点をおいて解説する．

　本章の内容についてすでに知識を有する読者は，知識の整理のために本章を活用してほしい．

◀◀◀◀◀

## 3.1　フーリエ変換

　**連続時間信号**は大きく分けて，周期信号と孤立パルス信号に分類される．図3.1(a)が孤立パルス信号で，図3.1(b)が周期信号である．周期信号 $\bar{f}(t)$ には $\bar{f}(t) = \bar{f}(t + rT)$　$(r = 0, \pm 1, \pm 2, \cdots)$ のような関係がある．この $T$ を周期信号の周期とよぶ．当然ながら，$T > 0$ である．周期をもたない信号を孤立パルス信号という．連続時間信号の解析において重要な武器となるのが**フーリエ変換**とフーリエ級数である．本節では，これらのうち孤立パルス信号を解析するのに用いられるフーリエ変換を取り上げる．

### 3.1.1　フーリエ変換の定義

　**フーリエ変換**は図3.1(a)のような孤立パルス波のスペクトル成分を解析するのに用いられる．$f(t)$ のフーリエ変換を $F(\omega)$ とすれば

$$F(\omega) = \int_{-\infty}^{\infty} f(t)e^{-j\omega t}dt \tag{3.1}$$

と定義される．変数が $t$ の領域を**時間領域**，変数が $\omega$ の領域を**周波数領域**という．

---
[*1] 本書では連続時間信号とアナログ信号をほぼ同じ意味で用いるが，時間軸の連続性を強調したい場合には連続時間信号を使い，振幅方向の連続性を強調したい場合にはアナログ信号を使う．

## 3.1 フーリエ変換

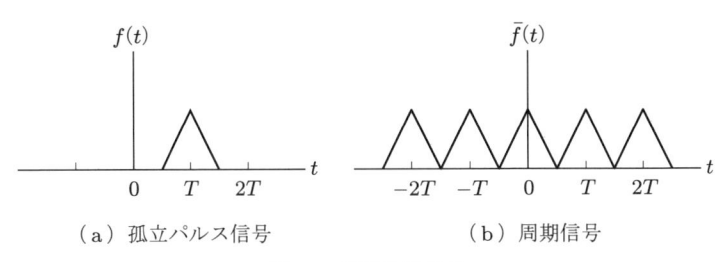

(a) 孤立パルス信号　　(b) 周期信号

**図 3.1**　連続時間信号

本書では，このときの $f(t)$ と $F(\omega)$ の関係を $f(t) \overset{\text{フーリエ変換}}{\longleftrightarrow} F(\omega)$ のように表す．$F(\omega)$ を（フーリエ）スペクトル，$|F(\omega)|$ を振幅スペクトル，$\angle F(\omega)$ を位相スペクトルとよぶ．孤立信号のスペクトルは $\omega$ の連続関数であり，**連続スペクトル**とよばれる．フーリエ変換が存在するための十分条件は

$$\int_{-\infty}^{\infty} |f(t)| dt < \infty \tag{3.2}$$

であるので，孤立信号は必ずしも図 3.1 (a) のように有限の $t$ で $f(t) = 0$ に収束する必要はない．また，$f(t)$ は実関数に限らず複素数値関数でもよい．

$F(\omega)$ から $f(t)$ を求める操作をフーリエ逆変換といい，

$$f(t) = \frac{1}{2\pi} \int_{-\infty}^{\infty} F(\omega) e^{j\omega t} d\omega \tag{3.3}$$

と定義される．

■**例題 3.1**　図 3.2 に示す**方形波**のフーリエ変換を求めよ．ただし，$a > 0$ とする．

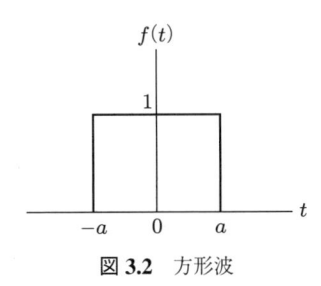

**図 3.2**　方形波

**[解答]**　図 3.2 の方形波を式で表すと

$$f(t) = \begin{cases} 1 & (t \leqq a) \\ 0 & (t > a) \end{cases} \tag{3.4}$$

であるから，フーリエ変換は式 (3.1) から

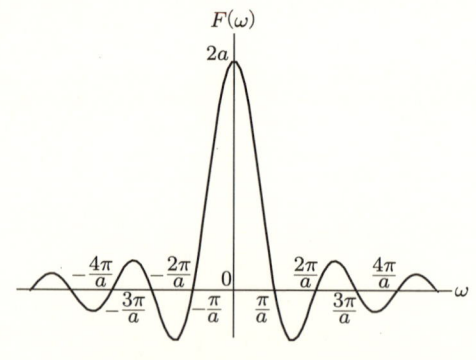

図 3.3　方形波のスペクトル

$$F(\omega) = \int_{-a}^{a} e^{-j\omega t} dt = \frac{e^{j a\omega} - e^{-j a\omega}}{j\omega} = \frac{2\sin a\omega}{\omega} \tag{3.5}$$

これを図示すると図 3.3 のようになる．　　　　　　　　　　　　　　　　□■□

### 3.1.2　フーリエ変換の性質
以下に，フーリエ変換の性質の中で重要なものを示す．

- **偶奇性**

  一般に $f(t)$ は複素数値関数でよいが，まず，実関数であるときのみ成り立つ性質について述べる．式 (3.1) を $f(t)$ が実関数であるとの仮定のもとで，実部と虚部に分けると

$$F(\omega) = \int_{-\infty}^{\infty} f(t)\cos\omega t\, dt - j\int_{-\infty}^{\infty} f(t)\sin\omega t\, dt \tag{3.6}$$

  のようになる．したがって，$F(\omega)$ の実部は偶関数，$F(\omega)$ の虚部は奇関数，振幅スペクトル $|F(\omega)|$ は偶関数，位相スペクトル $\angle F(\omega)$ は奇関数であることがわかる．また，$F(\omega)$ と $F(-\omega)$ は複素共役の関係にあり，$|F(\omega)|^2 = F(\omega)F(-\omega)$ である．

- **線形性**

  $f_1(t)$ と $f_2(t)$ のフーリエ変換をそれぞれ $F_1(\omega)$ および $F_2(\omega)$ とするとき，

$$a_1 f_1(t) + a_2 f_2(t) \stackrel{\text{フーリエ変換}}{\longleftrightarrow} a_1 F_1(\omega) + a_2 F_2(\omega) \tag{3.7}$$

  である．ただし，$a_1$ と $a_2$ は任意定数である．この性質はフーリエ変換の定義式の中の積分の線形性からの帰着である．

- **対称性**

  式 (3.3) を

$$2\pi f(-t) = \int_{-\infty}^{\infty} F(\omega)e^{-j\omega t}d\omega \tag{3.8}$$

と変形し，$t$ と $\omega$ を入れ換えることにより，$f(t) \overset{\text{フーリエ変換}}{\longleftrightarrow} F(\omega)$ であるとき

$$F(t) \overset{\text{フーリエ変換}}{\longleftrightarrow} 2\pi f(-\omega) \tag{3.9}$$

のような時間軸と周波数軸の対称性が導かれる．

- **時間シフト**

$$f(t-t_0) \overset{\text{フーリエ変換}}{\longleftrightarrow} F(\omega)e^{-j\omega t_0} \tag{3.10}$$

この関係は $f(t-t_0)$ のフーリエ変換である

$$\int_{-\infty}^{\infty} f(t-t_0)e^{-j\omega t}dt \tag{3.11}$$

を置換積分することにより得られる．

- **周波数シフト**

$$f(t)e^{j\omega_0 t} \overset{\text{フーリエ変換}}{\longleftrightarrow} F(\omega-\omega_0) \tag{3.12}$$

この式は，フーリエ変換の定義式において $\omega$ を $\omega - \omega_0$ で置き換えたものを

$$\int_{-\infty}^{\infty} f(t)e^{-j(\omega-\omega_0)t}dt = \int_{-\infty}^{\infty} \left\{f(t)e^{j\omega_0}\right\}e^{-j\omega t}dt \tag{3.13}$$

のように変形することにより得られる．

- **畳み込み積分**

二つの関数 $f(t)$ と $g(t)$ に対して

$$h(t) = \int_{-\infty}^{\infty} f(\tau)g(t-\tau)d\tau \tag{3.14}$$

を**畳み込み積分**とよぶ．$f(t)$ と $g(t)$ および $h(t)$ のフーリエ変換をそれぞれ $F(\omega)$, $G(\omega)$ および $H(\omega)$ と定義すれば

$$H(\omega) = F(\omega)G(\omega) \tag{3.15}$$

が成り立つ．また，$F(\omega)$ と $G(\omega)$ の畳み込み積分を $2\pi$ で割ったものは $f(t)$, $g(t)$ の積のフーリエ変換に等しい．すなわち

$$\frac{1}{2\pi}\int_{-\infty}^{\infty} F(u)G(\omega-u)du = \int_{-\infty}^{\infty} f(t)g(t)e^{-j\omega t}dt \tag{3.16}$$

である．したがって，時間領域での畳み込み積分は周波数領域では積に対応し，周波数領域での畳み込み積分は時間領域では積に対応する．

● パーセバルの定理

二つの関数 $f(t)$ と $g(t)$ の積に対して

$$\int_{-\infty}^{\infty} f(t)g^*(t)dt = \frac{1}{2\pi}\int_{-\infty}^{\infty} F(\omega)G^*(\omega)d\omega \qquad (3.17)$$

が成り立つ．ただし，$*$ は複素共役を表す．この関係をパーセバルの定理とよぶ．信号理論においてパーセバルの定理が威力を発揮するのは $f(t) = g(t)$ の場合であり，式 (3.17) は

$$\int_{-\infty}^{\infty} |f(t)|^2 dt = \frac{1}{2\pi}\int_{-\infty}^{\infty} |F(\omega)|^2 d\omega \qquad (3.18)$$

となる．この式の左辺は信号のエネルギーを表しているので，この式は $\omega$ 軸上でのフーリエ変換の絶対値の 2 乗積分によっても信号エネルギーが求められることを意味している．

■例題 3.2　図 3.4 に示す方形波のフーリエ変換を求めよ．

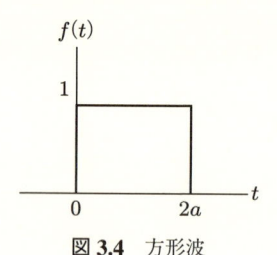

図 3.4　方形波

【解答】　図 3.4 は図 3.2 を $a$ だけ時間シフトしたものであるので，時間シフトの性質から図 3.4 のフーリエ変換は例題 3.1 の結果に $e^{-\omega a}$ をかけものになる．すなわち

$$F(\omega) = e^{-j\omega a}\int_{-a}^{a} e^{-j\omega t}dt = \frac{2\sin a\omega}{\omega}e^{-j\omega a}e^{-\omega a} \qquad (3.19)$$

である．　　　　　　　　　　　　　　　　　　　　　　　　　　　　□■□

### 3.1.3　スペクトルの打ち切り

先ほどの例からもわかるように，一般にフーリエ変換 $F(\omega)$ は周波数軸上で無限に継続する．これを

$$F_\sigma(\omega) = \begin{cases} F(\omega) & (|\omega| \leq \sigma) \\ 0 & (|\omega| > \sigma) \end{cases} \qquad (3.20)$$

のように有限のところで打ち切ったスペクトルをもつ信号 $f_\sigma(t)$ を求めてみよう．式 (3.3) より $f_\sigma(t)$ は

$$f_\sigma(t) = \frac{1}{2\pi}\int_{-\sigma}^{\sigma} F(\omega)e^{j\omega t}d\omega \tag{3.21}$$

となる．式 (3.1) を上式に代入すると（ただし積分変数は $\tau$ に書き換える）

$$f_\sigma(t) = \frac{1}{2\pi}\int_{-\sigma}^{\sigma} e^{j\omega t}\int_{-\infty}^{\infty} f(\tau)e^{-j\omega\tau}d\tau d\omega = \frac{1}{2\pi}\int_{-\infty}^{\infty} f(\tau)\int_{-\sigma}^{\sigma} e^{j\omega(t-\tau)}d\omega d\tau \tag{3.22}$$

となる．よって，式 (3.5) を考慮すると

$$f_\sigma(t) = \int_{-\infty}^{\infty} f(\tau)\frac{\sin\sigma(t-\tau)}{\pi(t-\tau)}d\tau \tag{3.23}$$

が得られる．この式は，$f(t)$ と信号 $\sin\sigma t/\pi t$ の畳み込み積分となっていることがわかる．ここで，$\sigma \to \infty$ とした極限で $f_\sigma(t)$ は $f(t)$ の連続な領域で $f_\sigma(t) \to f(t)$ のように収束する．$f(t)$ が $t = t_d$ で不連続であるとすると，不連続点では

$$\lim_{\sigma\to\infty} f_\sigma(t_d) = \frac{\lim_{+t\to t_d} f(t) + \lim_{-t\to t_d} f(t)}{2} \tag{3.24}$$

に収束する．ただし，$+t \to t_d$ と $-t \to t_d$ は，それぞれ $t > t_d$ および $t < t_d$ なる領域から $t$ を $t_d$ に近づけることを意味する．このように不連続信号のフーリエ変換を取り扱う場合には注意が必要である．この式の応用については，標本化定理を述べる第 4 章で取り上げる．

■**例題 3.3** $f(t)$ が図 3.2 に示す方形波であるとき，$f(t)$ のスペクトルを角周波数 $\sigma$ で打ち切った波形を求めよ．

**解答** 式 (3.23) より

$$f_\sigma(t) = \int_{-a}^{a} \frac{\sin\sigma(t-\tau)}{\pi(t-\tau)}d\tau \tag{3.25}$$

である．ここで，$x = \sigma(t-\tau)$ と置換積分し，さらに**正弦積分**を

$$\mathrm{Si}(t) = \int_0^t \frac{\sin\tau}{\tau}d\tau \tag{3.26}$$

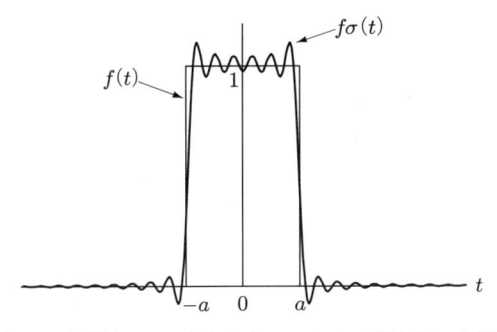

**図 3.5** 方形波のスペクトルを $\sigma = 6\pi/a$ で打ち切った波形

と記述すれば，

$$f_\sigma(t) = \frac{\text{Si}[\sigma(t+a)] - \text{Si}[\sigma(t-a)]}{\pi} \tag{3.27}$$

が得られる．正弦積分を初等関数で表すのは困難なので，その値は数値計算で求めることになる．$\sigma = 6\pi/a$ のときの波形を図 3.5 に示す．　　　　　　　　　　　　　□■□

## 3.2　フーリエ級数

図 3.1 (b) に示す周期信号 $\bar{f}(t)$ を考えよう．このような周期信号は

$$\bar{f}(t) = \sum_{n=-\infty}^{\infty} C_n e^{jn\omega_0 t} \tag{3.28}$$

のように**フーリエ級数**に展開される．ここで

$$\omega_0 = \frac{2\pi}{T} \tag{3.29}$$

であり，これを基本波周波数という．フーリエ級数の係数 $C_n$ は信号 $f(t)$ の中に周波数 $n\omega_0$ の正弦波成分がどのくらいの大きさで含まれているかを表していて

$$C_n = \frac{1}{T} \int_{-T/2}^{T/2} \bar{f}(t) e^{-jn\omega_0 t} dt \tag{3.30}$$

で与えられる．したがって，周期信号のスペクトル成分はフーリエ級数の係数を計算することにより得ることができる．周期信号のスペクトルの特徴は $\omega$ 軸上で離散であることであり，そのようなスペクトルを**線スペクトル**という．周期信号 $f(t)$ の中に含まれる周波数 $\omega_0$ の正弦波成分のことを**基本波**，$n\omega_0$ の正弦波成分のことを **$n$ 倍高調波**という．

ここで，孤立信号と周期信号のスペクトルの関係について述べる．すなわち，周期信号 $\bar{f}(t)$ が有限継続の孤立信号 $f(t)$ の繰り返しとして

$$\bar{f}(t) = \sum_{n=-\infty}^{\infty} f(t - nT) \tag{3.31}$$

と表されるとき，$\bar{f}(t)$ のフーリエ級数の係数 $C_n$ を $f(t)$ のフーリエ変換 $F(\omega)$ で表してみる．$f(t)$ が区間 $-T/2 \leq t \leq T/2$ 内に存在するとき $F(\omega)$ は

$$F(\omega) = \int_{-T/2}^{T/2} f(t) e^{-j\omega t} dt \tag{3.32}$$

となる．また，$C_n$ は式 (3.30) と (3.31) から

$$C_n = \frac{1}{T} \int_{-T/2}^{T/2} f(t) e^{-jn\omega_0 t} dt \tag{3.33}$$

であることがわかる．ゆえに，

$$C_n = \frac{1}{T} F(n\omega_0) \tag{3.34}$$

となり，これを式 (3.28) に代入すると

$$\bar{f}(t) = \frac{1}{T} \sum_{n=-\infty}^{\infty} F(n\omega_0) e^{jn\omega_0 t} \tag{3.35}$$

が得られる．この関係式は周期信号のスペクトルの包絡が有限継続信号のスペクトルとなることを示している．

■**例題 3.4** $\bar{f}(t)$ を図 3.6 に示すような**方形波列**とする．$\bar{f}(t)$ のフーリエ級数を求めよ．

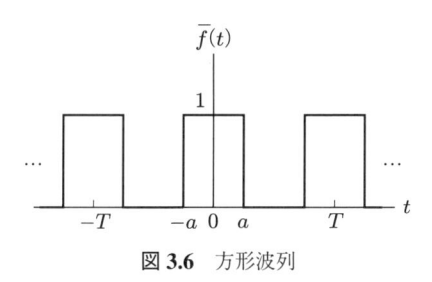

図 3.6 方形波列

**解答** 式 (3.30) より

$$C_n = \frac{1}{T} \int_{-a}^{a} e^{-jn\omega_0 t} dt = \frac{1}{T} \frac{2 \sin na\omega_0}{n\omega_0} \tag{3.36}$$

となる．この式と式 (3.5) を比べると，確かに式 (3.34) が成り立っていることがわかる．
□■□

■**例題 3.5** 信号 $x(t) = 1 + \sin \omega_0 t + \cos(2\omega_0 t)$ の複素フーリエ係数 $C_n$ ($-\infty < n < \infty$) を求めよ．

**解答** この $x(t)$ はすでに三角級数になっているので，式 (3.30) を計算しなくてもフーリエ係数は求められる．計算するとかえって手間がかかってしまう．$x(t)$ をオイラーの公式を使って書き直すと

$$\begin{aligned} x(t) &= 1 + \frac{e^{j\omega_0 t} - e^{-j\omega_0 t}}{2j} + \frac{e^{j2\omega_0 t} + e^{-j2\omega_0 t}}{2} \\ &= \frac{1}{2} e^{-j2\omega_0 t} - \frac{1}{2j} e^{-j\omega_0 t} + 1 + \frac{1}{2j} e^{j\omega_0 t} + \frac{1}{2} e^{j2\omega_0 t} \end{aligned} \tag{3.37}$$

であるので，$C_n$ は次のようになる．

$$C_n = \begin{cases} \dfrac{1}{2} & (n = -2, 2) \\ -\dfrac{1}{2j} & (n = -1) \\ 1 & (n = 0) \\ \dfrac{1}{2j} & (n = 1) \\ 0 & (その他) \end{cases} \tag{3.38}$$

## 3.3 デルタ関数

離散時間信号と連続時間信号の橋渡しをするのが

$$\int_{-\infty}^{\infty} f(t)\delta(t)dt = f(0) \tag{3.39}$$

で定義される**デルタ関数**である．デルタ関数は通常の関数のように $\delta(t) = \bigcirc\triangle$ の形式で記述できず，さらに関数 $f(t)$ に値 $f(0)$ を割り与える機能をもっているので，超関数とよばれる．デルタ関数の性質として，$t \neq 0$ のところで $\delta(t) = 0$，および

$$\int_{-\infty}^{\infty} \delta(t)dt = 1 \tag{3.40}$$

があるので，デルタ関数は幅が 0 の理想的なパルス波形を表しているということができる．$\delta(t)$ を通常の時間関数と考えると，$t = 0$ で関数値が無限大に発散してしまい，不都合な状況となる．しかし，超関数の性質から $\delta(t)$ は，$t = 0$ においてその面積である値 1 が分配され，その他のところでは値 0 が分配された "連続関数のようなもの" とみなせる．すなわち，$\delta(t - nT)$ は図 3.7 のようなパルスを表していると解釈できる．これを（連続時間）**単位インパルス信号**という[*2]．デルタ関数は $\delta(t) = \delta(-t)$ なる性質ももっているので，デルタ関数と一般の関数の畳み込み積分は式 (3.39) から

$$\int_{-\infty}^{\infty} f(t)\delta(u-t)dt = \int_{-\infty}^{\infty} \delta(t)f(u-t)dt = f(u) \tag{3.41}$$

で与えられる．これからデルタ関数は畳み込み積分における単位元であり，こちらをデルタ関数の定義として採用することもある．$\delta(t - nT)$ と $f(t)$ の畳み込み積分は，式 (3.41) を考慮すると

$$\int_{-\infty}^{\infty} f(t)\delta(u-t+nT)dt = \int_{-\infty}^{\infty} \delta(t-nT)f(u-t)dt = f(u-nT) \tag{3.42}$$

---

[*2] 本テキストでは，特に連続時間と離散時間を区別する必要がある場合を除いては，連続時間も離散時間の場合も単に単位インパルス信号と記述する．

のように書くことができる．したがって，$f(t)$ を $nT$ だけ時間推移させることは，$f(t)$ と $\delta(t-nT)$ の畳み込み積分を計算することに相当する．また，通常の関数 $f(t)$ とデルタ関数の積 $f(t)\delta(t-nT)$ に関して

$$f(t)\delta(t-nT) = f(nT)\delta(t-nT) \tag{3.43}$$

のような性質がある．

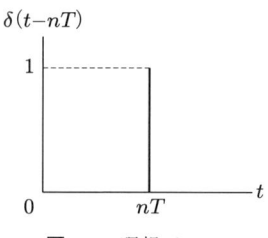

**図 3.7** 理想パルス

デルタ関数のフーリエ変換は，デルタ関数の定義から

$$\int_{-\infty}^{\infty} \delta(t)e^{-j\omega t}dt = e^{-j\omega 0} = 1 \tag{3.44}$$

である．すなわち $\delta(t) \overset{\text{フーリエ変換}}{\longleftrightarrow} 1$ である．フーリエ変換の時間領域と周波数領域の対称性を考えると，関数 $f(t) = 1$ のフーリエ変換は

$$1 \overset{\text{フーリエ変換}}{\longleftrightarrow} 2\pi\delta(\omega) \tag{3.45}$$

となる．これを $\omega_s$ だけ周波数シフトすると

$$e^{j\omega_s t} \overset{\text{フーリエ変換}}{\longleftrightarrow} 2\pi\delta(\omega-\omega_s) \tag{3.46}$$

が得られる．直流は $\omega = 0$ にのみ線スペクトルをもち，周波数 $\omega_s$ の複素正弦波は $\omega_s$ にのみ線スペクトルをもっていることから，これらの式は，周波数領域にデルタ関数を導入することにより線スペクトルも連続スペクトルと同様に扱えることを教えている．すなわち，フーリエ級数をフーリエ変換の特別な場合と考えることが可能になる．ここで注意しなければならないのは，式 (3.34) の関係である．式 (3.46) より $\omega = \omega_0$ における $e^{j\omega_0 t}$ のフーリエ変換の値は $2\pi$ であるが，$e^{j\omega_0 t}$ のフーリエ係数は基本波成分のみで $C_1 = 1$ なので，式 (3.34) と矛盾するように思える．しかしながら，式 (3.34) の $F(\omega)$ は有限区間の積分として式 (3.32) により与えられるのであり，式 (3.46) のフーリエ変換そのものではない．そこで，$f(t) = e^{j\omega_0 t}$ として式 (3.32) を計算すると

$$F(\omega) = \frac{e^{j(\omega-\omega_0)T/2} - e^{-j(\omega-\omega_0)T/2}}{j(\omega-\omega_0)} \tag{3.47}$$

を得る．よって，$F(\omega_0) = T$ となるので，式 (3.34) が成り立っていることがわかる．

また，導出法は文献 [12] にあるが，図 3.8 の**単位ステップ関数**のフーリエ変換にも

$$u(t) \stackrel{\text{フーリエ変換}}{\longleftrightarrow} \frac{1}{j\omega} + \pi\delta(\omega) \tag{3.48}$$

のようにデルタ関数が現れる．式 (3.45)，式 (3.46) および (3.48) は絶対可積分ではないが，フーリエ変換の存在する典型的な例である．

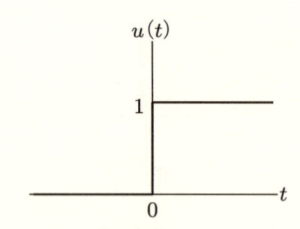

**図 3.8** 連続時間単位ステップ関数

■**例題 3.6** $\delta(t - t_0)$ のフーリエ変換を求めよ．

**解答** 式 (3.44) に時間シフトを適用すると

$$\delta(t - t_0) \stackrel{\text{フーリエ変換}}{\longleftrightarrow} e^{-j\omega t_0} \tag{3.49}$$

となる． □■□

■**例題 3.7** $\cos\omega_0 t$ のフーリエ変換を求めよ．

**解答** オイラーの定理と式 (3.46) を考慮すると

$$\cos\omega_0 t = \frac{e^{j\omega_0 t} + e^{-j\omega_0 t}}{2} \stackrel{\text{フーリエ変換}}{\longleftrightarrow} \pi\{\delta(\omega-\omega_0) + \delta(\omega+\omega_0)\} \tag{3.50}$$

となる． □■□

● **デルタ関数列**

図 3.9 の間隔 $T$ のデルタ関数列

$$\delta_T(t) = \sum_{n=-\infty}^{\infty} \delta(t - nT) \tag{3.51}$$

について考える．これは周期 $T$ の周期関数であるので，式 (3.35) と (3.44) を考慮して $\delta_T(t)$ をフーリエ級数に展開すると

$$\delta_T(t) = \frac{1}{T} \sum_{n=-\infty}^{\infty} e^{jn\omega_s t} \tag{3.52}$$

となる．$\delta_T(t)$ のフーリエ変換は

$$\begin{aligned}\int_{-\infty}^{\infty} \delta_T(t) e^{-j\omega t} dt &= \int_{-\infty}^{\infty} \left\{ \frac{1}{T} \sum_{n=-\infty}^{\infty} e^{jn\omega_s t} \right\} e^{-j\omega t} dt \\ &= \frac{1}{T} \sum_{n=-\infty}^{\infty} \int_{-\infty}^{\infty} e^{jn\omega_s t} e^{-j\omega t} dt \end{aligned} \tag{3.53}$$

となるので，式 (3.46) を考慮することにより

$$\int_{-\infty}^{\infty} \delta_T(t) e^{-j\omega t} dt = \omega_s \sum_{n=-\infty}^{\infty} \delta(\omega - n\omega_s) = \omega_s \delta_{\omega_s}(\omega) \tag{3.54}$$

が得られる．ただし，

$$\omega_s = \frac{2\pi}{T} \tag{3.55}$$

である．式 (3.54) は，間隔 $T$ のデルタ関数列のフーリエ変換も周波数領域で間隔 $\omega_s$ のデルタ関数列となることを意味する．

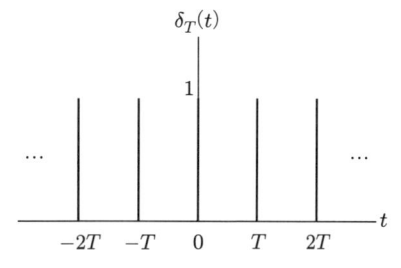

**図 3.9** 時間領域のデルタ関数列 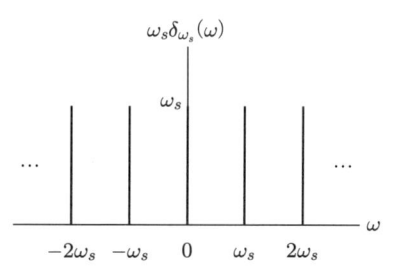  **図 3.10** 周波数領域のデルタ関数列

式 (3.54) の導出と同様な式の変形を行うと，任意の連続時間周期信号 $f(t)$ のフーリエ変換 $F(\omega)$ をそのフーリエ係数により表すことができる．いま，$f(t)$ が式 (3.28) のようにフーリエ級数展開されているならば，式 (3.46) より

$$\begin{aligned}F(\omega) &= \int_{-\infty}^{\infty} \left\{ \sum_{n=-\infty}^{\infty} C_n e^{jn\omega_0 t} \right\} e^{-j\omega t} dt \\ &= \sum_{n=-\infty}^{\infty} C_n \int_{-\infty}^{\infty} e^{jn\omega_s t} e^{-j\omega t} dt \\ &= 2\pi \sum_{n=-\infty}^{\infty} C_n \delta(\omega - n\omega_0) \end{aligned} \tag{3.56}$$

が得られる.

以上からわかるように,デルタ関数を用いることにより,周期信号か非周期信号かを問わず,フーリエ変換で統一的に取り扱うことができる.

## 3.4　連続時間システム

**連続時間システム**とは,入出力がそれぞれ連続時間信号 $x(t)$ および $y(t)$ で与えられる図 3.11 のようなシステムである.

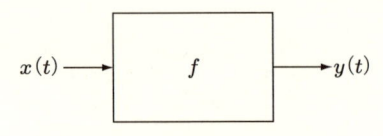

**図 3.11**　連続時間システム

連続時間システムの入出力間の関係は,離散時間システムのときと同様に

$$y(t) = f[x(t)] \tag{3.57}$$

と表現できる. $f$ の意味は, $t$ の連続関数 $x(t)$ に対して関数 $y(t)$ を対応させるということである.

入力信号が

$$a_1 x_1(t) + a_2 x_2(t)$$

のように二つの信号 $x_1(t)$ と $x_2(t)$ の 1 次結合により表されているとする.ここで $a_1$ と $a_2$ は任意定数である.また, $x_1(t)$ と $x_2(t)$ をそれぞれ単独に入力したときの出力を $y_1(t)$ と $y_2(t)$ とする.このときのシステムの出力が

$$f[a_1 x_1(t) + a_2 x_2(t)] = a_1 f[x_1(t)] + a_2 f[x_2(t)] = a_1 y_1(t) + a_2 y_2(t) \tag{3.58}$$

のように,それぞれの信号を単独に入力したときの出力の 1 次結合となるとき,このようなシステムを線形システムという.

システムの入力が $x(t)$ を時間 $t_0$ だけ遅らせた $x(t - t_0)$ であるとき,システムの出力も $y(t)$ に対して時間 $t_0$ だけ遅れた $y(t - t_0)$ となるならば,すなわち

$$y(t - t_0) = f[x(t - t_0)] \tag{3.59}$$

となるならば,このシステムは時不変であるという.

連続時間システムが線形性と時不変性の両方をもっているとき連続時間線形時不

変システムという．

図 3.11 の連続時間システムに式 (3.7) の単位インパルス信号を入力したときの応答をインパルス応答といい，これを $h(t)$ と表せば

$$h(t) = f[\delta(t)] \tag{3.60}$$

である．連続時間システムに任意の信号 $y(t)$ を入力したときの応答 $y(t)$ は式 (3.14) を用いると

$$y(t) = \int_{-\infty}^{\infty} x(v)h(t-v)dv \tag{3.61}$$

と表される．すなわち，任意の入力信号に対する連続時間システムの応答は入力信号とシステムのインパルス応答の畳み込み積分で与えられる．$h(t) \overset{\text{フーリエ変換}}{\longleftrightarrow} H(\omega)$，$x(t) \overset{\text{フーリエ変換}}{\longleftrightarrow} X(\omega)$ および $y(t) \overset{\text{フーリエ変換}}{\longleftrightarrow} Y(\omega)$ のように対応づけるとき，式 (3.61) の両辺をフーリエ変換すると

$$Y(\omega) = H(\omega)X(\omega) \tag{3.62}$$

を得る．離散時間システムの場合と同様に，入力と出力信号のフーリエ変換の比を周波数特性といい，周波数特性はインパルス応答のフーリエ変換でもある．$|H(\omega)|$ を連続時間システムの**振幅特性**，$\angle H(\omega)$ を**位相特性**という．

■**連続時間システムの例1**

連続時間システムの例として，図 3.12 のように

$$H(\omega) = \begin{cases} 1 & (|\omega| \leq \omega_c) \\ 0 & (|\omega| > \omega_c) \end{cases} \tag{3.63}$$

によって周波数特性が与えられるものを考えてみよう．これを**理想低域通過フィル**

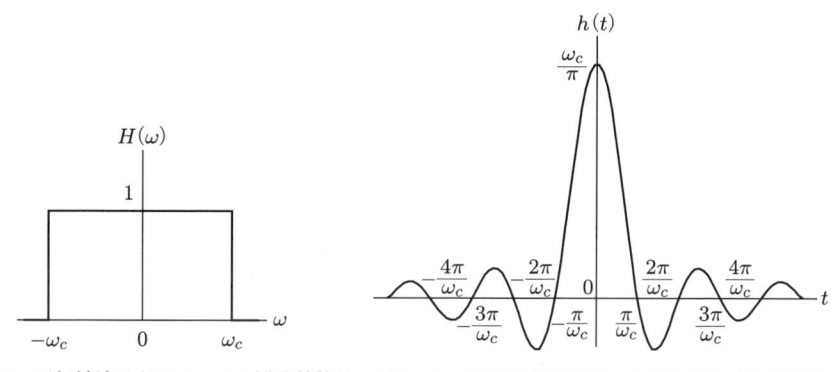

**図 3.12** 理想低域通過フィルタの周波数特性　　**図 3.13** 理想低域通過フィルタのインパルス応答

タという．このときの $\omega_c$ のことを遮断周波数という．$H(\omega)$ に式 (3.3) のフーリエ逆変換を適用することによりこのシステムのインパルス応答が求められ

$$h(t) = \frac{1}{2\pi}\int_{-\omega_c}^{\omega_c} e^{j\omega t} d\omega = \frac{\sin \omega_c t}{\pi t} = \frac{\omega_c}{\pi}\frac{\sin \omega_c t}{\omega_c t} \tag{3.64}$$

となる．このインパルス応答を図示すると図 3.13 のようになる．周波数特性のフーリエ逆変換として求められるインパルス応答は $t = 0$ でシステムに単位インパルス信号を入力したときの応答である．しかし，式 (3.64) の $h(t)$ は区間 $(-\infty, \infty)$ で定義された関数であるので，$t = -\infty$ から応答が始まっている．ゆえに，入力が入る前から応答が出ていることになり，理想低域通過フィルタは因果性に反する．因果性に反するシステムは物理的には実現不可能である．

次に，入力が図 3.8 の単位ステップ関数 $u(t)$ である場合を考えよう．このときの応答を**ステップ応答**という．式 (3.61) において $x(t) = u(t)$ を代入するとステップ応答は

$$y(t) = \int_{-\infty}^{\infty} u(v)h(t-v)dv = \int_{0}^{\infty} h(t-v)dv = \int_{-\infty}^{t} h(v)dv \tag{3.65}$$

となる．理想低域通過フィルタのステップ応答を求めるために，式 (3.64) を上式に代入すると

$$\begin{aligned} y(t) &= \frac{\omega_c}{\pi}\int_{-\infty}^{t} \frac{\sin \omega_c v}{\omega_c v} dv \\ &= \frac{1}{\pi}\int_{-\infty}^{t} \frac{\sin \tau}{\tau} d\tau \\ &= \frac{1}{\pi}\int_{0}^{\infty} \frac{\sin \tau}{\tau} d\tau + \frac{1}{\pi}\int_{0}^{\omega_c t} \frac{\sin \tau}{\tau} d\tau \end{aligned} \tag{3.66}$$

となる．数学の公式集によればこの式の第 1 項は $1/2$ であり，第 2 項は式 (3.26) を用いれば，

$$y(t) = \frac{1}{2} + \frac{1}{\pi}\mathrm{Si}(\omega_c t) \tag{3.67}$$

が得られる．これを図示すると図 3.14 のようになる．このステップ応答をみると，理想フィルタが因果性を満足していないことがより鮮明に理解されるであろう．

■**連続時間システムの例 2**

次に，物理的に実現可能なシステムの簡単な例を示す．図 3.15 は RC 低域通過フィルタであり，その周波数特性は

$$H(\omega) = \frac{V_2(\omega)}{V_1(\omega)} = \frac{1}{1 + j\omega CR} \tag{3.68}$$

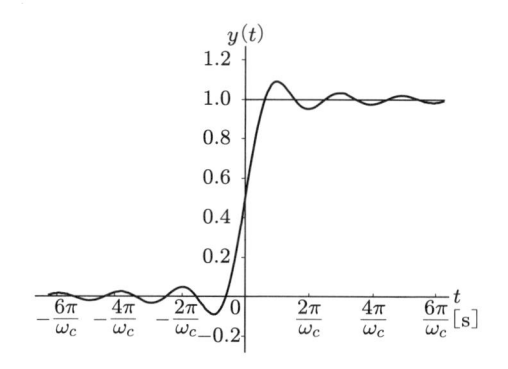

**図 3.14** 理想低域通過フィルタの単位ステップ応答

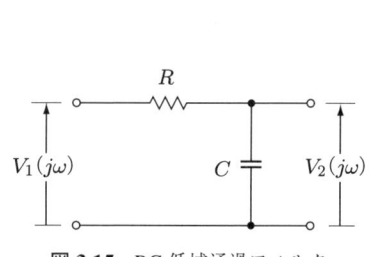

**図 3.15** RC 低域通過フィルタ

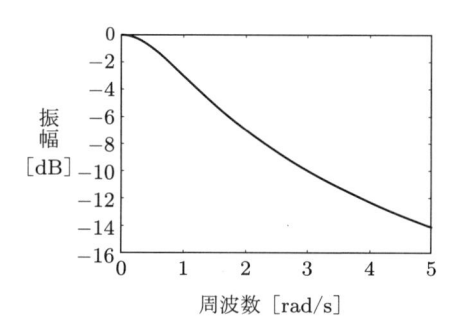

**図 3.16** RC 低域通過フィルタの振幅特性

で与えられる．$\omega_c = 1/CR$ をこの低域通過フィルタの遮断周波数といい，この周波数で振幅が $1/\sqrt{2}$，すなわち約 3 dB 利得が減少する．$R = 1\,\Omega$ および $C = 1\,\mathrm{F}$ のときの振幅特性を図示すると図 3.16 のようになり，$\omega = 1$ で 3 dB だけ振幅が減少している．

この回路のインパルス応答は式 (3.68) をフーリエ逆変換すれば求められるが，有理関数のフーリエ逆変換は容易ではない．アナログ回路のインパルス応答の計算には後述のラプラス変換を使うほうが簡単である．ここでは，式 (3.68) のフーリエ逆変換を計算するための先見情報として，$f(t) = e^{-at}$ $(a > 0)$ のフーリエ変換を計算してみる．この形の実指数関数信号では定義域を実数全体とすると，$t \to -\infty$ のとき $f(t) \to \infty$ となってしまい，有界でなくなる．信号処理では単位インパルス信号を除いて有界な信号を取り扱うので，$f(t)$ はある有限の時間に印加された因果的な信号と考えて

$$f(t) = \begin{cases} 0 & (t < 0) \\ e^{-at} & (t \geq 0) \end{cases} \tag{3.69}$$

であるとする．このとき $f(t)$ のフーリエ変換 $F(\omega)$ は

$$F(\omega) = \int_0^\infty e^{-at}e^{-j\omega t}dt = \frac{1}{a+j\omega} \quad (3.70)$$

となる．実際のところ，この因果性の仮定を入れないとフーリエ変換が収束しない．

式 (3.70) を考慮すると，式 (3.68) のフーリエ逆変換は，すなわち RC 低域通過フィルタのインパルス応答 $h(t)$ は

$$h(t) = \begin{cases} 0 & (t < 0) \\ \frac{1}{CR}e^{-t/CR} & (t \geq 0) \end{cases} \quad (3.71)$$

となる．離散時間の場合と同様に連続時間の単位ステップ信号 $u(t)$ を用いれば，式 (3.71) は場合分けをせずに

$$h(t) = \frac{1}{CR}e^{-t/CR}u(t) \quad (3.72)$$

と表すことができる．$R = 1\Omega$ および $C = 1\mathrm{F}$ としてこのインパルス応答を図にすると図 3.17 のようになる．

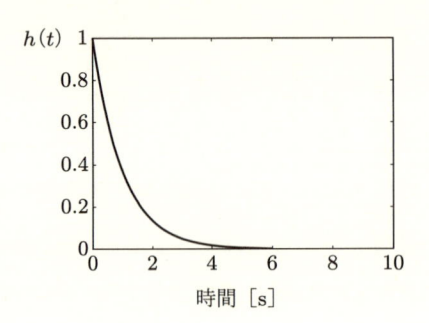

**図 3.17** RC 低域通過フィルタのインパルス応答

次に，入力が図 3.8 の単位ステップ関数 $u(t)$ である場合をこちらの例においても考えよう．この場合は $t < 0$ で $h(t) = 0$ なので，式 (3.65) はさらに

$$y(t) = \int_0^t h(u)du \quad (3.73)$$

となる．これに式 (3.72) を代入すると

$$y(t) = \int_0^t \frac{1}{CR}e^{-u/CR}du = 1 - e^{-t/CR} \quad (t \geq 0) \quad (3.74)$$

が得られる．$t = CR$ は，ステップ応答が $y(t) = 1 - e^{-1} \approx 0.63$ まで立ち上がるのに要する時間を表すので，**時定数**という．

ステップ応答を求めるもう一つの方法として，式 (3.48) の単位ステップ関数のフーリエ変換を用いることも可能である．式 (3.68) より単位ステップ応答のフーリエ変

換は

$$Y(\omega) = \frac{1}{1+j\omega CR}\left(\frac{1}{j\omega} + \pi\delta(\omega)\right) = \frac{1}{j\omega} - \frac{CR}{1+j\omega CR} + \frac{\pi\delta(\omega)}{1+j\omega CR} \quad (3.75)$$

となる．第3項に対して式 (3.43) を適用すると

$$\frac{\pi\delta(\omega)}{1+j\omega CR} = \frac{\pi\delta(\omega)}{1+j\cdot 0\cdot CR} = \pi\delta(\omega)$$

となる．これより

$$Y(\omega) = \frac{1}{j\omega} + \pi\delta(\omega) - \frac{CR}{1+j\omega CR} \quad (3.76)$$

であるので，ステップ応答 $y(t)$ は式 (3.48) より

$$y(t) = u(t)\left(1 - e^{-t/CR}\right) \quad (3.77)$$

となる．これは式 (3.74) と同じ結果である．

## 3.5　ラプラス変換

離散時間信号の $z$ 変換に対応する連続時間信号の変換が**ラプラス変換**である．$z$ 変換がそうであったように，ラプラス変換も因果的な連続時間信号とシステムを取り扱うときの有力な武器となる．

### 3.5.1　ラプラス変換の定義

ラプラス変換は因果的な時間関数 $f(t)$ を複素変数の関数 $F(s)$ に対応させる積分変換で

$$F(s) = \int_0^\infty f(t)e^{-st}dt \quad (3.78)$$

により定義される．変数が $s$ である領域を **$s$ 領域**という．フーリエ変換のときと同様に本書では，ラプラス変換における $f(t)$ と $F(s)$ の関係を $f(t) \overset{\text{ラプラス変換}}{\longleftrightarrow} F(s)$ のように表す．たとえば，$a$ を任意定数とするとき $f(t) = e^{-at}$ のラプラス変換は

$$F(s) = \int_0^\infty e^{-at}e^{-st}dt = \left[\frac{e^{-(a+s)t}}{-(a+s)}\right]_0^\infty$$

であるので，$a+s$ の実部が正のとき無限積分が収束し

$$F(s) = \frac{1}{s+a} \quad (3.79)$$

となる．すなわち，$e^{-at}$ のラプラス変換は $s+a$ の実部が正となる $s$ の領域でのみ定

義される．しかしながら，複素関数論の解析接続を用いると定義域を特異点 $s = -a$ を除く全領域に拡大することができる．工学的に意味のある大部分の関数については同様な操作が可能であることが知られている．したがって，信号処理で取り扱う時間関数では特異点を除いてラプラス変換が定義されていると考えて差し支えない．ラプラス変換の積分区間が 0 から始まっているので積分の計算に直接関係しないが，$f(t)$ は因果的な信号であるので，この例の場合厳密には $f(t) = e^{-at}u(t)$ でなければならない．

■**例題 3.8** ユニットステップ信号 $u(t)$ のラプラス変換を求めよ．

**解答** 定義式より

$$F(s) = \int_0^\infty e^{-st}dt = \frac{1}{s} \tag{3.80}$$

□■□

■**例題 3.9** デルタ関数 $\delta(t)$ のラプラス変換を求めよ．

**解答** デルタ関数のラプラス変換には注意が必要である．デルタ関数の定義から

$$\int_a^b \varphi(t)\delta(t)dt = \begin{cases} \varphi(0) & ab < 0 \\ 0 & ab > 0 \\ \text{未定義} & ab = 0 \end{cases} \tag{3.81}$$

である．したがって，ラプラス変換の定義式どおりに

$$\int_0^\infty \delta(t)e^{-st}dt$$

を計算しようとすると，計算不能に陥ってしまう．そこで，正定数 $\varepsilon$ を用いて

$$\lim_{\varepsilon \to 0} \int_{-\varepsilon}^\infty \delta(t)e^{-st}dt \tag{3.82}$$

のような極限として $\delta(t)$ のラプラス変換を定義しよう．デルタ関数の性質から

$$\int_{-\varepsilon}^\infty \delta(t)e^{-st}dt = 1$$

であるから

$$\delta(t) \stackrel{\text{ラプラス変換}}{\longleftrightarrow} 1 \tag{3.83}$$

が得られる．

□■□

### 3.5.2 ラプラス変換の性質

ラプラス変換の性質の中で，離散時間システムを考えるうえで欠かせないものをいくつか示す．

- **線形性**

    $f_1(t)$ と $f_2(t)$ のラプラス変換をそれぞれ $F_1(s)$ および $F_2(s)$ とするとき，

    $$a_1 f_1(t) + a_2 f_2(t) \stackrel{\text{ラプラス変換}}{\longleftrightarrow} a_1 F_1(s) + a_2 F_2(s) \tag{3.84}$$

    である．ただし，$a_1$ と $a_2$ は任意定数である．この性質はラプラス変換の定義式の中の積分の線形性からの帰着である．

- **時間シフト**

    $f(t)$ を時間 $T$ だけ遅らせた $f(t-T)u(t-T)$ をラプラス変換すると，

    $$\int_0^\infty f(t-T)u(t-T)e^{-st}dt = \int_{-T}^\infty f(t)u(t)e^{-s(t+T)}dt = e^{-sT}\int_0^\infty f(t)e^{-st}dt$$

    であるので，

    $$f(t-T) \stackrel{\text{ラプラス変換}}{\longleftrightarrow} e^{-sT}F(s) \tag{3.85}$$

    が得られる．

- **周波数シフト**

    任意の複素数 $d$ に対して

    $$\int_0^\infty \left\{ e^{-dt}f(t) \right\} e^{-st}dt = \int_0^\infty f(t)e^{-(s+d)t}dt \tag{3.86}$$

    であるので，

    $$f(t)e^{-dt} \stackrel{\text{ラプラス変換}}{\longleftrightarrow} F(s+d) \tag{3.87}$$

    が成り立つ．

- **時間微分**

    $f(t)$ を時間微分した $df(t)/dt$ のラプラス変換は，

    $$\int_0^\infty \frac{df(t)}{dt}e^{-st}dt = \left[ f(t)e^{-st} \right]_0^\infty + s\int_0^\infty f(t)e^{-st}dt \tag{3.88}$$

    なので，

    $$\frac{df(t)}{dt} \stackrel{\text{ラプラス変換}}{\longleftrightarrow} sF(s) - f(0) \tag{3.89}$$

    である．ここで，$f(0)$ は $f(t)$ の初期値である．初期値が零のとき時間領域で微分することは，$s$ 領域では $s$ を乗じることに対応する．

- **畳み込み積分**

    二つの因果的信号 $f(t)$ と $g(t)$ の畳み込み積分

    $$h(t) = \int_{-\infty}^\infty f(\tau)g(t-\tau)d\tau = \int_0^t f(\tau)g(t-\tau)d\tau \tag{3.90}$$

    のラプラス変換は，$f(t)$ と $g(t)$ および $h(t)$ のラプラス変換をそれぞれ $F(s)$,

$G(s)$ および $H(s)$ と表せば，

$$H(s) = F(s)G(s) \tag{3.91}$$

となる．

■例題 3.10　因果的なデルタ関数列

$$\delta_T(t) = \sum_{n=0}^{\infty} \delta(t - nT) \tag{3.92}$$

のラプラス変換を求めよ．

**[解答]**　デルタ関数 $\delta(t)$ のラプラス変換は 1 であるので，時間シフトの性質から $\delta(t-nT)$ のラプラス変換は $e^{-nsT}$ である．よって

$$\int_0^{\infty} \delta_T(t) e^{-st} dt = \sum_{n=0}^{\infty} e^{-nsT} = \frac{1}{1 - e^{-sT}} \tag{3.93}$$

□■□

### 3.5.3　ラプラス逆変換

$F(s)$ から $f(t)$ を求める操作をラプラス逆変換という．ラプラス逆変換は複素積分を用いて定義されるが，実際にその積分を計算するのは容易ではない．現実のラプラス逆変換は，先見的知識として

$$e^{-at} \xleftrightarrow{\text{ラプラス変換}} \frac{1}{s+a} \tag{3.94}$$

なる関係を利用する．ここで $F(s)$ は有理関数で，そのすべての極が単純，すなわち分母多項式 = 0 の解が重解を含んでいなくて，かつ分子多項式の次数が分母多項式の次数以下であるとする．信号処理で取り扱う大部分の $F(s)$ は，この性質を満足する．このきとき，$F(s)$ は

$$F(s) = A_0 + \sum_{i=1}^{N} \frac{A_i}{s + s_i} \tag{3.95}$$

のように部分分数展開可能である．したがって，$u(t)$ および $e^{-at}$ のラプラス変換を考慮すると，$F(s)$ のラプラス逆変換は

$$f(t) = A_0 \delta(t) + \sum_{i=1}^{N} A_i e^{-s_i t} u(t) \tag{3.96}$$

となる．

■例題 3.11

$$F(s) = \frac{1}{s(s+1)} \tag{3.97}$$

をラプラス逆変換せよ．

**解答** $F(s)$ を部分分数展開すると

$$F(s) = \frac{1}{s} - \frac{1}{s+1} \tag{3.98}$$

であるから

$$f(t) = u(t) - e^{-t}u(t) = 1 - e^{-t} \quad (t \geq 0) \tag{3.99}$$

となる． □■□

### 3.5.4 伝達関数

図 3.18 の連続時間システム $y(t) = f[x(t)]$ において，入力信号 $x(t)$ と出力信号 $y(t)$ のラプラス変換をそれぞれ $X(s)$ および $Y(s)$ とするとき

$$H(s) = \frac{Y(s)}{X(s)} \tag{3.100}$$

を伝達関数とよぶ．$x(t) = \delta(t)$ のとき $X(s) = 1$ なので，インパルス応答を $h(t)$ で表すと

$$h(t) \xleftrightarrow{\text{ラプラス変換}} H(s) \tag{3.101}$$

である．すなわち，伝達関数はインパルス応答のラプラス変換でもある．

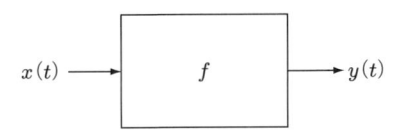

**図 3.18** 連続時間システム

物理的に実現可能な線形時不変システムは，インパルス応答が因果的であり，かつ実現回路は有限個の素子で構成されなければならない．このことを $s$ 領域で述べると，物理的に実現可能な線形時不変システム伝達関数が

$$H(s) = \frac{Y(s)}{X(s)} = \frac{b_N s^N + b_{N-1} s^{N-1} + \cdots + b_1 s + b_p}{s^N + a_{N-1} s^{N-1} + \cdots + a_1 s + a_p} \tag{3.102}$$

のように有限次数の有理関数で表されることを意味する．伝達関数の次数が有限のシステムを**有限次数システム**という．

ラプラス変換の定義式

$$\int_0^\infty f(t)e^{-st}dt$$

において $s = j\omega$ と変数変換すれば

$$\int_0^\infty f(t)e^{-j\omega t}dt$$

となり，これは因果的な信号に対するフーリエ変換の定義式である．このときラプラス変換が原点に極をもたない有限次数の有理関数になるならば，これを $s = j\omega$ と変数変換したものはフーリエ変換に等しくなる．すなわち，原点に極をもたない有限次数システムの伝達関数 $H(s)$ の変数を $s = j\omega$ と変換すると，その結果得られる $H(j\omega)$ は周波数特性に等しい．原点の極を除外した理由は，ユニットステップ関数 $u(t)$ のラプラス変換は $1/s$ であるが，これに $s = j\omega$ を代入しても $u(t)$ のフーリエ変換とはならないからである．

■**例題 3.12** 図 3.15 の RC 低域通過フィルタの伝達関数を求め，伝達関数からインパルス応答を計算せよ．

**解答** 伝達関数と周波数特性の関係より，式 (3.68) において $j\omega = s$ を代入すれば

$$H(\omega) = \frac{1}{1 + sCR} = \frac{1}{CR}\frac{1}{s + 1/CR} \tag{3.103}$$

となる．これをラプラス逆変換することにより，インパルス応答は

$$h(t) = \frac{1}{CR}e^{-t/CR}u(t) \tag{3.104}$$

となる．この結果は式 (3.72) と一致する． □■□

## 第 3 章の問題

**3.1** 図 3.19 に示す三角波のフーリエ変換を求めよ．だたし，$a > 0$ とする．

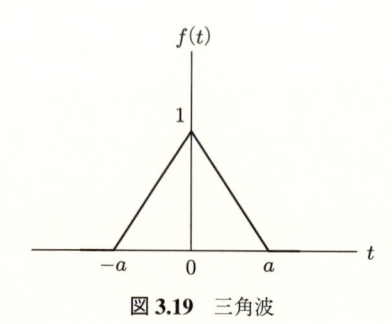

**図 3.19** 三角波

**3.2** $F(\omega)$ を

$$F(\omega) = \begin{cases} 1 & (|\omega| \leq a) \\ 0 & (|\omega| > a) \end{cases}$$

とするとき

$$\frac{\sin at}{\pi t} \overset{\text{フーリエ変換}}{\longleftrightarrow} F(\omega)$$

であることを示せ．

**3.3** $g(t)$ のスペクトル $G(\omega)$ が $\omega > \sigma_0$ において $G(\omega) = 0$ であるとき，$\sigma > \sigma_0$ なる $\sigma$ に対して

$$\int_{-\infty}^{\infty} g(\tau) \frac{\sin \sigma(t-\tau)}{\pi(t-\tau)} d\tau = g(t)$$

であることを示せ．

**3.4** $\sin \omega_0 t$ のフーリエ係数を求めよ．

**3.5** $\sin \omega_0 t$ のフーリエ変換を求めよ．

**3.6** 有限のデルタ関数列

$$f(t) = \sum_{n=0}^{N-1} \delta(t - nT)$$

のフーリエ変換を求めよ．

**3.7** 周波数特性が

$$H(\omega) = \begin{cases} e^{-j\omega t_0} & (|\omega| \leq \omega_c) \\ 0 & (|\omega| > \omega_c) \end{cases}$$

で与えられるシステムのインパルス応答を求めよ．

**3.8** 図 3.20 の回路のインパルス応答を求めよ．

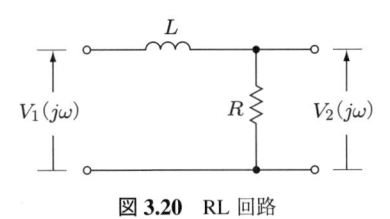

**図 3.20** RL 回路

**3.9** （a） 図 3.20 の回路のラプラス変換による伝達関数を求めよ．
（b） ラプラス逆変換によりインパルス応答を求めよ．

# 連続時間信号の標本化

本章では，連続時間信号を離散時間信号に変換する標本化とよばれる操作について述べる．内容的にはディジタル信号処理とアナログ信号処理の境界部分である．本章の 4.2 節以降は多少学部レベルを超えた内容を含んでいるので，学部レベルの読者は 4.1 節を読破したら次の章に進んでひととおり学んだ後，本章に戻ってもよい．

## 4.1 標本化定理

われわれの身の回りに存在する信号は時間的にも振幅的にも連続なアナログ信号が大部分であり，このようなアナログ信号をディジタル信号処理システムで処理したい場合が多い．そのためには，アナログ信号を時間的にも振幅的にも離散なディジタル信号に変換する必要がある．この目的で使われるハードウェアが A/D および D/A 変換器である．時間方向に離散化する操作は**標本化**あるいは**サンプリング**とよばれ，振幅方向に離散化する操作は**量子化**とよばれる．狭義の A/D 変換器は**量子化器**のことであり，離散時間信号を 2 進符号列であるディジタル信号に変換する．標本化の部分は**サンプルホールド回路**とよばれる回路が受けもち，標本化に加えて信号の保持も行う．通常はサンプルホールド回路と量子化器を合わせて A/D 変換器という．

図 4.1 のように $T$ [s] おきに断続するスイッチに連続時間信号 $x(t)$ を通すことを考える．スイッチがつながっている時間（オンタイム）が $T$ に比べて無視できるとすれば，出力 $x^*(t)$ は図 4.1 (c) のように $T$ [s] 間隔で標本化される．このスイッチを**サンプラ**とよぶ．特にオンタイムが零とみなせる理想スイッチのときを**理想サンプラ**とよぶ．図 4.1 (c) のようにある時間点のみで値をもつ連続時間信号を**標本値信号**といい，$\omega_s = 2\pi/T$ を**標本化周波数**という．もちろん標本値信号を単に標本値の数列とみなせば，これは離散時間信号であるということもできる．

## 4.1 標本化定理

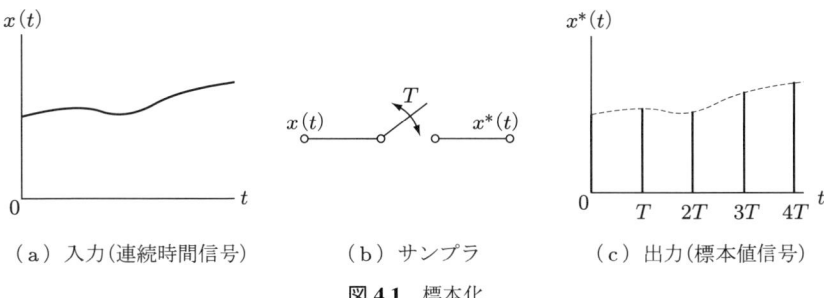

（a）入力（連続時間信号）　　（b）サンプラ　　（c）出力（標本値信号）

図 4.1　標本化

標本値信号 $x^*(t)$ を数学的に表すと，連続時間信号 $x(t)$ とデルタ関数列 $\delta_T(t)$ の積

$$x^*(t) = x(t)\delta_T(t) \tag{4.1}$$

で与えられる[*1]．$x(t)$ と $x^*(t)$ のフーリエ変換をそれぞれ $X(\omega)$ および $X^*(\omega)$ とし，式 (3.16) および式 (3.54) を考慮すれば，$X^*(\omega)$ は

$$X^*(\omega) = \frac{\omega_s}{2\pi} \int_{-\infty}^{\infty} X(u) \sum_{n=-\infty}^{\infty} \delta(\omega - n\omega_s - u) du \tag{4.2}$$

となる．この式の積分と総和の順序は交換可能であるので

$$X^*(\omega) = \frac{\omega_s}{2\pi} \sum_{n=-\infty}^{\infty} \int_{-\infty}^{\infty} X(u)\delta(\omega - n\omega_s - u) du \tag{4.3}$$

となり，さらに式 (3.41) と式 (3.55) を考慮すると

$$X^*(\omega) = \frac{1}{T} \sum_{n=-\infty}^{\infty} X(\omega - n\omega_s) \tag{4.4}$$

を得る．式 (4.4) から標本化した信号のスペクトルは，元の信号のスペクトルを標本化周波数 $\omega_s$ の整数倍だけずらしてすべてを重ね合わせたものであることがわかる．式 (4.4) において $n \neq 0$ 以外のスペクトル成分を**エイリアス**といい，エイリアスが発生することを**エイリアシング**という．その様子を図 4.2 に示す．

　ここで，同図 (a) のように $\omega \geq \sigma$ において $X(\omega) = 0$ となっていることを，信号の帯域が $\sigma$ 以下に制限されているといい，これを称して**帯域制限**とよぶ．もし元の信号の帯域が $\sigma$ 以下に制限され，かつ $\omega_s/2 \geq \sigma$ であるならば，それぞれのスペクトルは同図 (b) のように重なり合うことはない．しかし，この条件が満足されないときは同図 (c) のようにスペクトルの重なりによる歪みが生じてしまう．これを**エイリアシング歪み**という．標本化周波数の下限 $\omega_s = 2\sigma$ のことを**ナイキストレート**と

---

[*1] サンプラの出力は，通信方式でいうところのパルス振幅変調波（PAM 波）である．

(a) 連続時間信号

(b) $\omega_s/2 > \sigma$

(c) $\omega_s/2 < \sigma$

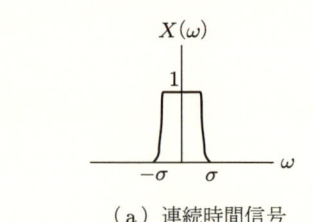

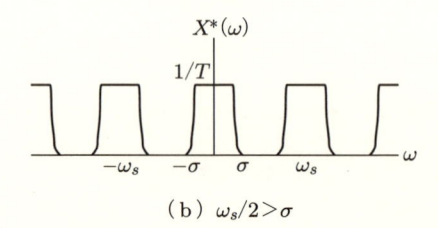

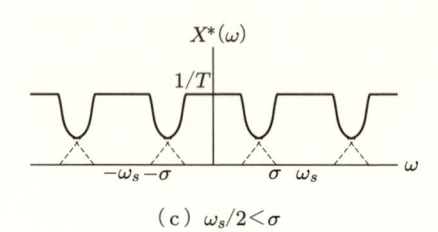

**図 4.2** 標本値信号のスペクトル

いう．また，$\omega_s$ で標本化したときの信号帯域の上限 $\sigma = \omega_s/2$ のことを**ナイキスト周波数**という．言い換えれば，信号帯域を基準にしたときの最低標本化周波数がナイキストレートで，標本化周波数を基準にしたときの最高信号帯域がナイキスト周波数である．ナイキストレートとナイキスト周波数は紛らわしい単語なので注意が必要である．帯域制限を行うには，理論的には遮断周波数が $\omega_s/2$ の連続時間理想低域通過フィルタ

$$H(\omega) = \begin{cases} T & \left(|\omega| \leqq \dfrac{\omega_s}{2}\right) \\ 0 & \left(|\omega| > \dfrac{\omega_s}{2}\right) \end{cases} \tag{4.5}$$

を用いればよい．これを**帯域制限フィルタ**といい，図 4.3 のようにサンプラの前に入れる．

エイリアシング歪みが発生していなければ，$X^*(\omega)$ の $\omega_s/2$ の部分を図 4.4 のように連続時間の低域通過フィルタで取り出せば元のスペクトルが再生される．このとき時間領域では標本点間に値が内挿されるので，この低域通過フィルタのことを**内挿フィルタ**とよぶ．これを確認するため，内挿フィルタの周波数特性 $H(\omega)$ が式

4.1 標本化定理　75

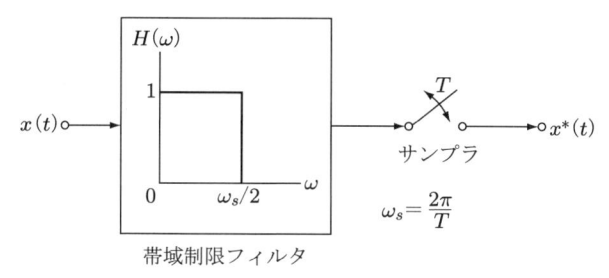

**図 4.3** 帯域制限フィルタの挿入

(4.5) で与えられる連続時間理想低域通過フィルタであるとする．$x^*(t)$ をこの理想低域通過フィルタに入力したときの出力を $y(t)$ とし，$y(t) \longleftrightarrow Y(\omega)$ なる対応があるとすると

$$Y(\omega) = H(\omega)X^*(\omega) \tag{4.6}$$

となり，さらに式 (4.4) を考慮すると

$$Y(\omega) = X(\omega) \tag{4.7}$$

が得られ，元の信号のスペクトルが再生されることがわかる．内挿フィルタはシステム的には，図 4.5 のようになる．

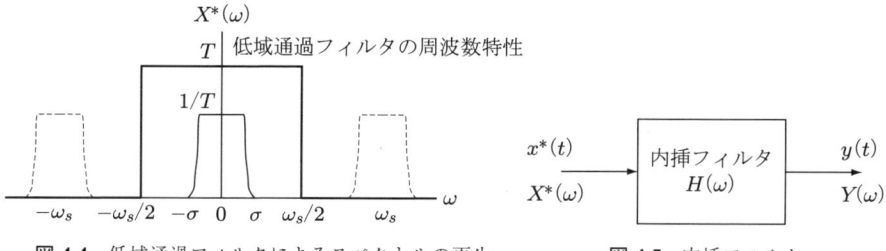

**図 4.4** 低域通過フィルタによるスペクトルの再生　　**図 4.5** 内挿フィルタ

さらに時間領域で考えてみよう．式 (4.5) のフーリエ逆変換は式 (3.64) より

$$h(t) = T\frac{\sin(\omega_s t/2)}{\pi t} \tag{4.8}$$

となる．また，式 (4.1) は式 (3.43) より

$$x^*(t) = \sum_{n=-\infty}^{\infty} x(nT)\delta(t-nT) \tag{4.9}$$

のようにも表せる．$y(t)$ はこれら二つの信号の畳み込み積分なので

$$y(t) = \int_{-\infty}^{\infty} T \sum_{n=-\infty}^{\infty} x(nT)\delta(u-nT)\frac{\sin\{\omega_s(t-u)/2\}}{\pi(t-u)}du \tag{4.10}$$

である．この式の積分と総和の順序は交換可能で

$$y(t) = T \sum_{n=-\infty}^{\infty} x(nT) \int_{-\infty}^{\infty} \delta(u-nT) \frac{\sin\{\omega_s(t-u)/2\}}{\pi(t-u)} du \tag{4.11}$$

となり，さらに式 (3.41) を考慮すると

$$\begin{aligned} y(t) &= T \sum_{n=-\infty}^{\infty} x(nT) \frac{\sin\{\omega_s(t-nT)/2\}}{\pi(t-nT)} \\ &= \sum_{n=-\infty}^{\infty} x(nT) \frac{\sin\{\omega_s(t-nT)/2\}}{\omega_s(t-nT)/2} \end{aligned} \tag{4.12}$$

が得られる．$x(t)$ のスペクトルが図 4.2(b) のようになっているならば $x(t) = y(t)$ であるので，このような式により標本点間の値が内挿されて連続時間信号が再現される．この様子を図で表したものが図 4.6 である．

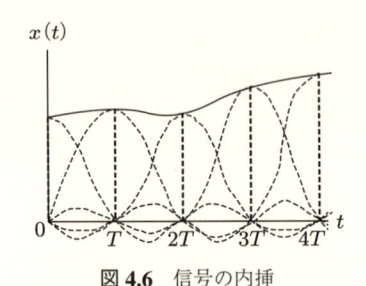

**図 4.6** 信号の内挿

以上が**標本化定理**である．まとめると次のようになる．

---
**標本化定理**

連続時間信号 $x(t)$ を標本化周期 $T$，すなわち標本化周波数 $\omega_s = 2\pi/T$ で標本化して得られる離散時間信号 $x(nT)$ から元の信号 $x(t)$ が再現するためには，$x(t)$ の帯域が，$\omega_s/2$ 以下に制限されていることが必要十分条件である．このときの $x(t)$ は

$$x(t) = \sum_{n=-\infty}^{\infty} x(nT) \frac{\sin\{\omega_s(t-nT)/2\}}{\omega_s(t-nT)/2}$$

で与えられる．

---

この定理のポイントは連続時間信号を完全に再現するためには，元の信号の帯域を標本化周波数の半分以下に制限しなければならないところにある．周波数帯域が制限された信号のことを**帯域制限信号**という．また，関数 $\sin x/x$ のことを**標本化関数**という．

## ■例題 4.1
(1) 標本化周波数が 100 kHz のシステムで処理可能な信号の最高周波数はいくらか.
(2) 帯域幅が 10 kHz に制限されている信号を処理するための最低標本化周波数はいくらか.

**解答**
(1) これはナイキスト周波数を求める問題であり,答えは標本化周波数の半分,すなわち 50 kHz である.
(2) これはナイキストレートを求める問題であり,答えは信号帯域の 2 倍,すなわち 20 kHz である.

□■□

## ■例題 4.2
(1) 図 4.7 のようなスペクトルをもつ連続時間信号を標本化するときのナイキストレートを求めよ.
(2) この信号を標本化周波数 $2\sigma$ で標本化して得られる離散時間信号のスペクトル $X^*(\omega)$ を示せ.
(3) 同じ信号を $3\sigma$ で標本化したときのスペクトル $X^*(\omega)$ を示せ.

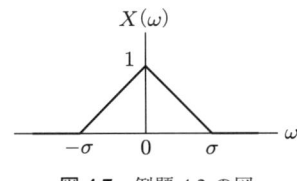

図 4.7 例題 4.2 の図

**解答**
(1) この信号は周波数 $\sigma$ に帯域制限されているので,ナイキストレートは $2\sigma$ である.
(2) 図 4.2 の (a) と (b) の関係を参照すると,$X^*(\omega)$ は図 4.8 のようになる.

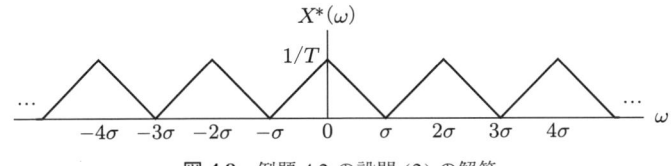

図 4.8 例題 4.2 の設問 (2) の解答

(3) $3\sigma$ で標本化すると $X^*(\omega)$ は図 4.9 のようになる.

**図 4.9** 例題 4.2 の設問 (3) の解答

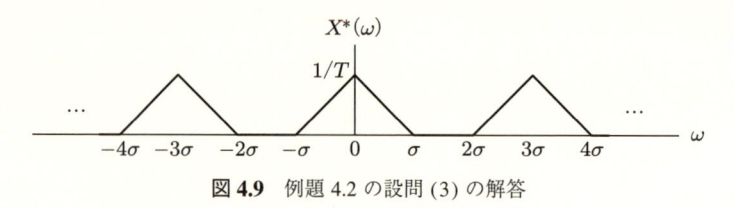

## 4.2 周期信号の標本化

図 4.1 のサンプラへの入力信号 $x(t)$ が

$$x(t) = \sum_{m=-\infty}^{\infty} C_m e^{jm\omega_0 t} \tag{4.13}$$

のように表される周期信号であるとする．式 (3.34) のフーリエ変換とフーリエ級数の関係を考慮すると，前節で述べた式 (4.5) の理想フィルタによって帯域制限をすると標本化定理を満足することがわかる．周期信号の標本化については通常このくらいの理解で十分なのであるが，本節ではこれについてもう少し詳しく調べてみる．

議論を簡単にするために $x(t)$ をその基本周波数の整数倍の標本化周波数で標本化することにしよう．$N$ を任意の正の整数とするとき $N\omega_0$ で標本化するときの標本化周期は

$$T_s = \frac{2\pi}{N\omega_0} \tag{4.14}$$

である．このときの $x(t)$ の標本値は

$$x(nT_s) = \sum_{m=-\infty}^{\infty} C_k e^{jm\omega_0 nT_s} = \sum_{m=-\infty}^{\infty} C_k e^{j2\pi \frac{mn}{N}} \tag{4.15}$$

のようになる．$e^{j2\pi \frac{kn}{N}}$ は，$m = k + rN$ のとき

$$e^{j2\pi \frac{mn}{N}} = e^{j2\pi \frac{(k+rN)n}{N}} = e^{j2\pi \frac{kn}{N}} \tag{4.16}$$

となる．ただし，$k = 0, 1, \cdots, N-1$ および $r = \cdots, -1, 0, 1, \cdots$ である．この関係を使うと $x(nT_s)$ は

$$x(nT_s) = \sum_{k=0}^{N-1} \sum_{r=-\infty}^{\infty} C_{k+rN} e^{j2\pi \frac{(k+rN)n}{N}} = \sum_{k=0}^{N-1} \sum_{r=-\infty}^{\infty} C_{k+rN} e^{j2\pi \frac{kn}{N}} = \sum_{k=0}^{N-1} e^{j2\pi \frac{kn}{N}} \sum_{r=-\infty}^{\infty} C_{k+rN} \tag{4.17}$$

のように表される．ここで $\bar{C}_k$ を

$$\bar{C}_k = \sum_{r=-\infty}^{\infty} C_{k+rN} \tag{4.18}$$

と定義し，この $\bar{C}_k$ を**エイリアシング係数**とよぶ．この式は非周期信号を標本化したときのスペクトルを表す式(4.4)の周期信号版に相当する．式(4.18)における $k$ の範囲はすべての整数に拡張することが可能である．ただし，$l$ を任意の整数とするとき式(4.18)の右辺より

$$\bar{C}_k = \bar{C}_{k+lN} \tag{4.19}$$

である．すなわち，エイリアシング係数は周期 $k$ を有する．

式(4.18)からわかるように，エイリアシング係数はフーリエ係数から一意に決定することができるが，エイリアシング係数からフーリエ係数が一意に決まるとは限らない．エイリアシング係数を用いると $x(nT_s)$ は

$$x(nT_s) = \sum_{k=0}^{N-1} \bar{C}_k e^{j2\pi \frac{kn}{N}} \tag{4.20}$$

のようになる．式(4.20)は，エイリアシング係数による有限級数として周期信号の標本値が表現されることを意味する．また，式(4.20)を $\bar{C}_k$ について解けば，標本値からエイリアシング係数が得られる．ゆえに，フーリエ係数からエイリアシング係数を決定することは，連続時間信号を標本化することと等価である．また，エイリアシング係数からフーリエ係数を決定することは，離散時間信号から連続時間信号を復元することと等価である．

■**例題 4.3** $x(t)$ が

$$x(t) = C_{-2}e^{-j2\omega_0 t} + C_{-1}e^{-j\omega_0 t} + C_0 + C_1 e^{j\omega_0 t} + C_2 e^{j2\omega_0 t} \tag{4.21}$$

のように有限のフーリエ級数で表されるとき，$x(t)$ を $2\omega_0$ で標本化するときのエイリアシング係数を求めよ．

【解答】　この場合，$N = 2$ である．$|n| > 2$ のとき $C_n = 0$ であるから，式(4.18)より

$$\begin{cases} \bar{C}_0 = C_{-2} + C_0 + C_2 \\ \bar{C}_1 = C_{-1} + C_1 \end{cases} \tag{4.22}$$

が得られる．この場合は，エイリアシング係数から逆にフーリエ係数を一意に決定することはできない．複数のフーリエ係数の重ね合わせとして一つのエイリアシング係数が決まるところが，エイリアシング係数と称する理由である．

ちなみに $N = 5$，すなわち $5\omega_0$ で標本化するときには，

$$\begin{cases} \bar{C}_0 = C_0 \\ \bar{C}_1 = C_1 \\ \bar{C}_2 = C_2 \\ \bar{C}_3 = C_{-2} \\ \bar{C}_4 = C_{-1} \end{cases} \tag{4.23}$$

となる．$N=5$ のときは，エイリアシング係数とフーリエ係数が 1 対 1 に対応する．　□■□

次に，エイリアシング係数 $\bar{C}_k$ ($k = 0, 1, \cdots, N-1$) からフーリエ係数を一意に決定する問題について考えよう．もっとも単純にエイリアシング係数からフーリエ係数が決定できるのは，フーリエ係数 $C_m$ の個数が有限で，かつ 1 周期のエイリアシング係数の個数と等しいときである．フーリエ係数が有限個であることは，$x(t)$ が

$$x(t) = \sum_{m=-M}^{M} C_m e^{jm\omega_0 t} \tag{4.24}$$

のように有限のフーリエ級数で展開されることである．上式は理想低域通過フィルタにより帯域制限をしたものと等価である．そして $x(t)$ のフーリエ係数の個数と 1 周期のエイリアシング係数の個数が等しくなるためには

$$N = 2M + 1 \tag{4.25}$$

でないといけない．このとき

$$C_m = \begin{cases} \bar{C}_{m+2M+1} & (m = -M, -M+1, \cdots, -1) \\ \bar{C}_m & (m = 0, 1, 2, \cdots, M) \end{cases} \tag{4.26}$$

のようにフーリエ係数が求められる．

また，フーリエ係数の個数 $2M+1$ と 1 周期のエイリアシング係数の個数 $N$ が等しくないときは，$N > 2M+1$ が満足され，かつ $M+1 \leq k \leq N-1-M$ の範囲のエイリアシング係数について $\bar{C}_k = 0$ であるときに限り，エイリアシング係数の非零の部分をフーリエ係数に 1 対 1 に対応させることができる．このときフーリエ係数も式 (4.26) で与えられる．

以上をまとめると，$M$ 倍高調波までに帯域制限された周期信号は，基本波周波数の $2M+1$ 倍以上の標本化周波数で標本化すれば，その標本値より元の連続時間周期信号を再現できると結論できる．これは周期信号を基本波周波数の整数倍で標本化するときの標本化定理である．

## 4.3　現実のフィルタによる内挿

標本化定理のもう一つのポイントは，内挿フィルタとして理想低域通過フィルタが必要なことである．しかし，現実には理想フィルタを実現することはできないので，物理的に実現可能なフィルタで内挿をすることになる．そのようなフィルタのインパルス応答を $h_r(t)$ として式 (4.12) と同様な式を求めると

$$y(t) = \sum_{n=-\infty}^{\infty} x(nT) h_r(t - nT) \tag{4.27}$$

となる．ただし，式 (4.4) において $1/T$ が付いているのを補正するためには，フィルタの周波数特性を $H(\omega)$ とすれば利得水準が

$$\max |H(\omega)| = T \tag{4.28}$$

のように設定されていなければならない．

現実のフィルタでは，理想フィルタと違って，$\omega_s/2$ 以上の周波数帯のスペクトル成分を完全に除去することはできないので，内挿後の $y(t)$ には残留スペクトルによる歪みが生じるが，この歪みを**イメージング歪み**とよぶ．また，現実のフィルタでは $\omega_s/2$ 以下の帯域の信号をまったく減衰させず，かつ位相を回転させずに通過させることは不可能なので，それらによる波形歪みの発生も考慮しておかねばならない．

ここで一つの思考実験として物理的に実現可能なアナログフィルタを内挿フィルタとして使用した場合の出力波形を求めてみよう．アナログフィルタとして図 3.16 (a) の RC 低域通過フィルタをとりあげる．素子値は $R = 1\,\Omega$ および $C = 1\,\mathrm{F}$ とする．このときの振幅特性は図 3.16 (b) のようになる．この内挿フィルタにより，図 4.10 のように方形波を標本化して得られる

$$x^*(t) = \delta(t) + \delta(t - T) + \delta(t - 2T) + \delta(t - 3T) \tag{4.29}$$

を連続化してみる．$x^*(t)$ のフーリエ変換は

$$X^*(\omega) = 1 + e^{-j\omega T} + e^{-j2\omega T} + e^{-j3\omega T} \tag{4.30}$$

である．内挿フィルタの周波数特性は式 (3.68) で与えられるので，内挿された信号のスペクトル $Y(\omega)$ は

$$Y(\omega) = \frac{X^*(\omega)}{1 + j\omega} = \frac{1 + e^{-j\omega T} + e^{-j2\omega T} + e^{-j3\omega T}}{1 + j\omega} \tag{4.31}$$

となる．標本化周波数 $f_s = 1/T = 1\,\mathrm{Hz}$ のときの $X^*(\omega)$ と $Y(\omega)$ の振幅特性を図示す

ると図 4.11 のようになる．この図からわかるように，ナイキスト周波数以上（0.5 Hz 以上）の帯域にかなりのスペクトルが残っているので，イメージング歪みが相当発生していることが予想される．また，ナイキスト周波数以下の帯域においては高域成分の減衰がかなりあるので，それによる波形歪みの発生も予想される．

次に，式 (4.31) の $Y(\omega)$ をフーリエ逆変換して時間領域波形を求めてみよう．式 (4.31) を項別に分けると

$$Y(\omega) = \frac{1}{1+j\omega} + \frac{e^{-j\omega T}}{1+j\omega} + \frac{e^{-j2\omega T}}{1+j\omega} + \frac{e^{-j3\omega T}}{1+j\omega} \tag{4.32}$$

であるので，式 (3.10) および式 (3.72) より $y(t)$ は

$$y(t) = e^{-t}u(t) + e^{-t+T}u(t-T) + e^{-t+2T}u(t-2T) + e^{-t+3T}u(t-3T) \tag{4.33}$$

となる．

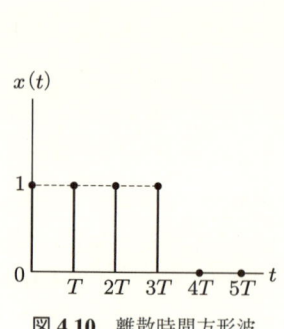

**図 4.10** 離散時間方形波

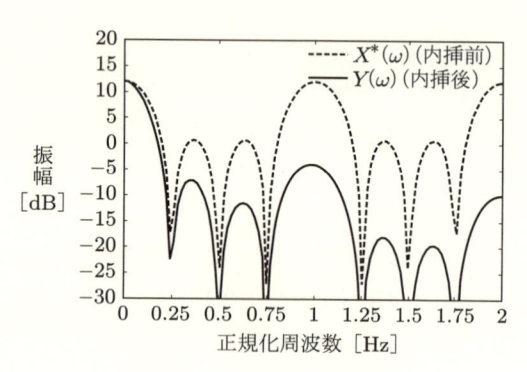

**図 4.11** 内挿前後の振幅特性

比較のために，遮断周波数が $\omega_c = \pi/T$ の理想低域通過フィルタによっても内挿をしてみよう．内挿された信号のスペクトルは

$$Y(\omega) = \begin{cases} 1 + e^{-j\omega T} + e^{-j2\omega T} + e^{-j3\omega T} & (|\omega| \leq \pi/T) \\ 0 & (|\omega| > \pi/T) \end{cases} \tag{4.34}$$

であるので，式 (3.10) および式 (3.64) を用いてフーリエ逆変換すると

$$y(t) = \frac{\sin(\pi t/T)}{\pi t} + \frac{\sin\{\pi(t-T)/T\}}{\pi(t-T)} + \frac{\sin\{\pi(t-2T)/T\}}{\pi(t-2T)} + \frac{\sin\{\pi(t-3T)/T\}}{\pi(t-3T)} \tag{4.35}$$

が得られる．この式は，当然ながら，式 (4.12) に

$$x(nT) = \begin{cases} 1 & (n = 0, 1, 2, 3) \\ 0 & (それ以外の n) \end{cases} \tag{4.36}$$

を代入しても得られる．

$T = 1\,[\mathrm{s}]$ として式 (4.33) と式 (4.35) の $y(t)$ を図示すると図 4.12 のようになる．図 4.12 からわかるように，RC フィルタによる内挿は理想フィルタによるものに比べて相当に歪んでいて，このままでは実用に供することができるとは言い難い．この結果は上記の予想が裏付けられたことを意味する．また，理想フィルタによる内挿波形が完全に連続時間方形波になっていないのは，帯域制限による影響である．ただし，標本化関数の性質から $t = 0, 1, 2, 3$ では $y(t) = 1$，$t = 4, 5, 6$ では $y(t) = 0$ となっていて，標本点では元の連続時間波形と一致していることがわかる．

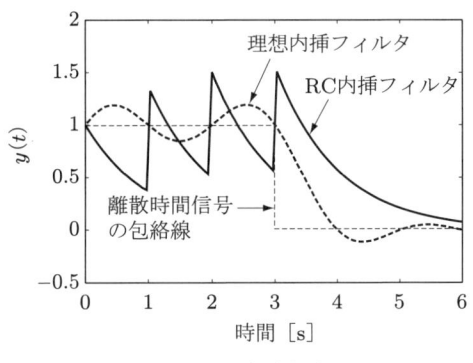

**図 4.12** 内挿波形

■**例題 4.4** 内挿フィルタの周波数特性が

$$H(\omega) = \frac{1}{2 + j\omega} \tag{4.37}$$

であるとき，この内挿フィルタに離散時間信号

$$x^*(t) = \delta(t) + \delta(t - T) + \delta(t - 2T) \tag{4.38}$$

を通したときの出力信号を求めよ．

**解答** 出力信号のスペクトル $Y(\omega)$ は

$$Y(\omega) = \frac{1}{2 + j\omega} + \frac{e^{-j\omega T}}{2 + j\omega} + \frac{e^{-j2\omega T}}{2 + j\omega} \tag{4.39}$$

であるので，フーリエ逆変換すると

$$y(t) = e^{-2t}u(t) + e^{-2(t-T)}u(t - T) + e^{-2(t-2T)}u(t - 2T) \tag{4.40}$$

が得られる． □■□

## 4.4　帯域制限の影響

エイリアシング歪みをなくすためには信号の帯域制限が必須であるが，帯域制限をするということは信号のスペクトルを切り取ることであるから，波形の歪みが当然生じる．その歪みをなるべく少なくするために，ナイキスト周波数は信号のスペクトルがほとんど零とみなせる周波数にする必要がある．

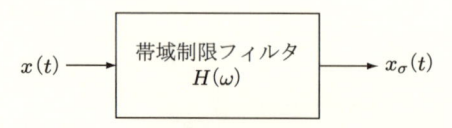

$$x(t) \longrightarrow \boxed{\begin{array}{c}\text{帯域制限フィルタ}\\ H(\omega)\end{array}} \longrightarrow x_\sigma(t)$$

**図 4.13**　帯域制限

図 4.13 に示すように伝達関数が $H(\omega)$ である帯域制限フィルタの入出力信号をそれぞれ $x(t)$ および $x_\sigma(t)$ とし，それらのフーリエ変換をそれぞれ $X(\omega)$ および $X_\sigma(\omega)$ と表す．このとき

$$X_\sigma(\omega) = H(\omega)X(\omega) \tag{4.41}$$

であるので，これをフーリエ逆変換することにより帯域制限された信号は

$$x_\sigma(t) = \frac{1}{2\pi}\int_{-\infty}^{\infty} X_\sigma(\omega)e^{j\omega t}d\omega = \frac{1}{2\pi}\int_{-\infty}^{\infty} H(\omega)X(\omega)e^{j\omega t}d\omega \tag{4.42}$$

となる．あるいは，帯域制限フィルタのインパルス応答を $h(t)$ とすると畳み込み積分により

$$x_\sigma(t) = \int_{-\infty}^{\infty} x(\tau)h(t-\tau)d\tau \tag{4.43}$$

のように表すこともできる．帯域制限フィルタが理想低域通過フィルタ

$$H(\omega) = \begin{cases} 1 & (|\omega| \leqq \sigma) \\ 0 & (|\omega| > \sigma) \end{cases} \tag{4.44}$$

であるとき，帯域制限された信号は

$$x_\sigma(t) = \frac{1}{2\pi}\int_{-\sigma}^{\sigma} X(\omega)e^{j\omega t}d\omega \tag{4.45}$$

となる．理想低域通過フィルタによる帯域制限は，52 ページのスペクトルの打ち切りと同じ問題である．したがって，式 (3.21) と式 (3.23) を考慮すれば

$$x_\sigma(t) = \int_{-\infty}^{\infty} x(\tau)\frac{\sin \sigma(t-\tau)}{\pi(t-\tau)}d\tau \tag{4.46}$$

を得る．

## 4.4 帯域制限の影響

帯域制限の影響を具体的にみるために，図 4.14 の方形波を理想低域通過フィルタで帯域制限すると波形がどのように変化するかを調べてみよう．この信号の振幅スペクトルを図 4.15 に示す．標本化周波数を 1 Hz とするとナイキスト周波数は 0.5 Hz（角周波数では $\pi$ rad/s）であるので，$\sigma = \pi$ rad/s に帯域制限してみる．そこで，式 (4.46) に $x(\tau) = 1$ および $\sigma = \pi$ を代入し，積分区間を $-3/2 \leqq \tau \leqq 3/2$ とすると

$$x_\sigma(t) = \int_{-3/2}^{3/2} \frac{\sin \pi(t-\tau)}{\pi(t-\tau)} d\tau \tag{4.47}$$

を得る．上式は，53 ページの例題 3.3 の式 (3.25) において $a = 3/2$ および $\sigma = \pi$ とおいたものに相当する．よって，図 3.2 の方形波を $\sigma = \pi$ に帯域制限したときの時間領域の波形は，式 (3.27) に $a = 3/2$ と $\sigma = \pi$ を代入することにより

$$x_\sigma(t) = \int_{-3/2}^{3/2} \frac{\sin \pi(t-\tau)}{\pi(t-\tau)} d\tau = \frac{\mathrm{Si}\{\pi(t+3/2)\} - \mathrm{Si}\{\pi(t-3/2)\}}{\pi} \tag{4.48}$$

となる．ただし，$\mathrm{Si}(t)$ は

$$\mathrm{Si}(t) = \int_0^t \frac{\sin \tau}{\tau} d\tau \tag{4.49}$$

と定義される正弦積分である．

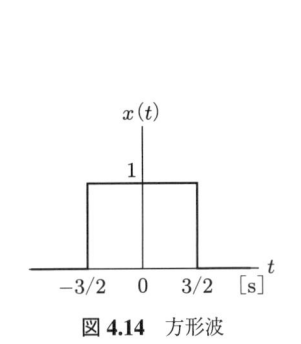

図 4.14 方形波

図 4.15 方形波の振幅スペクトル

これを数値計算してグラフにしたものを図 4.16 に示す．同図から高域成分を切り捨てることにより波形が丸くなることが見て取れる（特に $\sigma = \pi$ rad/s すなわち 0.5 Hz のとき）．$\sigma = 4\pi$ rad/s とすると相当方形波に近づくが，立ち上がりのところに大きなピークがある．このピークはフーリエ変換やフーリエ級数を有限で打ち切るときに生じる特有な現象で，**ギブスの現象**とよばれる．ギブスの現象で生じるピークの高さは $\sigma$ を大きくしてもあまり変化しないことが知られている．したがって，図 4.16 を見ると，周波数特性の観点からは理想フィルタの理想性が直感的に理解できるが，時間特性的にも本当に理想なのであろうかという疑問がわいても不思

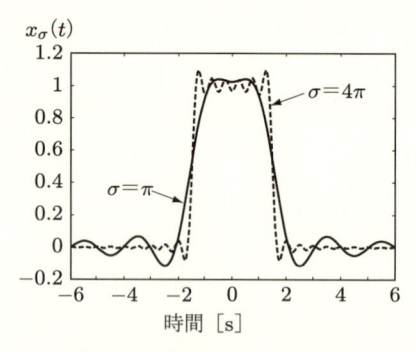

**図4.16** 帯域制限した方形波

議ではない．

この疑問に答えるために，帯域制限した波形 $f_\sigma(t)$ と元の波形 $f(t)$ との**平均2乗誤差** $e$ を考えてみよう．平均2乗誤差は

$$e = \int_{-\infty}^{\infty} |x(t) - x_\sigma(t)|^2 \, dt \tag{4.50}$$

により定義される．$x(t)$ と $x_\sigma(t)$ のフーリエ変換をそれぞれ $X(\omega)$ および $X_\sigma(\omega)$ とすると，$e$ はパーセバルの定理から

$$e = \frac{1}{2\pi} \int_{-\infty}^{\infty} |X(\omega) - X_\sigma(\omega)|^2 \, d\omega \tag{4.51}$$

のように表される．ここで，$|\omega| > \sigma$ なる帯域において，理想フィルタに限らず何らかのフィルタで $F_\sigma(\omega) = 0$ となるように帯域制限ができたとしよう．その場合，平均2乗誤差は

$$e = \frac{1}{2\pi} \int_{-\infty}^{-\sigma} |X(\omega)|^2 \, d\omega + \frac{1}{2\pi} \int_{-\sigma}^{\sigma} |X(\omega) - X_\sigma(\omega)|^2 \, d\omega + \frac{1}{2\pi} \int_{\sigma}^{\infty} |X(\omega)|^2 \, d\omega \tag{4.52}$$

となる．任意の $f(t)$ について上式が最小になるのは第2項が零，すなわち $|\omega| \leq \sigma$ なる帯域において $X(\omega) = X_\sigma(\omega)$ となるときであり，これは理想低域通過フィルタの定義そのものである．すなわち，理想低域通過フィルタで帯域制限すれば，周波数領域と時間領域のいずれの領域においても最小2乗の意味で最適近似した波形が得られているのである．ただし，平均的に誤差が最小なので，ある特定のポイントで大きな誤差をもつ可能性はある．それが現れたのがギブスの現象である．そこで，理想低域通過フィルタで帯域制限したときの誤差のピークの上限を求めてみよう．誤差 $|x(t) - x_\sigma(t)|$ を周波数領域で表すと

$$|x(t) - x_\sigma(t)| = \frac{1}{2\pi} \left| \int_{-\infty}^{\infty} \{X(\omega) - X_\sigma(\omega)\} e^{j\omega t} \, d\omega \right| \tag{4.53}$$

となる．$f_\sigma(t)$ は $f(t)$ を理想低域通過フィルタで帯域制限したものであることを考慮すれば，すなわち

$$X_\sigma(\omega) = \begin{cases} 0 & |\omega| > \sigma \\ X(\omega) & |\omega| \leq \sigma \end{cases} \quad (4.54)$$

であることを考慮すれば，

$$|x(t) - x_\sigma(t)| = \frac{1}{2\pi}\left|\int_{-\infty}^{-\sigma} X(\omega)e^{j\omega t}d\omega\right| + \frac{1}{2\pi}\left|\int_{\sigma}^{\infty} X(\omega)e^{j\omega t}d\omega\right| \quad (4.55)$$

と表されるので，シュワルツの不等式を適用すると

$$|x(t) - x_\sigma(t)| \leq \frac{1}{2\pi}\int_{-\infty}^{-\sigma} |X(\omega)|d\omega + \frac{1}{2\pi}\int_{\sigma}^{\infty} |X(\omega)|d\omega \quad (4.56)$$

が得られる．方形波のようにスペクトルが周波数軸上で無限に続くと，上式の右辺の積分は $\sigma \to \infty$ の極限以外では値に大きな変化は生じない．これが，ギブスの現象のピークは $\sigma$ を多くしていってもあまり変化しないと述べた根拠である．

次に，信号 $\bar{f}(t)$ が周期関数で

$$\bar{f}(t) = \sum_{n=-\infty}^{\infty} C_n e^{jn\omega_0 t} \quad (4.57)$$

のようにフーリエ級数に展開される場合を考えよう．このときの $\bar{f}(t)$ は式 (3.56) より

$$\bar{F}(\omega) = 2\pi \sum_{n=-\infty}^{\infty} C_n \delta(\omega - n\omega_0) \quad (4.58)$$

のようにフーリエ変換されるので，上述の理想低域通過フィルタによる帯域制限の最適性は，孤立信号のみならず周期信号についても適用できる．理想低域通過フィルタの遮断周波数が，ある自然数 $M$ を用いて $M\omega_0 \leq \sigma < (M+1)\omega_0$ の範囲内にあるとき，$\bar{f}(t)$ を理想低域通過フィルタに通して得られる出力信号 $\bar{f}_\sigma(t)$ のスペクトルは

$$\bar{F}_\sigma(\omega) = 2\pi \sum_{n=-M}^{M} C_n \delta(\omega - n\omega_0) \quad (4.59)$$

となる．上式は，時間領域において $\bar{f}_\sigma(t)$ が

$$\bar{f}_\sigma(t) = \sum_{n=-M}^{M} C_n e^{jn\omega_0 t} \quad (4.60)$$

のように有限項で打ち切ったフーリエ級数展開になることを意味する．この結果を時間領域で求めるには，平均 2 乗誤差 $e$ を 1 周期の平均として

$$e = \frac{1}{T}\int_{-T/2}^{T/2}\left|\sum_{n=-\infty}^{\infty}C_n e^{jn\omega_0 t} - \sum_{n=-M}^{M}A_n e^{jn\omega_0 t}\right|^2 dt \tag{4.61}$$

のように定義して $e$ を最小化する $A_n$ を求めればよい．そして，文献 [11] の 40 ページを参照すれば $A_n = C_n$ $(-M \leqq n \leqq M)$ を得る．ただし，$T$ は $\bar{f}(t)$ の周期を表し，

$$T = \frac{2\pi}{\omega_0} \tag{4.62}$$

である．以上をまとめると，理想低域通過フィルタで周期信号を帯域制限することは，周期信号のフーリエ級数を有限項で打ち切ることと等価であり，近似論的には平均 2 乗誤差を最小化する最適近似を与えている．なお，式 (4.61) の誤差の定義は 1 周期の平均をとっているので，厳密に平均 2 乗誤差といえる．しかし，式 (4.50) は平均を計算していないので，単に 2 乗誤差とよぶ方が正しいが，文献 [12] にあるように，これらを総称して平均 2 乗誤差という．

■例題 4.5　図 4.17 の方形波を理想低域通過フィルタにより角周波数 $\pi$ に帯域制限した波形を求めよ．

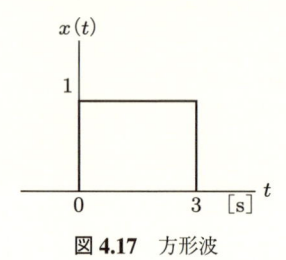

図 **4.17**　方形波

**解答**　式 (4.46) に $x(\tau) = 1$ および $\sigma = \pi$ を代入し，積分区間を $0 \leqq \tau \leqq 3$ とすると

$$x_\sigma(t) = \int_0^3 \frac{\sin\pi(t-\tau)}{\pi(t-\tau)}d\tau = \frac{\mathrm{Si}\{\pi t\} - \mathrm{Si}\{\pi(t-3)\}}{\pi} \tag{4.63}$$

となる．ただし，$\mathrm{Si}(t)$ は正弦積分である．　　　　　　　　　　　　　□■□

## 4.5　ホールド回路

ここまでは図 4.1 のようにサンプラは理想サンプラとして取り扱ってきたが，現実のスイッチはつながっている時間が零ではない．サンプラのスイッチがつながっている時間を $\tau$ 秒とすると，その出力波形 $x^*(t)$ は図 4.18 (a) のようになる．サンプラの出力は 2 進データに変換されるまでは連続時間のパルス波形としてアナログ

## 4.5 ホールド回路

的に取り扱われるが，このように幅の狭いパルスは広帯域のスペクトルをもっているので，その取り扱いは容易ではない．また，この後に続く2進データ変換器（狭義の A/D 変換器）の変換時間も零でないため，変換中は信号を入力し続けなければならない．したがって，サンプラの出力を図 4.18 (b) のようにコンデンサに充電してホールド（保持）しておく必要がある．これを**ホールド回路**という．

ホールド回路の出力は図 4.18 (c) のようになる．このホールド回路は信号を一定値に保っているので，**0 次ホールド**ともいわれる．実際のアナログ電子回路ではサンプラとホールド回路は一体となって実現されていて，**サンプルホールド回路**とよばれる．連続時間信号を 2 進符号系列としての離散時間信号に変換する広義の A/D 変換器はサンプルホールド回路と狭義の A/D 変換器を含む．また，D/A 変換器の出力もホールドされたものである．

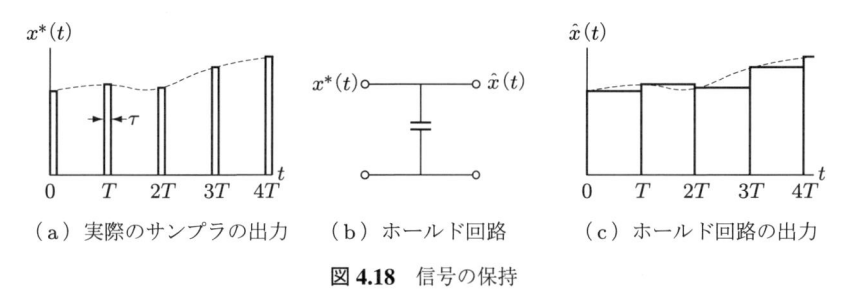

（a）実際のサンプラの出力　　（b）ホールド回路　　（c）ホールド回路の出力

**図 4.18** 信号の保持

次にこのホールドの影響について考えてみよう．ホールド回路の出力 $\hat{x}(t)$ は，図 4.19 に示す孤立方形波 $r(t)$ を時間 $nT$ だけ時間推移したものに標本値 $x(nT)$ を乗じてからすべての $n$ について総和をとったものといえる．すなわち，

$$\hat{x}(t) = \sum_{n=-\infty}^{\infty} x(nT) r(t - nT) \tag{4.64}$$

となる．ここで $r(t-nT)$ に式 (3.42) の時間推移の畳み込み積分表示を適用すると

$$\hat{x}(t) = \sum_{n=-\infty}^{\infty} x(nT) \int_{-\infty}^{\infty} \delta(u - nT) r(t - u) du$$

となる．上式の積分と総和の順序を交換したうえで式 (4.9) を考慮すると，ホールド回路の出力として

$$\hat{x}(t) = \int_{-\infty}^{\infty} \sum_{n=-\infty}^{\infty} x(nT) \delta(u - nT) r(t - u) du = \int_{-\infty}^{\infty} x^*(u) r(t - u) du \tag{4.65}$$

を得る．この式は，ホールド回路の出力 $\hat{x}(t)$ が理想サンプラの出力である図 4.1 (c) の $x^*(t)$ と図 4.19 に示す孤立方形波 $r(t)$ との畳み込み積分として表されることを意

図 4.19 孤立方形波

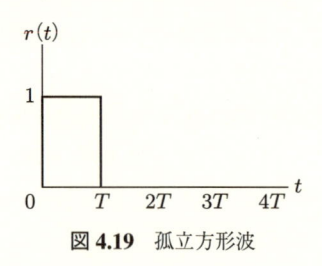

味する．

さらに，$x^*(t) \longleftrightarrow X^*(\omega)$，$\hat{x}(t) \longleftrightarrow \hat{X}(\omega)$ および $r(t) \longleftrightarrow R(\omega)$ として式 (4.65) を周波数領域で表すと $X^*(\omega)$ と $R(\omega)$ の積として

$$\hat{X}(\omega) = R(\omega)X^*(\omega) \tag{4.66}$$

のようになる．すなわち，信号をホールドすることは理想サンプラの出力を周波数特性が $R(\omega)$ である連続時間システムに入力することを意味し，$R(\omega)$ の分だけ周波数特性が歪むことを意味する．ここで

$$R(\omega) = \int_0^T e^{-j\omega t} dt = T \frac{\sin(\omega T/2)}{\omega T/2} e^{-j\frac{\omega T}{2}} \tag{4.67}$$

であり，その振幅特性は図 4.20 のような低域通過形である．ただし，図 4.20 では標本化周期を 1 s（標本化周波数を 1 Hz）に正規化した．

したがって，信号をホールドすることにより高域側が削られることがわかり，これを**アパーチャ効果**という．ナイキスト周波数における減衰量は約 3.9 dB であるので，高域成分の減衰量の最大値は 3.9 dB である．ただし，幸いなことに位相特性は直線位相なので，アパーチャ効果により位相歪みが生じることはない．

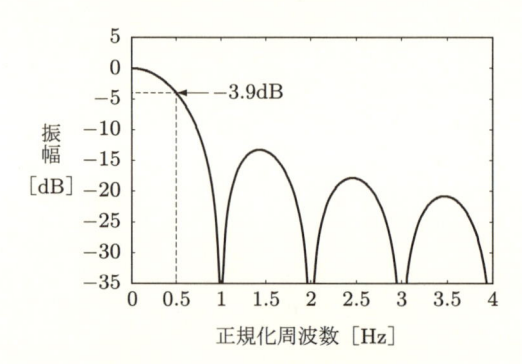

図 4.20 ホールド回路の振幅特性

■例題 4.6　標本化周波数が 20 kHz のシステムでは，5 kHz の信号はアパーチャ効果により直流に比べて何 dB 減衰するか．

**[解答]**　5 kHz において $\omega T/2 = 0.25\pi$ であるので，直流と 5 kHz における $R(\omega)$ を式 (4.67) から求め，それらの比をとると

$$\frac{|R(0)|}{|R(2\pi \times 5 \times 10^3)|} = \frac{0.25\pi}{\sin(0.25\pi)} = 1.11 \tag{4.68}$$

となる．よって，$20\log_{10} 1.11 = 0.91$ dB 減衰する．　　　　　　　　□■□

実際の信号の帯域がナイキスト周波数に比べて十分に低い周波数に帯域制限されているならばアパーチャ効果の影響は無視できるが，ナイキスト周波数ぎりぎりの周波数まで使う場合は無視できない．後者の場合は減衰の補償が必要となる場合もある．補償の方法としては，次節で述べるオーバーサンプリングにしてホールド間隔を短くするか，あるいは周波数特性が $1/R(\omega)$ である逆フィルタを挿入する方法の二通りに分けられる．

### ● ホールド回路による内挿

今までの議論は，アパーチャ効果を信号のホールドによる高域減衰の原因としてマイナスにとらえてきたが，逆にこれを積極的に利用することもできる．すなわち，この周波数特性を内挿フィルタとして利用するのである．図 4.18 を見てもわかるように，信号をホールドするということは一種の信号の内挿であるとみなせる．それゆえ，周波数特性が図 4.20 のような低域通過形になっているともいえるのである．そこで，もし信号の帯域がナイキスト周波数に比べ極めて低いなら，信号の内挿はホールド回路にまかせて，ホールド回路の後の内挿フィルタを省略することも可能である．完全に省くのは極端だとしても，ホールド回路の特性を加味すると内挿フィルタの規模を押さえることはできる．

ホールド回路の信号内挿への寄与を確かめるため，先ほどと同じく図 4.10 の離散時間方形波を取り上げる．このときのホールド回路の出力は，図 4.21 (a) のようになる．標本値が単純に保持されるだけなので，この場合のホールド回路の出力は純粋な連続時間方形波となり，内挿ができているように思える．しかし，方形波の継続時間が $4T$ であるので，$T$ だけ間隔が広がっている．この例ではたまたま波形の継続時間の増加となっているが，この現象の本質はホールド回路の群遅延特性による信号遅れである．もう少し詳しく考えるために，標本化すると図 4.10 の離散時間方形波となる連続時間方形波を考えてみよう．連続時間方形波の立ち上がり時刻と立ち下がり時刻をそれぞれ $t_r$ および $t_e$ とすると，図 4.21 の例では，$-T < t_r \leq 0$ かつ $3T \leq t_e < 4T$ の範囲内にある連続時間方形波を標本化周期 $T$ で図示しているタ

イミングで標本化してホールド回路に通すと，必ず図 4.21 (a) の方形波となる．この場合，もっとも継続時間の長い入力方形波は同図 (b) で，もっとも短いものは同図 (c) である．それらの平均的存在の波形が同図 (d) の方形波で，$T/2$ だけ出力方形波が時間遅れしている．出力波形の $T/2$ という遅れ時間は，式 (4.67) よりホールド回路の群遅延時間に等しいことがわかる．

(a) ホールド回路の出力　(b) 最長入力信号

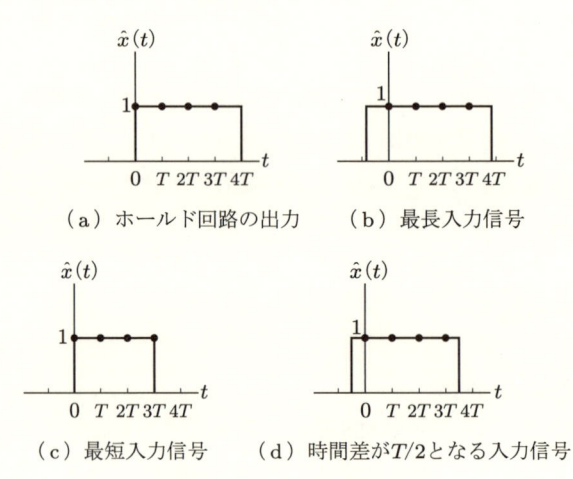

(c) 最短入力信号　(d) 時間差が$T/2$となる入力信号

**図 4.21** ホールド回路の出力

　ここで調べた例は方形波を 0 次ホールドに通しているために内挿が非常にうまくいっている例である．信号が正弦波などの場合にはホールド回路の出力波形が段々になっている．図 4.20 の周波数特性からわかるように，0 次ホールド回路のみで内挿フィルタを構成したのではエイリアスの除去が不十分であり，波形が段々になっているのはイメージング歪みが原因であるともいえる．波形を滑らかにするためには，エイリアスをさらに除去するための低域通過フィルタが必要である．このような目的で使われるフィルタを**スムージングフィルタ**とよぶ．したがって，図 4.22 のようにホールド回路の後にスムージングフィルタを組み合わせた構成は，それで一つの内挿フィルタとみなすことができる．この方法は，現実のフィルタによる内挿フィルタの実際的な実現法である．

　図 4.23 の RC 低域通過フィルタをスムージングフィルタとして用いて，図 4.21 (a) のホールド回路の出力をそれに通したらどうなるであろうか．図 4.21 (a) の信号は単位ステップ関数を用いて

$$\hat{x}(t) = u(t) - u(t - 4T) \tag{4.69}$$

のように表される．この RC 低域通過フィルタの単位ステップ応答は $u(t)\left(1 - e^{-t/CR}\right)$

4.5 ホールド回路

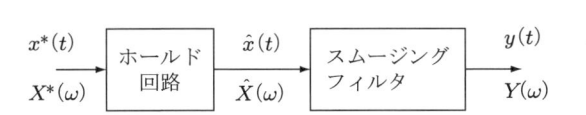

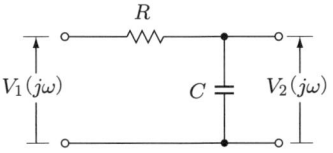

**図 4.22** ホールド回路とスムージングフィルタによる内挿フィルタの実現

**図 4.23** RC スムージングフィルタ

であるので（式 (3.77) 参照），RC フィルタの出力 $y(t)$ は

$$y(t) = u(t)\left(1 - e^{-t/CR}\right) - u(t - 4T)\left(1 - e^{-(t-4T)/CR}\right) \tag{4.70}$$

となる．$T = 1\,\mathrm{s}$, $CR = 1\,\mathrm{s}$ および $CR = 0.2\,\mathrm{s}$ のときのスムージングフィルタの出力波形を図 4.24 に示す．波形が丸くなっているのがわかる．特に，$CR = 1\,\mathrm{s}$ のときは時定数が大きすぎることが見てとれる．

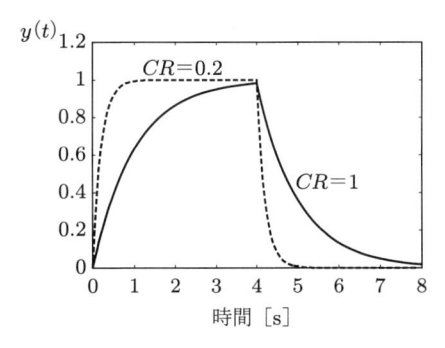

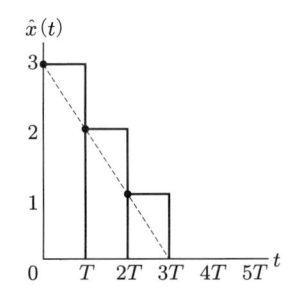

**図 4.24** 方形波に対するスムージングフィルタの出力

**図 4.25** ホールドした離散時間三角波

図 4.24 の例ではどのくらい波形がスムーズになるのかもう一つはっきりしないので，別の例を考えよう．図 4.25 の離散時間三角波をホールドした信号 $\hat{x}(t)$ を考える．この場合は 0 次ホールドを通しただけでは波形が階段状であり，スムージングの必要性が感じられるであろう．式 (4.65) より $\hat{x}(t)$ は

$$\hat{x}(t) = 3r(t) + 2r(t - T) + r(t - 2T) \tag{4.71}$$

であり，これをステップ関数で表すと

$$\hat{x}(t) = 3u(t) - u(t - T) - u(t - 2T) - u(t - 3T) \tag{4.72}$$

となる．式 (4.70) と同様に式 (3.77) を考慮すると RC スムージングフィルタの出力 $y(t)$ は

$$y(t) = 3u(t)\left(1 - e^{-t/CR}\right) - \sum_{i=1}^{3} u(t - iT)\left(1 - e^{-(t-iT)/CR}\right) \tag{4.73}$$

となる．$T = 1\,\mathrm{s}$, $CR = 1\,\mathrm{s}$ および $CR = 0.2\,\mathrm{s}$ のときのスムージングフィルタの出力波形を図 4.26 に示す．$CR = 0.2\,\mathrm{s}$ のときは，まずまずのスムージングが達成されていることがわかる．出力波形をより三角波に近づけるという観点から時定数 $CR$ の決定を考えると，$T = 1\,\mathrm{s}$ までに $y(t) = 3$ にほぼなるとともに，方形波の角を取って滑らかにするように時定数を選ばないといけない．時定数が小さすぎると波形の立ち上がりは速くなるが，方形波の角があまり取れない．逆に大きすぎると，図 4.26 の $CR = 1\,\mathrm{s}$ の場合がそうであるが，波形の立ち上がりが遅すぎるために，三角波の尖った部分が潰れてしまう．したがって，$CR = 0.2\,\mathrm{s}$ という選択は妥当なところであるといえる．

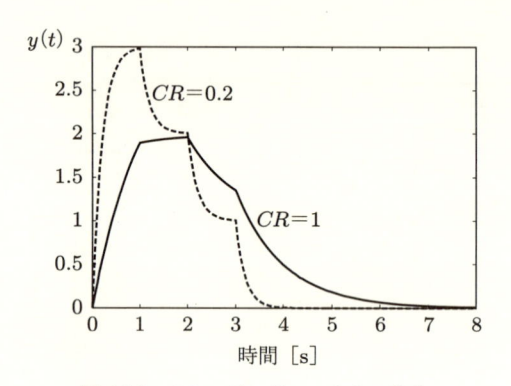

**図 4.26** スムージングフィルタの出力

次に，周波数領域で考えてみる．図 4.25 の破線を包絡線とする標本化周期 $T$ の離散時間三角波は

$$x^*(t) = 3\delta(t) + 2\delta(t - T) + \delta(t - 2T) \tag{4.74}$$

であるので，そのフーリエ変換は

$$X^*(\omega) = 3 + 2e^{-j\omega T} + e^{-j2\omega T} \tag{4.75}$$

である．$x^*(t)$ をホールドして得られる式 (4.71) の $\hat{x}(t)$ のフーリエ変換は，式 (4.66) より

$$\hat{X}(\omega) = \left(3 + 2e^{-j\omega T} + e^{-j2\omega T}\right) T \frac{\sin \omega T/2}{\omega T/2} e^{-j\frac{\omega T}{2}} \tag{4.76}$$

となる．$|X^*(\omega)|$ と $|\hat{X}(\omega)|$ をグラフにすると図 4.27 のようになる．この図からホールド回路により不完全ながらもエイリアスの除去が行われていることがわかる．し

かしながら，アパーチャ効果の影響でナイキスト周波数である 0.5 Hz より低い周波数成分も減衰している．$\hat{x}(t)$ を RC スムージングフィルタに入力したときの出力 $y(t)$ のフーリエ変換 $Y(\omega)$ を求めるには，$\hat{X}(\omega)$ に式 (3.68) をかければよく，その結果

$$Y(\omega) = \left(3 + 2e^{-j\omega T} + e^{-j2\omega T}\right) T \frac{\sin \omega T/2}{\omega T/2} e^{-j\frac{\omega T}{2}} \frac{1}{1 + j\omega CR} \tag{4.77}$$

となる．これをフーリエ逆変換すると図 4.26 の波形となる．図 4.28 には，時定数が $CR = 0.2\,\mathrm{s}$ および $CR = 1\,\mathrm{s}$ であるときの RC スムージングフィルタの振幅特性を示す．式 (3.68) よりナイキスト周波数における振幅を計算してみると，$CR = 1\,\mathrm{s}$ の場合が $-10.4\,\mathrm{dB}$，$CR = 0.2\,\mathrm{s}$ の場合が $-1.44\,\mathrm{dB}$ である．したがって，$CR = 1\,\mathrm{s}$ の場合はエイリアス除去効果は高いが，ナイキスト周波数以下のスペクトル成分まで削り取っていて，それによる波形歪みが発生する．これに対して，$CR = 0.2\,\mathrm{s}$ の場合は，ナイキスト周波数以下のスペクトル成分の削り取りは少ないが，エイリアス除去効果も下がる．

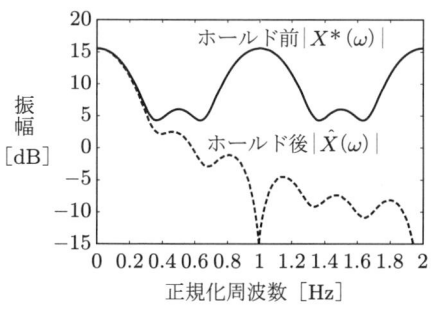

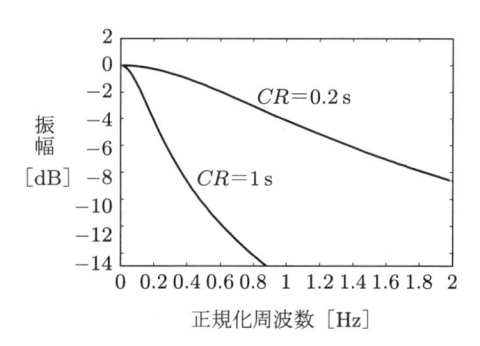

図 4.27 離散時間三角波のホールド前後の振幅スペクトル

図 4.28 RC スムージングフィルタの振幅特性

## 4.6　オーバーサンプリング

ここまでの議論は，標本化周波数がナイキストレートに等しい場合を取り扱ってきた．すなわち，連続時間信号の帯域が $\sigma$ に制限されているとき，標本化周波数 $\omega_s$ を $\omega_s = 2\sigma$ と決めてきた．このような標本化周波数の決定法を**クリティカルサンプリング**という．クリティカルサンプリングは周波数帯域の有効利用という観点からは望ましいが，図 4.29 (a) からわかるように内挿フィルタの遮断特性に急峻さが必要となる．これに対して，図 4.29 (b) のように $\omega_s > 2\sigma$ としたらどうなるだろうか．このようにすると，クリティカルサンプリングの場合に比べ内挿フィルタの遮

断特性に急峻さが要求されなくなり，現実のフィルタを用いても内挿誤差を減らすこともできる．さらに，アパーチャ効果による信号減衰も少なくなる．このような標本化周波数の決め方を**オーバーサンプリング**という．図 4.29(b) は，標本化周波数がナイキストレートの 2 倍なので，2 倍オーバーサンプリングという．しかしながら，オーバーサンプリングをすると周波数帯域の利用率が下がってしまう．オーバーサンプリングの倍数が高くなるほどこの傾向は強まる．したがって，オーバーサンプリングはシステム実現のオーバヘッドの増加と引き換えに，内挿フィルタの負担を下げる方法であるといえる．

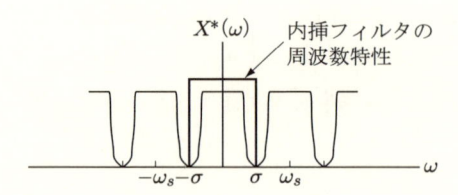

(a) クリティカルサンプリング ($\omega_s = 2\sigma$)

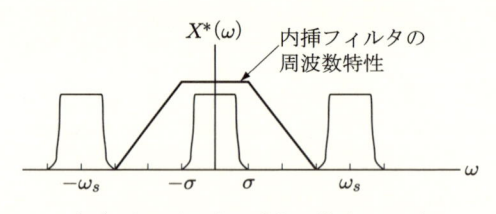

(b) オーバーサンプリング ($\omega_s > 2\sigma$)

**図 4.29** クリティカルサンプリングとオーバーサンプリング

現実の信号処理システムでは，入力信号の標本化周波数はすでに決まっている場合も多く（たとえば，コンパクトディスクでは 44.2 kHz），標本化段階でオーバーサンプリングをすることはできない．そのようなシステムではオーバーサンプリングを用いるためには，内部で標本化周波数を変換する必要がある．これを**レート変換**というのであるが，レート変換を伴った信号処理のことを**マルチレート信号処理**という．

■**例題 4.7** 77 ページの例題 4.2 で取り上げた図 4.7 のようなスペクトルをもつ連続時間信号について，これを 2 倍オーバーサンプリングしたときのスペクトル $X^*(\omega)$ を示せ．

**解答** ナイキストレートが $2\sigma$ であるので，2 倍オーバーサンプリングのときの標本化周波数は $4\sigma$ である．スペクトル $X^*(\omega)$ を図示すると図 4.30 のようになる． □■□

**図 4.30** 例題 4.7 の解答

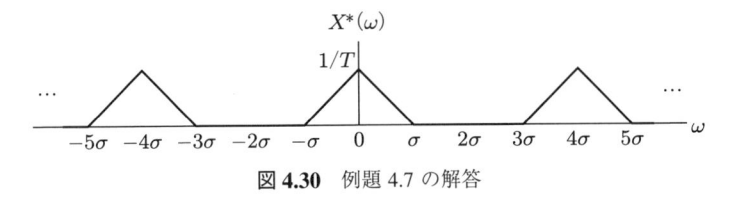

オーバーサンプリングの効果を思考実験的に確かめてみよう．図 4.25 と同じ連続時間三角波を今度は標本化周波数 $4/T$ で標本化してホールドした図 4.31 の $\hat{x}(t)$ を，先ほどの例と同じく RC 低域通過フィルタによってスムージングをしてみる．この場合図 4.25 の破線の連続時間三角波は帯域制限されていないので，厳密には 4 倍オーバーサンプリングといえないが，疑似的にはその効果を確かめることができる．式 (4.71) および (4.72) と同様に考えると，この場合の $\hat{x}(t)$ は

$$\hat{x}(t) = \sum_{i=0}^{11}(3 - i/4)r(t - iT/4) = 3u(t) - \sum_{i=1}^{12} 0.25 u(t - iT/4) \qquad (4.78)$$

となる．この $\hat{x}(t)$ を RC スムージングフィルタに通したときの出力は，式 (4.73) と同様に計算すると

$$y(t) = 3u(t)\left(1 - e^{-t/CR}\right) - \sum_{i=1}^{12} 0.25 u(t - iT/4)\left(1 - e^{-(t - 0.25iT)/CR}\right) \qquad (4.79)$$

のようになる．図 4.32 に $T = 1\,\text{s}$ および $CR = 0.05\,\text{s}$ に設定したときのスムージングフィルタの出力 $y(t)$ を示す．この場合のスムージングフィルタの遮断周波数は $\omega_c = 1/CR = 20\,\text{rad/s}$ であり，これは標本化周波数との関係において図 4.27 の $CR = 0.2\,\text{rad/s}$ に対応した設定で，遮断周波数が標本化周波数の 5 倍である．図 4.26 と図 4.32 を比べるとわかるように，標本化周波数を高くする効果は顕著である．

オーバーサンプリングをしてから 0 次ホールドで内挿する方法は，アナログスムー

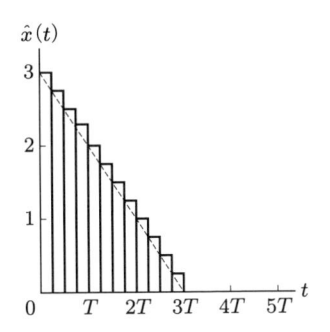

**図 4.31** 標本化周波数 $4/T$ で標本化した離散時間三角波

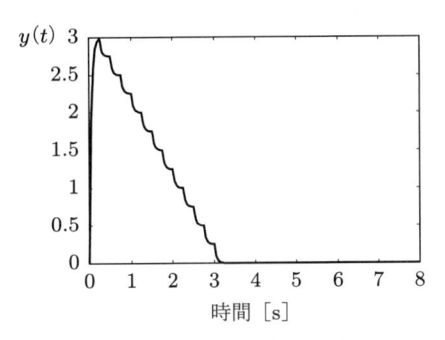

**図 4.32** RC スムージングフィルタの出力

ジングフィルタの特性に急峻さを要求しなくなるので，スムージングフィルタを1次のRC低域通過フィルタで済ますことが可能になる．アナログフィルタの中で1次のRCフィルタはもっとも簡単な構成であるとともに，位相の回転も少ないので位相歪みの発生も少ない．アナログフィルタでは理想的な直線位相特性を実現できないことを考えると，この方法は，信号内挿段のアナログフィルタで発生する位相歪みを少なくするためのもっとも現実的な方法であるといえる．

この方法の究極が，デルタ変調を用いて1ビットデータでD/A変換を行うΔ-Σ形D/A変換器である．

## 4.7　ディジタルシミュレータ

離散時間システムを構成する動機として，図4.33(a)の連続時間システムの代替を同図(b)の離散時間システムにさせたい場合がある．これを連続時間システムの**ディジタルシミュレータ**という．図4.33において，連続時間システムのインパルス応答と周波数応答がそれぞれ$h_c(t)$および$H_c(\omega)$で，離散時間システムのインパルス応答と周波数応答が$h(nT)$および$H(\omega)$である．ディジタルシミュレータの設計問題は，D/A変換器の出力$y(t)$が連続時間システムの出力$y_c(t)$と一致するような離散時間システムの設計問題と等価である．標本化定理からの帰結として，$x(t)$はナイキスト周波数$\sigma = \pi/T$に帯域制限されており，エイリアシング歪みなしに$x(nT)$から$x(t)$が再生できることが，この問題における大前提である．

離散時間信号$x(nT)$を

$$x^*(t) = T \sum_{k=-\infty}^{\infty} x(kT)\delta(t - kT) \tag{4.80}$$

のように連続時間表現し，そのフーリエ変換を$X^*(\omega)$とすると，エイリアシング歪

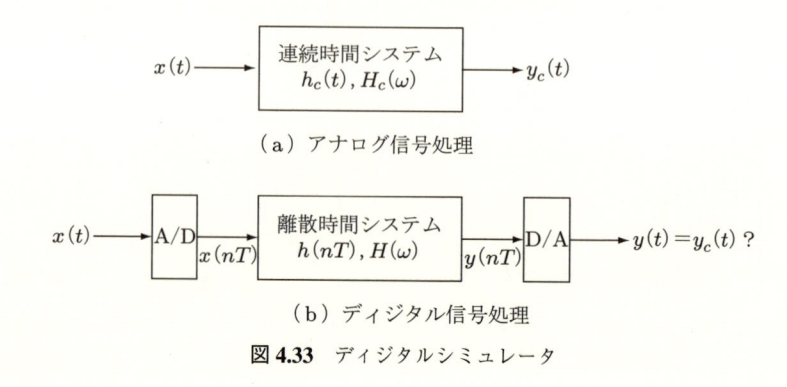

(a) アナログ信号処理

(b) ディジタル信号処理

**図4.33**　ディジタルシミュレータ

みなしに $x(nT)$ から $x(t)$ が再生できるという前提から，$x(t)$ のフーリエ変換 $X(\omega)$ は

$$X(\omega) = H_I(\omega)X^*(\omega) \tag{4.81}$$

と表される．ただし，$H_I(\omega)$ は理想低域通過フィルタの周波数応答である．上式より，連続時間システムの出力 $y_c(t)$ のフーリエ変換 $Y_c(\omega)$ は

$$Y_c(\omega) = H(\omega)H_I(\omega)X^*(\omega) \tag{4.82}$$

となる．式 (4.82) の中の $H(\omega)H_I(\omega)$ は，図 4.34 のように，周波数特性が帯域制限されている連続時間フィルタを意味するので，改めて $H_\sigma(\omega) = H(\omega)H_I(\omega)$ とおくと，式 (4.82) は

$$Y_c(\omega) = H_\sigma(\omega)X^*(\omega) \tag{4.83}$$

となる．$H_\sigma(\omega)$ のインパルス応答を $h_\sigma(t)$ として式 (4.83) の両辺をフーリエ逆変換すると，$y_c(t)$ は $x^*(t)$ と $h_\sigma(t)$ の畳み込み積分として

$$\begin{aligned} y_c(t) &= \int_{-\infty}^{\infty} x^*(u)h_\sigma(t-u) = \int_{-\infty}^{\infty} T \sum_{k=-\infty}^{\infty} x(kT)\delta(u-kT)h_\sigma(t-u) \\ &= T \sum_{k=-\infty}^{\infty} x(kT) \int_{-\infty}^{\infty} \delta(u-kT)h_\sigma(t-u) = T \sum_{k=-\infty}^{\infty} x(kT)h_\sigma(t-kT) \end{aligned} \tag{4.84}$$

のようになる．この式は，帯域制限入力に対する連続時間システムの応答が畳み込み積分の代わりに総和で表されることを示している．

次に，$y_c(t)$ を標本化して得られる離散時間信号 $y_c(nT)$ が図 4.33 (b) の離散時間システム（ディジタルシミュレータ）の出力 $y(nT)$ に等しくなる条件を求めよう．ここまでの議論で明らかなように $y_c(t)$ も $\sigma = \pi/T$ に帯域制限されているので，$y_c(t)$

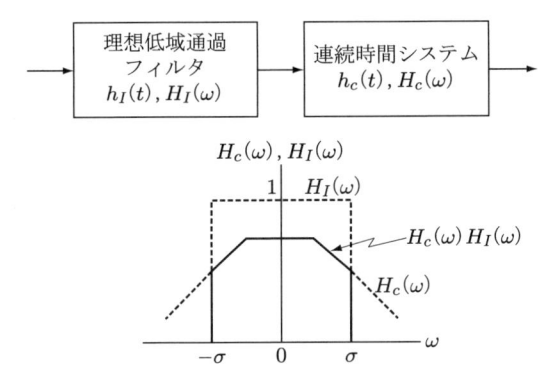

図 **4.34** 帯域制限された連続時間フィルタ

を標本化周期 $T$ で標本化した $y_c(nT)$ から完全に $y_c(t)$ を再現することができる．そこで，式 (4.84) において $t = nT$ を代入して標本化すると

$$y_c(nT) = \sum_{k=-\infty}^{\infty} x(kT) T h_\sigma(nT - kT) du \tag{4.85}$$

が得られる．離散時間システムの入出力関係は畳み込み和として

$$y(nT) = \sum_{k=-\infty}^{\infty} x(kT) h(nT - kT) \tag{4.86}$$

により与えられるので，

$$h(nT) = T h_\sigma(nT) \tag{4.87}$$

が成立すれば，A/D 変換器の出力 $y(t)$ は連続時間システムの出力 $y_c(t)$ と等しくなる．式 (4.87) の条件を**インパルス不変条件**という．

ディジタルシミュレータの周波数応答 $H(\omega)$ は，式 (4.4) を考慮すると

$$H(\omega) = \sum_{n=-\infty}^{\infty} H_\sigma(\omega - 2n\sigma) \tag{4.88}$$

のように帯域制限された連続時間システムの周波数応答 $H_\sigma(\omega)$ を用いて表される．この場合，エイリアシング歪みは生じない．また，ディジタルシミュレータの伝達関数 $H(z)$ は，そのインパルス応答の $z$ 変換として

$$H(z) = \sum_{n=0}^{\infty} h(nT) z^{-n} = \sum_{n=0}^{\infty} T h_\sigma(nT) z^{-n} \tag{4.89}$$

で与えられる．

以上をまとめると，ディジタルシミュレータの設計はシミュレートすべき連続時間システムの周波数特性を帯域制限した後のインパルス応答を標本化したものを離散時間システムのインパルス応答とすることによって行われる．周波数特性の帯域制限に使われる低域通過フィルタを**ガードフィルタ**とよぶ．現実のガードフィルタは理想フィルタではないのでエイリアシング歪みが生じ，これがシミュレーション誤差となる．

■**例題 4.8** 図 4.35 の RC 低域通過フィルタに対するディジタルシミュレータを設計せよ．

**解答** エイリアシング歪みがどの程度生じるのかを調べるため，あえてガードフィルタは用いないことにする．図 4.35 の回路のインパルス応答は式 (3.72) より

$$h_\sigma(t) = \frac{1}{CR} e^{-t/CR} u(t) \tag{4.90}$$

4.7 ディジタルシミュレータ **101**

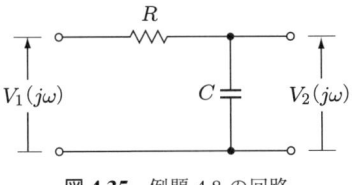

図 **4.35**　例題 4.8 の回路

であるので，式 (4.87) よりディジタルシミュレータのインパルス応答は

$$h(nT) = \frac{T}{CR} e^{-nT/CR} \tag{4.91}$$

となる．この結果は式 (2.96) において $b = e^{-T/CR}$ とおいたものなので，式 (2.109) よりディジタルシミュレータの伝達関数は

$$H(z) = \frac{T/CR}{1 - e^{-T/CR} z^{-1}} \tag{4.92}$$

となる．

次に，零状態ステップ応答を比べて，シミュレーション誤差を見積もってみよう．式 (2.99) を参考にすると，ディジタルシミュレータの零状態ステップ応答は

$$y(nT) = \frac{T/CR}{1 - e^{-T/CR}} \left( u(nT) - e^{-(n+1)T/CR} \right) \tag{4.93}$$

となる．また，図 4.35 の回路のステップ応答は式 (3.77) より

$$y(t) = u(t) \left( 1 - e^{-t/CR} \right) \tag{4.94}$$

である．$T = 0.1\,\text{s}$, $CR = 1\,\text{s}$ のときの RC 低域通過フィルタとそのディジタルシミュレータのステップ応答を図 4.36 に示す．同図において破線は元の RC 低域通過フィルタのステップ応答である．RC 低域通過フィルタを帯域制限していないことによるエイリアシング歪みが発生していることが見てとれる．

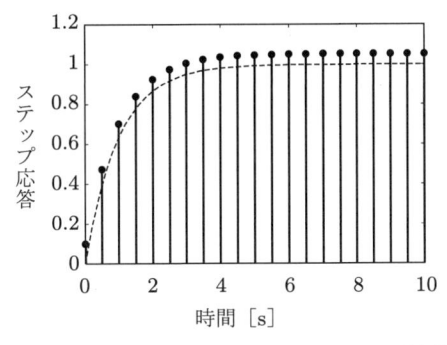

図 **4.36**　ディジタルシミュレータのステップ応答

最後に，ラプラス変換を用いて考察する．デルタ関数列によりディジタルシミュレータのインパルス応答 $Th_\sigma(nT)$ を

$$\sum_{n=0}^{\infty} Th_\sigma(nT)\delta(t-nT) \qquad (4.95)$$

のように連続時間関数として表す．$h_\sigma^*(t)$ のラプラス変換を $H_\sigma^*(s)$ と表すと，$H_\sigma^*(s)$ はデルタ関数列を利用してディジタルシミュレータを連続時間システムとみなしたときの伝達関数を意味し，

$$H_\sigma^*(s) = \int_0^\infty \sum_{n=0}^\infty Th_\sigma(nT)\delta(t-nT)e^{-st}dt = \sum_{n=-\infty}^\infty Th_\sigma(nT)\int_0^\infty \delta(t-nT)e^{-st}dt$$

$$= \sum_{n=0}^\infty Th_\sigma(nT)e^{-nsT} \qquad (4.96)$$

となる．この式から，連続時間システムの伝達関数が式 (4.96) のように $e^{-sT}$ の級数として表現されるならば，$z = e^{-sT}$ とすることにより完全なディジタルシミュレータが実現できることがわかる．すなわち，連続時間システムの伝達関数が

$$H_c(s) = a_0 + a_1 e^{-sT} + a_2 e^{-2sT} + \cdots + a_N e^{-NsT} \qquad (4.97)$$

のような $e^{-sT}$ に関する多項式か，あるいは

$$H_c(s) = \frac{a_0 + a_1 e^{-sT} + a_2 e^{-2sT} + \cdots + a_N e^{-NsT}}{1 + b_1 e^{-sT} + b_2 e^{-2sT} + \cdots + b_M e^{-MsT}} \qquad (4.98)$$

のような $e^{-sT}$ に関する有理関数のときは，誤差のないディジタルシミュレータが構成できる．このような連続時間システムは分布定数回路を用いて実現可能である．$z = e^{-sT}$ により連続時間システムから離散時間システムの伝達関数を得る方法を**標準 $z$ 変換**とよぶ．

## 第 4 章の問題

**4.1** 人間が一般に聴くことの可能な音の最高周波数は 20 kHz であるといわれている．この可聴信号（オーディオ信号ともいう）を標本化するときのナイキストレートはいくらか．

**4.2** 音楽 CD の標本化周波数は 44.2 kHz である．ナイキスト周波数はいくらか．

**4.3** 連続時間信号 $x_a(t)$ のスペクトル $X_a(\omega)$ が図 4.37 のようになるとする．

(a) $x_a(t)$ を標本化周波数 $\omega_s = 2\pi/T$ で標本化して得られる離散時間信号 $x(nT)$ から元の連続時間信号 $x_a(t)$ が完全に再生されるための $\omega_s$ の条件を示せ．

(b) $\omega_s = 3\sigma$ のときの $x(nT)$ のスペクトル $X(e^{j\omega T})$ を図示せよ.

(c) 上で求めた条件が成立するときの $x(nT)$ を離散時間フーリエ逆変換により求めよ.

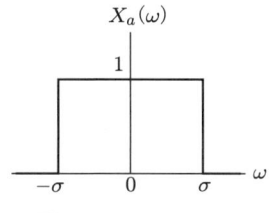

図 **4.37** 問題 4.3 の図

**4.4** (a) $\omega_0 = 2\pi$ rad/s とするとき, $f(t) = 1 + 2\cos\omega_0 t + 2\cos 3\omega_0 t$ のスペクトル構造を図示せよ.

(b) この信号を標本化周波数 4 Hz で標本化して得られる離散時間信号のスペクトル構造を図示せよ.

(c) 標本化周波数 8 Hz で標本化するとどうなるか.

**4.5** (a) $\omega_0 = 2\pi$ rad/s とするとき, $f(t) = 1 + 2\cos\omega_0 t + 2\cos 3\omega_0 t$ を理想低域通過フィルタで 2 Hz に帯域制限して得られる信号 $f_\sigma(t)$ を求めよ.

(b) この信号を標本化周波数 4 Hz で標本化して得られる離散時間信号のスペクトル構造を図示せよ.

(c) このときのエイリアシング係数を求めよ.

**4.6** 図 4.38 に示す離散時間三角波をホールドした波形を図示せよ.

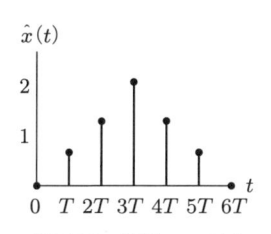

図 **4.38** 問題 4.6 の図

**4.7** 可聴周波数を 20 kHz とするとき, 可聴信号を 4 倍オーバーサンプリングしたい. そのときの標本化周波数はいくらか.

**4.8** 図 4.39 の RL 回路に対するディジタルシミュレータを設計せよ. ガードフィルタは使わなくてよい.

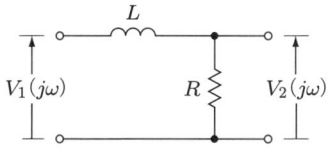

図 **4.39** 問題 4.8 の図

# 離散フーリエ変換と高速フーリエ変換

▶▶▶▶▶

信号処理の目的の一つに信号のスペクトル成分の解析がある．そのための手法として 2.2 節で述べた離散時間フーリエ変換がある．しかし，離散時間フーリエ変換がすべての信号に対して適用可能というわけではないので，離散時間信号のクラスに応じて本章で述べる各種のフーリエ表現を使い分けることになる．ただし，実際的なスペクトルの解析法については誌面の都合上割愛をする．

なお，本章では議論を簡単にするため $T = 1\,\mathrm{s}$ に正規化して話を進める．

◀◀◀◀◀

## 5.1 離散時間フーリエ変換

離散時間非周期信号 $x(n)$ に対するフーリエ表現は前述の**離散時間フーリエ変換**（**DTFT**）である．DTFT とその逆変換である**離散時間フーリエ逆変換**（**IDTFT**）を再び示すと，それぞれ

$$\text{DTFT}: \quad X(e^{j\omega}) = \sum_{n=-\infty}^{\infty} x(n) e^{-jn\omega} \tag{5.1}$$

$$\text{IDTFT}: \quad x(n) = \frac{1}{2\pi} \int_{-\pi}^{\pi} X(e^{j\omega}) e^{jn\omega} d\omega \tag{5.2}$$

である．離散時間非周期信号のスペクトルの特徴は，周波数変数 $\omega$ の連続関数であることと，$\omega = 2\pi$ の周期性を有することである．

2.2 節では DTFT を離散時間システムの周波数特性から導出したが，連続時間のフーリエ変換から導出することも可能である．すなわち，$x(n)$ を連続時間関数としてデルタ関数を用いて

$$x^*(t) = \sum_{n=-\infty}^{\infty} x(n) \delta(t-n) \tag{5.3}$$

のように表し，これをフーリエ変換すると

$$\int_{-\infty}^{\infty} x^*(t)e^{-j\omega t}dt = \int_{-\infty}^{\infty} \sum_{n=-\infty}^{\infty} x(n)\delta(t-n)e^{-j\omega t}dt$$

$$= \sum_{n=-\infty}^{\infty} x(n) \int_{-\infty}^{\infty} \delta(t-n)e^{-j\omega t}dt$$

$$= \sum_{n=-\infty}^{\infty} x(n)e^{-jn\omega} \tag{5.4}$$

となり，式 (5.1) が得られる．

さらには，DTFT をフーリエ級数の観点から考察することもできる．周期 $T = 2\pi/\omega_0$ を有する連続時間信号 $\bar{f}(t)$ は，3.2 節でも述べたように，フーリエ級数に展開可能である．フーリエ級数展開された信号 $\bar{f}(t)$ を式 (3.46) を考慮してフーリエ変換すると

$$\bar{f}(t) = \sum_{n=-\infty}^{\infty} C_n e^{j\omega_0 t} \overset{\text{フーリエ変換}}{\longleftrightarrow} F(j\omega) = 2\pi \sum_{n=-\infty}^{\infty} C_n \delta(\omega - n\omega_0) \tag{5.5}$$

が得られる．上式に対してフーリエ変換における時間軸と周波数軸の対称性を表す式 (3.9) を適用すると

$$F(t) = 2\pi \sum_{n=-\infty}^{\infty} C_n \delta(t - nT) \overset{\text{フーリエ変換}}{\longleftrightarrow} 2\pi \bar{f}(j\omega) = 2\pi \sum_{n=-\infty}^{\infty} C_n e^{-jn\omega T} \tag{5.6}$$

が得られる．このときの $f(j\omega)$ は $\omega$ 軸上で周期 $\omega_0$ を有する連続関数である．式 (5.6) は，$\omega$ 軸上で周期をもつ信号がフーリエ級数に展開されると，その展開係数が離散時間信号になることを表している．このときのフーリエ係数 $C_n$ は，時間軸上でのフーリエ係数である式 (3.30) を時間軸と周波数軸の対称性により周波数軸上に移すことにより

$$2\pi C_n = \frac{2\pi}{\omega_0} \int_{-\omega_0/2}^{\omega_0/2} \bar{f}(j\omega)e^{jn\omega T}d\omega \tag{5.7}$$

のようになる．ここで，式 (5.6) および式 (5.7) において $T = 1\text{s}$ とし，さらに $2\pi \bar{f}(j\omega) \to X(e^{j\omega})$ および $2\pi C_n \to x(n)$ のような置き換えをすると，DTFT の定義式である式 (5.1) および IDTFT の定義式である式 (5.2) が得られる．

DTFT が存在する，すなわち式 (5.1) の総和が収束するための十分条件は

$$\sum_{n=-\infty}^{\infty} |x(n)| < \infty \tag{5.8}$$

が成立することである．これを満足する典型的な信号は，有界な離散時間有限継続信号である．DTFT によって解析される信号のスペクトルは $\omega$ の連続関数で $2\pi$ の

周期性をもつ．

DTFT と $z$ 変換の定義式を比べてみればわかるように，因果的な信号の DTFT はその信号の $z$ 変換に $z = e^{j\omega}$ を代入したものと一致する．

■**例題 5.1** 離散時間信号 $x(n) = a^n u(n)$ を離散時間フーリエ変換せよ．ただし，$|a| < 1$ とする．

**解答** 式 (5.1) に代入することにより

$$X(e^{j\omega}) = \sum_{n=0}^{\infty} (ae^{-j\omega})^n = \lim_{n \to \infty} \frac{1 - (ae^{-j\omega})^n}{1 - ae^{-j\omega}} = \frac{1}{1 - ae^{-j\omega}} \tag{5.9}$$

となる． □■□

■**例題 5.2** 図 5.1 の**離散時間方形波**の離散時間フーリエ変換を求めよ．

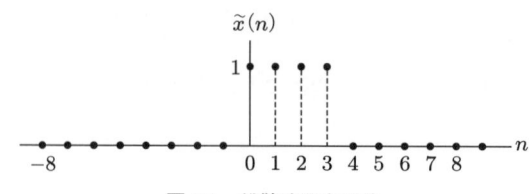

**図 5.1** 離散時間方形波

**解答** 式 (5.1) より

$$X(e^{\omega}) = \sum_{n=0}^{3} e^{-jn\omega} = \frac{1 - e^{-j4\omega}}{1 - e^{-j\omega}} = e^{-j3\omega/2} \frac{\sin(2\omega)}{\sin(\omega/2)} \tag{5.10}$$

となる． □■□

■**例題 5.3** 複素指数関数信号 $x(n) = e^{jn\omega_0}$ を離散時間フーリエ変換せよ．

**解答** $x(n) = e^{jn\omega_0}$ を式 (5.1) に代入すると

$$X(e^{j\omega}) = \sum_{k=-\infty}^{\infty} e^{-jk(\omega - \omega_0)} \tag{5.11}$$

となる．ここで，式 (3.52) より

$$\frac{1}{T} \sum_{k=-\infty}^{\infty} e^{jk\omega_s t} = \sum_{k=-\infty}^{\infty} \delta(t - kT) \tag{5.12}$$

であるので，これに時間軸と周波数軸の対称性を適用すると

$$\frac{1}{\omega_s} \sum_{k=-\infty}^{\infty} e^{-jk\omega T} = \sum_{k=-\infty}^{\infty} \delta(-\omega - k\omega_s) \tag{5.13}$$

を得る．上式に $T = 1$ および $\omega_s = 2\pi$ を代入し，さらにデルタ関数が偶関数であることを

考慮すると

$$\frac{1}{2\pi}\sum_{n=-\infty}^{\infty}e^{-jn\omega} = \sum_{k=-\infty}^{\infty}\delta(\omega + 2\pi k) \tag{5.14}$$

となる．したがって

$$X(e^{j\omega}) = 2\pi\sum_{k=-\infty}^{\infty}\delta(\omega - \omega_0 + 2\pi k) \tag{5.15}$$

となる． ◻◼◻

代表的な離散時間信号に対する DTFT の例を表 5.1 に示す．表 5.1 の中の $u(n)$ の DTFT の導出は簡単ではない．そのヒントは文献 [12] にある．また，DTFT の性質を表 5.2 に示す．

**表 5.1** 離散時間フーリエ変換表

| $x(n)$ | $X(e^{j\omega})$ |
|---|---|
| $\delta(n)$ | $1$ |
| $u(n)$ | $\dfrac{1}{1-e^{-j\omega}} + \pi\sum_{k=-\infty}^{\infty}\delta(\omega+2\pi k)$ |
| $a^n u(n)$ ($\|a\|<1$) | $\dfrac{1}{1-ae^{-j\omega}}$ |
| $e^{j(n\omega_0+\phi)}$ | $2\pi e^{j\phi}\sum_{k=-\infty}^{\infty}\delta(\omega-\omega_0+2\pi k)$ |

**表 5.2** 離散時間フーリエ変換の性質

| 性　質 | 離散時間信号 | 離散時間フーリエ変換 |
|---|---|---|
| 線形性 | $ax(n)+by(n)$ | $aX(e^{j\omega})+bY(e^{j\omega})$ |
| 時間軸の変換 | $x(-n)$ | $X(e^{-j\omega})$ |
| 信号の共役 | $x^*(n)$ | $X^*(e^{-j\omega})$ |
| サンプルシフト | $x(n+n_0)$ | $X(e^{j\omega})e^{jn_0\omega}$ |
| 周波数シフト | $x(n)e^{jn\omega_0}$ | $X(e^{j(\omega-\omega_0)})$ |
| 畳み込み和 | $\sum_{m=-\infty}^{\infty}x(m)y(n-m)$ | $X(e^{j\omega})Y(e^{j\omega})$ |
| 信号の積 | $x(n)y(n)$ | $\dfrac{1}{2\pi}\int_{-\pi}^{\pi}X(e^{j\theta})Y(e^{j(\omega-\theta)})d\theta$ |
| パーセバルの定理 | $\sum_{n=-\infty}^{\infty}x(n)y^*(n) =$ | $\dfrac{1}{2\pi}\int_{-\pi}^{\pi}X(e^{j\omega})Y^*(e^{j\omega})d\omega$ |

## 5.2 離散フーリエ級数

周期 $N$ の離散時間周期信号を $\tilde{x}(n)$ とすると

$$\tilde{x}(n) = \tilde{x}(n + rN) \tag{5.16}$$

である．ただし $r$ は任意の整数である．このような離散時間周期信号は

$$\tilde{x}(n) = \frac{1}{N}\sum_{k=0}^{N-1} \tilde{X}(k) W_N^{-kn} \quad (-\infty < n < \infty) \tag{5.17}$$

のように**離散フーリエ級数**（**Discrete Fourier Series, DFS**）に展開される．ここで $W_N$ は

$$W_N = e^{-j2\pi/N} \tag{5.18}$$

である．DFS の係数 $\tilde{X}(k)$ は

$$\tilde{X}(k) = \sum_{n=0}^{N-1} \tilde{x}(n) W_N^{kn} \quad (-\infty < k < \infty) \tag{5.19}$$

で与えられる．

$\tilde{x}(n)$ と同様に $\tilde{X}(k)$ もまた周期 $N$ の周期性をもつ．これに加えて DFS は表 5.3 のような性質をもっている．

ここで，DFS と他のフーリエ表現との関係を考えよう．まず，式 (4.18) と式 (5.17) を比較することにより $\tilde{X}(k)$ を式 (4.18) のエイリアシング係数で表すことが可能である．その結果

表 5.3 離散フーリエ級数の性質

| 性 質 | 離散時間信号 | 離散フーリエ級数 |
| --- | --- | --- |
| 線形性 | $a\tilde{x}(n) + b\tilde{y}(n)$ | $a\tilde{X}(k) + b\tilde{Y}(k)$ |
| 時間軸の変換 | $\tilde{x}(-n)$ | $\tilde{X}(-k)$ |
| 信号の共役 | $\tilde{x}^*(n)$ | $\tilde{X}^*(-k)$ |
| サンプルシフト | $\tilde{x}(n + n_0)$ | $\tilde{X}(k) W_N^{-kn_0}$ |
| 周波数シフト | $\tilde{x}(n) W_N^{nk_0}$ | $\tilde{X}(k + k_0)$ |
| 周期畳み込み和 | $\sum_{m=0}^{N-1} \tilde{x}(m)\tilde{y}(n-m)$ | $\tilde{X}(k)\tilde{Y}(k)$ |
| 信号の積 | $\tilde{x}(n)\tilde{y}(n)$ | $\frac{1}{N}\sum_{l=0}^{N-1} \tilde{X}(l)\tilde{Y}(k-l)$ |
| パーセバルの定理 | $\sum_{n=0}^{N-1} \tilde{x}(n)\tilde{y}^*(n) = \frac{1}{N}\sum_{k=0}^{N-1} \tilde{X}(k)\tilde{Y}^*(k)$ ||

$$\tilde{X}(k) = N\bar{C}_k \tag{5.20}$$

を得る．標本化定理が満足されて連続時間のフーリエ級数とエイリアシング係数が1対1に対応するならば，この式は連続時間のフーリエ級数とDFSの間の関係を与えていることになる．

また，離散時間周期信号 $\tilde{x}(n)$ を離散時間非周期信号 $x(n)$ の重ね合わせとして

$$\tilde{x}(n) = \sum_{r=-\infty}^{\infty} x(n + rN) \tag{5.21}$$

のように表現すると，$\tilde{x}(n)$ の DFS と係数 $x(n)$ の DTFT の間には

$$\tilde{X}(k) = X(e^{j\omega})\big|_{\omega=2\pi k/N} \tag{5.22}$$

なる関係がある．すなわち，周期信号を非周期信号の繰り返しとみると，非周期信号の連続スペクトルを $\omega$ 軸上で標本化したものが周期信号のスペクトルとなっているといえる．これは連続時間の場合のフーリエ変換とフーリエ級数の間の関係と同じである．

■**例題 5.4** 標本化周波数 1 Hz で周波数が $2/N$ [Hz] の離散時間正弦波信号 $\sin(4\pi n/N)$ について周期 $N$ の DFS 係数を求めよ．

**解答** オイラーの公式と $W_N$ の定義より

$$\sin\frac{4\pi n}{N} = \frac{1}{2j}W_N^{-2n} - \frac{1}{2j}W_N^{2n} \tag{5.23}$$

であるから，定義式より DFS 係数は

$$\tilde{X}(k) = \frac{1}{2j}\sum_{n=0}^{N-1}W_N^{(k-2)n} - \frac{1}{2j}\sum_{n=0}^{N-1}W_N^{(k+2)n} \tag{5.24}$$

となる．上式の右辺第1項は $k = 2 + rN$ のとき $N/2j$ で，それ以外の $k$ では零になる．また，右辺第2項は $k = -2 + rN$ のとき $-N/2j$ で，それ以外の $k$ では零になる．ただし，いずれの場合も $r = 0, \pm 1, \pm 2, \cdots$ である．よって，求める DFS 係数は次式のようになる．

$$\tilde{X}(k) = \begin{cases} \dfrac{N}{2j} & (k = 2 + rN) \\[2mm] -\dfrac{N}{2j} & (k = -2 + rN) \\[2mm] 0 & （上記以外の $k$） \end{cases} \tag{5.25}$$

この結果は，正弦波信号の周波数が $2/N$ [Hz] であることと一致している．　　□■□

■例題 5.5　図 5.2 に示す**離散時間方形波列**について周期 $N = 8$ の DFS 係数を求めよ．

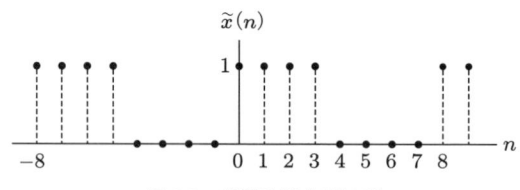

図 5.2　離散時間方形波列

**[解答]**　定義式により計算すると

$$\tilde{X}(k) = \sum_{n=0}^{3} W_8^{kn} = \sum_{n=0}^{3} e^{-j2\pi nk/8} = \frac{1 - e^{-j\pi k}}{1 - e^{-j\pi k/4}} = e^{-j3\pi k/8} \frac{\sin(\pi k/2)}{\sin(\pi k/8)} \quad (5.26)$$

を得る．式 (5.26) と式 (5.10) を比べると，確かに式 (5.22) が成立していることがわかる．

□■□

第 3 章と本章の議論から，連続時間と離散時間のそれぞれにフーリエ変換とフーリエ級数があることがわかった．そして，連続時間のフーリエ変換から他の三つが導けることもわかった．これら四つのフーリエ表現の使い分けを簡単に表にすると表 5.4 のようになる．この表で注意しなければならないのは，信号の定義域が連続時間の場合は $-\infty < t < \infty$ であり，離散時間の場合は $-\infty < n < \infty$ であることである．

表 5.4　フーリエ表現の使い分け

|  | 非周期信号 | 周期信号 |  |
|---|---|---|---|
| 連続時間 | フーリエ変換 $F(\omega) = \int_{-\infty}^{\infty} f(t)e^{-j\omega t}dt$ | フーリエ級数 $\bar{f}(t) = \sum_{n=-\infty}^{\infty} C_n e^{jn\omega_0 t}$ | $\omega$ 軸周期性無 |
| 離散時間 | 離散時間フーリエ変換 $X(e^{j\omega}) = \sum_{n=-\infty}^{\infty} x(n)e^{-jn\omega}$ | 離散フーリエ級数 $\tilde{x}(n) = \frac{1}{N} \sum_{k=0}^{N-1} \tilde{X}(k) W_N^{-kn}$ | $\omega$ 軸周期性有 |
|  | 連続スペクトル | 離散スペクトル |  |

## 5.3　離散フーリエ変換

議論に入る前に，後の理解のために有限継続信号と有限区間信号の定義を与えておく．すべての整数 $n$ で定義された離散時間信号 $x(n)$ が有限の範囲 $0 < n < N - 1$

でのみ値をもち，それ以外のところでは零のとき，$x(n)$ を継続時間 $N$ の**有限継続信号**という．離散時間信号 $x(n)$ が有限の区間 $0 < n < N - 1$ でのみ定義されているとき，$x(n)$ を長さ $N$ の**有限区間信号**という．有限継続信号と有限区間信号は非常に区別のつき難い概念であるが，まったく別物であるので，注意が必要である．それらの典型例を図示すると図 5.3 のようになる．

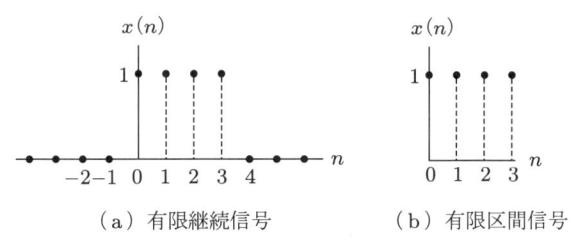

**図 5.3** 有限継続信号と有限区間信号の例

さて，われわれが離散時間信号 $x(n)$ のスペクトル成分を知るために数値計算によって $X(e^{j\omega})$ を求めるときには，次のような制約がつく．

(1) $n = 0, 1, \cdots, N-1$ のように $n$ は有限個である．すなわち，$x(n)$ は離散時間有限区間信号に限られる．

(2) $\omega_0, \omega_1, \cdots, \omega_M$ のように $\omega$ に関しても離散的で有限個である．すなわち，$X(e^{j\omega})$ も有限数列である．

このような長さ $N$ の離散時間有限区間信号 $x(n)$ は周期 $N$ の離散時間周期信号 $\tilde{x}(n)$ の基本周期分を切り出したものとみなすことができる．そのために，まず

$$x(n) = \tilde{x}(n) R_N(n) \tag{5.27}$$

により有限継続信号として $x(n)$ を切り出す．ただし $R_N(n)$ は

$$R_N(n) = \begin{cases} 1 & (n = 0, 1, \cdots, N-1) \\ 0 & (その他) \end{cases} \tag{5.28}$$

で表されるような長さ $N$ の離散時間有限長信号であり，**方形窓**とよばれる．その後，定義域を $0 \leqq n \leqq N-1$ に縮小して，有限区間信号とする．一般には有限継続信号を切り出して有限区間信号を作るのに用いられる $R_N(n)$ のことを**窓関数**とよび，方形窓以外にも多くの窓関数が定義されている．

有限区間信号 $x(n)$ のフーリエ表現を**離散フーリエ変換**（**Discrete Fourier Transform, DFT**）とよぶ．離散フーリエ変換と離散時間フーリエ変換は紛らわしい用語なので，注意が必要である．式 (5.19) の DFS 係数の演算式は基本周期分の信号値

を使って定義されているので，DFT は，時間領域と周波数領域の両方において DFS の基本周期分の演算を取り出したものとして定義できる．すなわち，長さ $N$ の離散時間有限継続信号 $x(n)$ の DFT を $X(k)$ とすると，DFT の定義式は

$$X(k) = \sum_{n=0}^{N-1} x(n) W_N^{kn} \qquad (k = 0, 1, \cdots, N-1) \qquad (5.29)$$

となる．この DFT は計算している点数が $N$ なので，$N$ 点 DFT という．DFT の逆変換が離散フーリエ逆変換（Inverse Discrete Fourier Transform, IDFT）であり

$$x(n) = \frac{1}{N} \sum_{k=0}^{N-1} X(k) W_N^{-kn} \qquad (n = 0, 1, \cdots, N-1) \qquad (5.30)$$

により定義される．ただし，DFS の場合と同じく $W_N$ は式 (5.18) で与えられる．

次に，剰余演算を用いて $\tilde{x}(n)$ を $x(n)$ で表すと

$$\tilde{x}(n) = x(n \bmod N) \qquad (5.31)$$

となる．ここで $n \bmod N$ は $N$ を $n$ で割った余りを表す．さらに簡単のためこれを

$$\tilde{x}(n) = x((n)_N) \qquad (5.32)$$

と表す．式 (5.27) と式 (5.32) を考慮すると，$x(n)$ の DFT と $\tilde{x}(n)$ の DFS 係数の間には

$$\tilde{X}(k) = X((k)_N) \qquad (5.33)$$

あるいは

**表 5.5** 離散フーリエ変換の性質

| 性 質 | 離散時間信号 | 離散フーリエ変換 |
| --- | --- | --- |
| 線形性 | $ax(n) + by(n)$ | $aX(k) + bY(k)$ |
| 時間軸の変換 | $x(-n)$ | $X((-k)_N) R_N(k)$ |
| 信号の共役 | $x^*(n)$ | $X^*((-k)_N) R_N(k)$ |
| 循環サンプルシフト | $x((n + n_0)_N) R_N(n)$ | $X(k) W_N^{-kn_0}$ |
| 循環周波数シフト | $x(n) W_N^{nk_0}$ | $X((k + k_0)_N) R_N(k)$ |
| 循環畳み込み和 | $\left[ \sum_{m=0}^{N-1} x((m)_N) y((n - m)_N) \right] R_N(k)$ | $X(k)Y(k)$ |
| 信号の積 | $x(n)y(n)$ | $\frac{1}{N} \left[ \sum_{l=0}^{N-1} X((l)_N) Y((k - l)_N) \right] R_N(k)$ |
| パーセバルの定理 | $\sum_{n=0}^{N-1} x(n) y^*(n) = \frac{1}{N} \sum_{k=0}^{N-1} X(k) Y^*(k)$ | |

$$X(k) = \tilde{X}(k)R_N(k) \tag{5.34}$$

のような関係がある．

DFT は表 5.5 に示すような性質をもっている．

■**例題 5.6** 図 5.3 (b) の有限区間信号の DFT を求めよ．

**[解答]** DFT の定義式より

$$X(k) = \sum_{n=0}^{3} W_8^{kn} = \sum_{n=0}^{3} e^{-j2\pi nk/8} = \frac{1 - e^{-j\pi k}}{1 - e^{-j\pi k/4}} \tag{5.35}$$

を得る． □■□

## 5.4 高速フーリエ変換

離散フーリエ変換は正方行列と列ベクトルの積をそのまま計算すれば計算できる．たとえば，$N = 4$ のとき式 (5.29) は

$$\begin{bmatrix} X(0) \\ X(1) \\ X(2) \\ X(3) \end{bmatrix} = \begin{bmatrix} W_4^0 & W_4^0 & W_4^0 & W_4^0 \\ W_4^0 & W_4^1 & W_4^2 & W_4^3 \\ W_4^0 & W_4^2 & W_4^4 & W_4^6 \\ W_4^0 & W_4^3 & W_4^6 & W_4^9 \end{bmatrix} \begin{bmatrix} x(0) \\ x(1) \\ x(2) \\ x(3) \end{bmatrix} \tag{5.36}$$

のような正方行列と列ベクトルの積となる．この場合 $N$ 点 DFT のとき $N^2$ 回の複素乗算が必要である．しかしながら，正方行列の要素がもつ規則性を活用することにより乗算回数の大幅な削減が可能である．これを実現するのが**高速フーリエ変換**（**Fast Fourier Transform, FFT**）である．すなわち高速フーリエ変換という新しい変換法があるのではなくて，DFT の高速計算アルゴリズムが FFT である．

### 5.4.1 基数 2 の FFT

まず，$N = 2^i$ であるときを考える．式 (5.29) において入力信号をその偶数番目と奇数番目に分けて二つの系列に並べ替えると

$$X(k) = \sum_{n=0}^{N/2-1} x(2n) W_N^{2kn} + W_N^k \sum_{n=0}^{N/2-1} x(2n+1) W_N^{2kn} \quad (k = 0, 1, \cdots, N-1) \tag{5.37}$$

となる．ここで $W_N^2 = W_{N/2}$ であることを考慮すると，式 (5.37) は

$$X(k) = \sum_{n=0}^{N/2-1} x(2n) W_{N/2}^{kn} + W_N^k \sum_{n=0}^{N/2-1} x(2n+1) W_{N/2}^{kn}$$

$$= H(k) + W_N^k G(k) \tag{5.38}$$

$$(k = 0, 1, \cdots, N-1)$$

と表現できる．この式は $N$ 点 DFT が $H(k)$ と $G(k)$ なる二つの $N/2$ 点 DFT に分解されたことを意味する．$H(k)$ と $G(k)$ が $N/2$ の周期をもつことと，$W_N^{k+N/2} = -W_N^k$ なる関係を利用するために，$X(k)$ を $k$ の $N/2$ に対する大小によって二つに分けると，式 (5.38) は

$$X(l) = H(l) + W_N^l G(l) \tag{5.39}$$

$$X\left(l + \frac{N}{2}\right) = H(l) - W_N^l G(l) \tag{5.40}$$

となる．ただし $l = 0, 1, \cdots, N/2 - 1$ である．こうして $N$ 点 DFT が $N/2$ 点 DFT から容易に計算されることが明らかになった．同様なことを $N/2$ 点 DFT に施し，さらにこれを繰り返せば $N$ 点 DFT は 2 点 DFT にまで分解される．DFT の分解のプロセスを図で示すと図 5.4 のようになる．

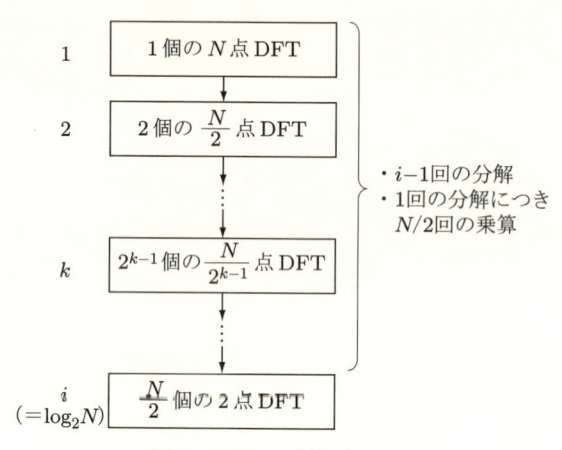

**図 5.4** DFT の分解プロセス

このとき，$i-1$ 回の分解に要する複素乗算回数が $(N/2)(i-1)$ 回で，$N/2$ 個の 2 点 DFT には $N/2$ 回の乗算が必要である．したがって，総複素乗算回数は $(N/2)i = (N/2)\log_2 N$ 回であり，DFT をそのまま計算する場合の $N^2$ 回に比べ大幅に減少していることがわかる．$N = 8$ のときの完全な信号の流れを図示すると図 5.5 のようになる．この DFT の計算法は時間領域の信号の並べ替えによって元の DFT を $N/2$ 個の 2 点 DFT に分解しているので，**時間間引き形 FFT** とよばれる．式 (5.39) と式 (5.40) および図 5.5 からわかるように時間間引き形 FFT は図 5.6 に示す演算を基本単位としており，これを**時間間引き形バタフライ演算**とよぶ．

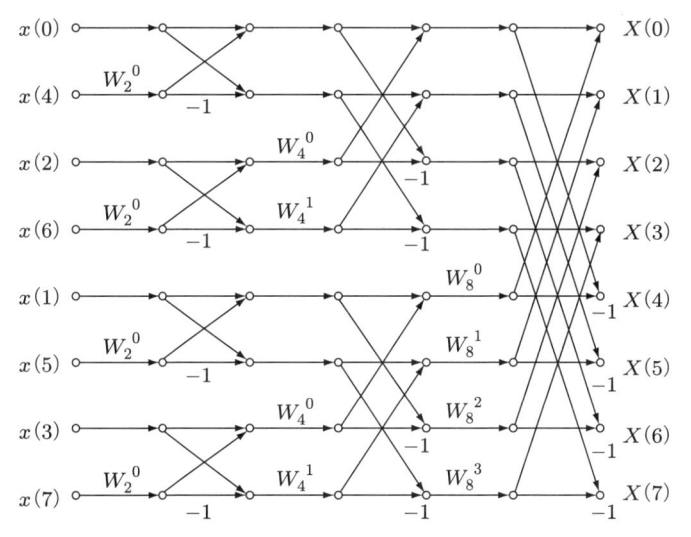

**図 5.5** 8点時間間引き形 FFT

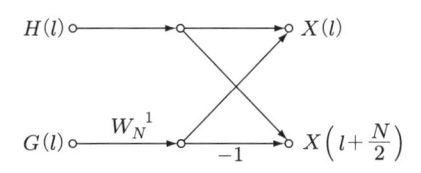

**図 5.6** 時間間引き形バタフライ演算

次に，周波数領域の信号 $X(k)$ を偶数番目と奇数番目に分けて二つの系列に並べ替え，さらに $x(n)$ を $n$ の $N/2$ に対する大小によって二つに分割すると，式 (5.29) は

$$X(2l) = \sum_{n=0}^{N/2-1} \left\{ x(n) + x\left(n + \frac{N}{2}\right) \right\} W_{N/2}^{ln} \tag{5.41}$$

$$X(2l+1) = \sum_{n=0}^{N/2-1} \left\{ x(n) - x\left(n + \frac{N}{2}\right) W_N^n \right\} W_{N/2}^{ln} \tag{5.42}$$

と変形される．ただし，$l = 0, 1, \cdots, N/2 - 1$ である．この式は $X(2l)$ と $X(2l+1)$ がそれぞれ長さ $N/2$ の信号 $x(n) + x(n + N/2)$ および $\{x(n) - x(n + N/2)\}W_N^n$ に対する $N/2$ 点 DFT によって計算されることを意味する．同様なことをこれら二つの信号に施し，さらにこれを繰り返せば $N$ 点 DFT は 2 点 DFT にまで分解される．$N$ が 8 のときの信号の流れを図示すると図 5.7 のようになる．このような分解を行ったときの複素乗算回数も $(N/2)\log_2 N$ である．この DFT の計算法は周波数領域の信号の並べ替えによって元の DFT を分解しているので，周波数間引き形 FFT とよば

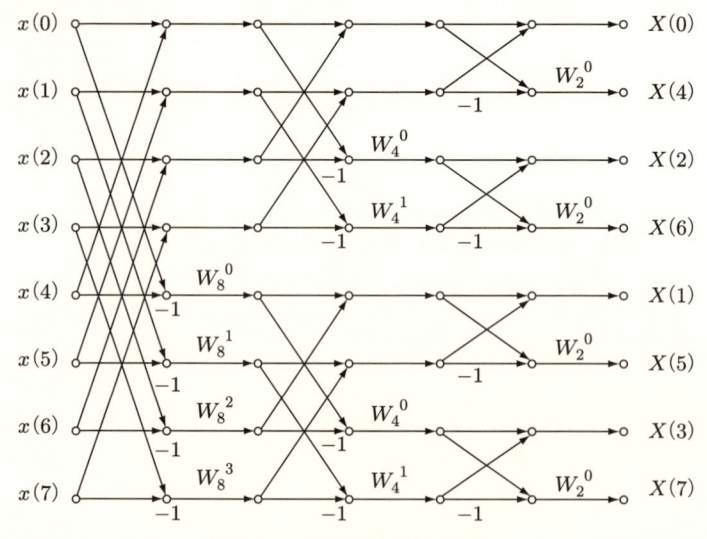

**図 5.7** 8点周波数間引き形 FFT

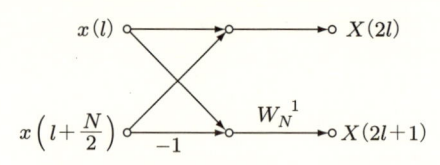

**図 5.8** 周波数間引き形バタフライ演算

れる．式 (5.41) と式 (5.42) および図 5.7 からわかるように周波数間引き形 FFT における演算の基本単位は図 5.8 に示す**周波数間引き形バタフライ演算**である．

以上 2 種類の FFT は $N$ が 2 のべき乗であるときに適用可能なので，**基数 2 の FFT** とよばれる．

■ビット反転の関係

以上述べた 2 種類の FFT は，時間領域あるいは周波数領域で信号を並べ替えている．たとえば，図 5.7 の 8 点時間間引き FFT では，最終的に時間領域の信号を $\{x(0), x(4), x(2), x(6), x(1), x(5), x(3), x(7)\}$ の順序に並べ替えている．この並べ替えには簡単な規則があるので，紹介しておこう．時間領域信号の時間指標を 2 進数で表して，そのビットの並びを反転させたものをふたたび 10 進数に直すことを考える．これを表で表すと表 5.6 のようになる．この結果，周波数領域の信号の周波数指標が得られていることは表より明らかである．周波数間引き形についても同様な関係がある．2 進数表現したときのビットの並びを反転させた関係を**ビット反転の**

表 5.6 ビット反転

| 時間指標 | | | | | | | 周波数指標 |
|---|---|---|---|---|---|---|---|
| 0 | | 000 | | 000 | | | 0 |
| 4 | | 100 | | 001 | | | 1 |
| 2 | | 010 | | 010 | | | 2 |
| 6 | 2進化 | 110 | ビット反転 | 011 | 10進化 | | 3 |
| 1 | $\Rightarrow$ | 001 | $\Rightarrow$ | 100 | $\Rightarrow$ | | 4 |
| 5 | | 101 | | 101 | | | 5 |
| 3 | | 011 | | 110 | | | 6 |
| 7 | | 111 | | 111 | | | 7 |

関係あるいはビット逆順の関係とよぶ．

### 5.4.2 混合基数 FFT

基数 2 の FFT をさらに一般的にしたものが**混合基数 FFT** である．これは $N$ が

$$N = p_1 p_2 \cdots p_i \tag{5.43}$$

のように因数分解できるときに適用される．特に

$$p_1 = p_2 = \cdots = p_i = p \tag{5.44}$$

であるときは，基数 $p$ の FFT とよばれる．その原理を簡単に説明するために，$N$ を二つの数の積に分解して

$$N = p_1 q_1 \tag{5.45}$$

とする．ここで

$$q_1 = p_2 p_3 \cdots p_i \tag{5.46}$$

である．入力信号を $p_1$ 点おきにとって $q_1$ 点からなる $p_1$ 個の系列に並べ替え，基数 2 の時間間引き FFT と同様の変形を式 (5.29) に施すと

$$X(k) = \sum_{m=0}^{p_1-1} W_N^{mk} \sum_{n=0}^{q_1-1} x(p_1 n + m) W_{q_1}^{kn} \tag{5.47}$$

が得られる．この式は $N$ 点 DFT が $p_1$ 回の $q_1$ 点 DFT から計算されることを意味し，基数 2 の場合における式 (5.38) に対応している．同様なことを繰り返すと，最終的には，$N$ 点 DFT が $p_1 p_2 \cdots p_{i-1}$ 回の $p_1$ 点 DFT から計算されることになる．このとき必要な複素乗算回数は

$$N(p_1 + p_2 + \cdots + p_i - i) \tag{5.48}$$

である．これは $N^2$ より小さい．この式からわかるように，$N$ を素因数分解したときが乗算の減少効果がもっとも高く，特に全因数が 2 のとき，すなわち基数 2 の FFT がもっとも効率的である．

以上述べたのは時間間引きの場合であるが，周波数間引きについても同様の操作が可能である．

### 5.4.3 高速フーリエ逆変換

DFT の高速計算アルゴリズムである**高速フーリエ逆変換**（**Inverse Fast Fourier Transform, IFFT**）は，式 (5.29) と式 (5.30) を比べるとわかるように，FFT において $W_N$ を $W_N^{-1}$ で置き換え，出力結果を $N$ で割ればよい．すなわち，FFT のアルゴリズムがわずかな修正のみでほとんどそのまま利用できる．

## 第 5 章の問題

**5.1** $\sin(n\omega_0)$ の離散時間フーリエ変換を求めよ．

**5.2** $x(n)$ の離散時間フーリエ変換を $X(e^{j\omega})$ とするとき，$x(n)\cos(n\omega_0)$ の離散時間フーリエ変換を求めよ．

**5.3** （a） $N$ を 4 より大きい自然数とするとき，周波数が $2/N$ [Hz] の正弦波 $\sin(4\pi t/N)$ のフーリエ係数を求めよ．

（b） 上で求めたフーリエ係数を用いて，標本化周波数 1 Hz の離散時間正弦波信号 $\sin(4\pi n/N)$ のエイリアシング係数を求めよ．

（c） 式 (5.20) を利用して，エイリアシング係数から $\sin(4\pi n/N)$ に対する周期 $N$ の DFS 係数を求めよ．

**5.4** 離散時間信号の周波数解析をするための各種のフーリエ解析を信号のタイプ別に分類せよ．

**5.5** 長さ $N$ の有限区間信号 $x(n)$ の DFT を $M$ 点 FFT アルゴリズムを使って求める方法を考えよ．ただし，$M > N$ とする．

**5.6** FFT の意義について述べよ．

**5.7** 連続時間信号のスペクトルを FFT を用いて解析するための手順，あるいはシステム構成について述べよ．

# ディジタルフィルタ

▶▶▶▶▶

　本章ではディジタル信号処理システムの根幹をなすディジタルフィルタの設計法を解説する．ディジタルフィルタの設計法について各論を展開し始めるときりがないので，本章ではさまざまな設計法を理解するのに必要な基本事項に的を絞って述べることにする．まずフィルタの意義について述べた後，FIRフィルタ，IIRフィルタの順番で話を進める．比較的フィルタ構造に重点をおいた記述になっているのは，本書の特徴である．

◀◀◀◀◀

## 6.1　ディジタルフィルタリング

　信号処理においては，ある信号の中から必要な成分と不必要な成分を分離する操作がしばしば要求される．特にこれら2成分が周波数帯によって区別される場合が多い．たとえばラジオ放送の受信においては，希望する放送局の信号周波数のみを選択することが必要である．このような場合に，ある特定の周波数帯の信号を通過させ，他の周波数成分をもつ信号を阻止する目的で使われるシステムがフィルタである．フィルタが離散時間システムの周波数特性を利用して実現されるとき，これを**ディジタルフィルタ**とよぶ．

　連続時間システムであるアナログ回路も含めて，フィルタ構成は線形システム構成論の中心的課題であった．フィルタは当初インダクタとキャパシタを用いて構成されていた．しかし，インダクタは集積化が困難であるうえに，個別部品としてはサイズも大きい．そこでインダクタを使用しないフィルタとして，増幅器等の能動素子と抵抗とキャパシタとを用いる能動RCフィルタが開発された．能動RCフィルタの研究は現在も続けられており，マイクロ波帯の集積化フィルタの実現が一つの課題となっている．ディジタルフィルタはこのインダクタを用いないフィルタの究極の形式ともいえ，その特徴はディジタル信号処理一般にいえる特徴と共通で第

1章に記述したとおりである．

フィルタを特性面から分類すると，図 6.1 に示す 4 種類になる．すなわち，ある周波数以下の信号を通過させる**低域通過（ローパス）フィルタ**，ある周波数以上の信号を通過させる**高域通過（ハイパス）フィルタ**，ある周波数から他の周波数までの帯域の信号を通過させる**帯域通過（バンドパス）フィルタ**，ある帯域の信号を通過させない**帯域消去（バンドストップあるいはノッチ）フィルタ**の 4 種類である．信号を通過させる帯域を**通過域**，通過させない帯域のことを**阻止域**という．帯域消去以外のフィルタでは通過域の幅のことを**帯域幅**といい，帯域消去フィルタにおいては阻止域の幅のことを帯域幅という．帯域通過フィルタでは通過域の中心となる周波数を**中心周波数**，帯域消去フィルタでは阻止域の中心となる周波数を中心周波数とよぶ．

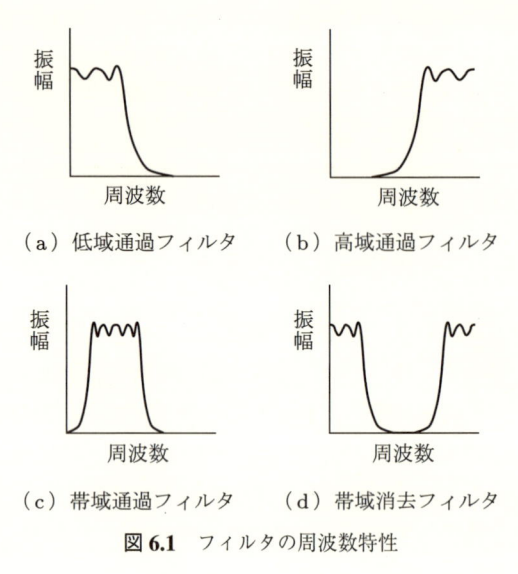

**図 6.1** フィルタの周波数特性

第 2 章で離散時間システムには FIR 形と IIR 形の 2 種類があると述べたが，これらに対応してディジタルフィルタも **FIR フィルタ**と **IIR フィルタ**の 2 種類に大別される．

## 6.2　無歪みフィルタリング

図 6.1 に示すフィルタによって信号を処理する場合，通過域内の信号に関して，フィルタの入力 $x(nT)$ と出力 $y(nT)$ の間には

$$y(nT) = H_0 x(nT - n_0 T) \tag{6.1}$$

のような関係があることが望まれる．この式は，フィルタの出力信号が入力信号の定数倍の大きさで，時間 $n_0T$ だけ遅れていることを表している．すなわち，フィルタの入出力波形が相似であることを意味するので，式 (6.1) が満足されるようなフィルタリングを**無歪みフィルタリング**とよぶ．式 (6.1) の両辺を離散時間フーリエ変換すると

$$Y(e^{j\omega T}) = H_0 e^{-j\omega n_0 T} X(e^{j\omega T}) \tag{6.2}$$

となるので，無歪みフィルタリングを実現するディジタルフィルタは，その通過域内において周波数特性が

$$H(e^{j\omega T}) = H_0 e^{-j\omega n_0 T} \tag{6.3}$$

となっていないといけないことがわかる．すなわち，振幅特性は一定で（**一定振幅**とよぶ），位相特性は $\omega$ の 1 次関数（**直線位相**とよぶ）でないといけない．また，群遅延は $n_0T$ であるので，直線位相であるときの群遅延は一定である．式 (6.1) を満足していないときには，出力信号が歪むことになる．一定振幅でないときの歪みを**振幅歪み**，直線位相でないときの歪みを**位相歪み**とよぶ．

## 6.3　理想フィルタ

ディジタルフィルタの設計とは，目的とする仕様が与えられたとき，それを満足する特性をもつ回路を決定することである．フィルタとして理想的に要求される仕様は，階段状の特性で

$$H(e^{j\omega T}) = \begin{cases} 1 & |\omega| \leqq \omega_c \\ 0 & \omega_c < |\omega| \leqq \omega_s/2 \end{cases} \tag{6.4}$$

と表せる．ただし，$\omega_s = 2\pi/T$ である．これは離散時間システムにおける**理想低域通過フィルタ**である．振幅特性は図 6.2 のような形状で，位相特性は全域に渡って零である．通過域での振幅の値は任意であるが，この図では 1 にしてある．通過域と阻止域の境界の周波数 $\omega_c$ を**遮断周波数**とよぶ．理想低域通過フィルタは一定振幅

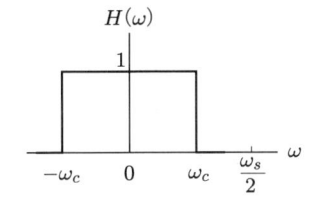

**図 6.2**　理想低域通過フィルタの振幅特性

で直線位相であるので[*1] 理想的に無歪みフィルタリングが実現されている．しかしながら，連続時間の理想フィルタは3.4節で述べたように，実現不可能である．連続時間システムとしての理想フィルタは実現が不可能でも，離散時間システムとしてなら可能ではないかという期待がもてる．そのために，次の例題を考えてみる．

■**例題 6.1** 式(6.4)の離散時間理想低域通過フィルタのインパルス応答を求めよ．

**解答** 式(6.4)の周波数特性を離散時間フーリエ逆変換すると理想低域通過フィルタのインパルス応答が得られ

$$h(nT) = \frac{1}{\omega_s}\int_{-\frac{\omega_s}{2}}^{\frac{\omega_s}{2}} H(e^{j\omega T})e^{jn\omega T}d\omega = \frac{1}{\omega_s}\int_{-\omega_c}^{\omega_c} e^{jn\omega T}d\omega = \frac{\sin n\omega_c T}{n\pi} \tag{6.5}$$

のようになる．$T=1$，$\omega_c = \omega_s/8$ のとき $-10 \leq n \leq 10$ の範囲でこれをグラフにしたのが図6.3である． □■□

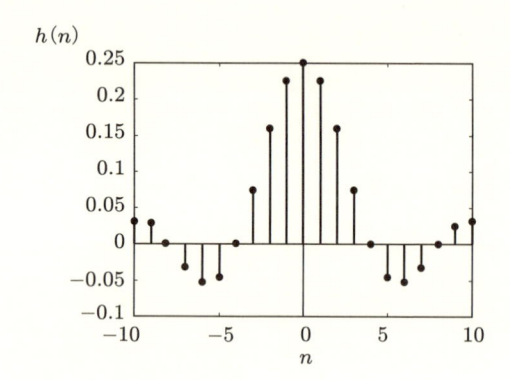

図 **6.3** 理想低域通過フィルタのインパルス応答

以上の結果は，理想低域通過フィルタのインパルス応答が因果的でないことを示している．なぜなら，式(6.5)は区間 $(-\infty, \infty)$ の $n$ に対して定義されているので，インパルス信号は $n=0$ で入力するにもかかわらず，応答は $n<0$ からが存在しているからである．したがって，離散時間システムにおいても理想フィルタは物理的に実現できない．

一番望ましい特性のフィルタが実現不可能となれば，次善の策は理想フィルタを何がしかの方法で近似することである．これを特性近似という．代表的な実現可能な低域通過フィルタの振幅特性を図6.4に示す．理想低域フィルタでは通過域と阻止域の境界がはっきりしているが，実現可能なフィルタでは通過域と阻止域の間に有限の傾きで振幅特性が変化する遷移域が存在する．通過域端の周波数を**遮断周波**

---

[*1] 式(6.4)の場合は，厳密にいうと位相遅れは零である．

(a) バタワース特性  (b) 連立チェビシェフ特性

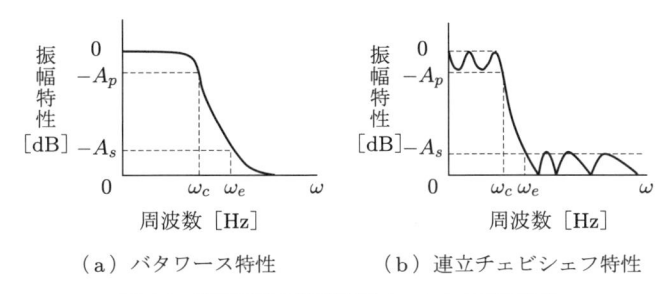

**図 6.4** 実現可能な低域通過フィルタの振幅特性

数といい，ここを理想低域通過フィルタの $\omega_c$ に対応させる．阻止域端の周波数 $\omega_e$ を**阻止域端周波数**とよぶ．また，実現可能なフィルタでは通過域と阻止域の両方において理想的な振幅値からの誤差をもっている．通過域の誤差 $A_p$ を**通過域最大減衰量**といい，阻止域の誤差 $A_e$ のことを**阻止域最小減衰量**という．

したがって現実のフィルタ仕様の一例を示すと次のようになる．

- 標本化周波数　88.2 kHz
- 通過域　0~20 kHz で通過域最大減衰量が 0.5 dB
- 阻止域　24.1 kHz 以上で阻止域最小減衰量 80 dB

この他の決めるべき量として伝達関数の次数があるが，これについては与えられた仕様を満足する伝達関数の中から最小のものが選ばれる．

特性近似法は振幅誤差の評価の仕方によって，何通りかに分類できる．そのうちで代表的なものは，**平坦近似**と**等リプル近似**である．平坦近似とは振幅特性を波打たせないで近似する方法であり，等リプル近似とは振幅誤差の最大値をそろえるように振幅特性を波打たせながら近似する方法である．図 6.4(a) のように通過域も阻止域も両方とも平坦な特性のことを**バタワース特性**という．また，図 6.1 のように通過域が等リプルで阻止域が平坦な特性を（通過域）**チェビシェフ特性**という．図 6.4(b) のように通過域と阻止域の両方で等リプルな特性を**楕円特性**あるいは**連立チェビシェフ特性**という．等リプル特性の通過域最大減衰量のことを**通過域リプル**あるいは単に**リプル**という．

なお特性近似に対して，得られた伝達関数からそれを実現する回路を構成することを回路構成あるいは回路合成という．ディジタルフィルタの設計は近似と構成の 2 段階からなる．設計の次のステップが実現である．これは設計されたディジタルフィルタを実際に動く"もの"として実現することである．この場合の"もの"というのは必ずしもハードウェアを指すのではなく，プロセッサ上でソフトウェアあるいはファームウェアとしての実現を含む．

## 6.4　FIRフィルタの特性近似

FIRフィルタの伝達関数は

$$H(z) = \sum_{i=0}^{N-1} a_i z^{-i} \tag{6.6}$$

なる形の$z^{-1}$の多項式である．この伝達関数の次数は$N-1$であり，$N$は伝達関数の係数の総数を表す．伝達関数の係数の総数を**タップ数**ということもある．そのようによぶ理由は157ページで説明するが，この場合のタップ数は$N$である．インパルス応答の$z$変換が伝達関数であることを考慮すると式(6.6)のインパルス応答は$a_0, a_1, \cdots, a_{N-1}$である．すなわち，タップ数はインパルス応答の長さでもある．

### 6.4.1　直線位相特性

FIRフィルタの伝達関数の係数に対称性

$$a_i = a_{N-1-i} \tag{6.7}$$

がある場合を考えてみよう．式(6.7)のような対称性を**偶対称**とよぶ．このときの周波数特性を求めるために，式(6.6)に$z = e^{j\omega T}$を代入して共通な係数どうしをまとめると，$N$が奇数のとき

$$\begin{aligned} H(e^{j\omega T}) &= a_0 + a_1 e^{-j\omega T} + \cdots + a_1 e^{-j(N-2)\omega T} + a_0 e^{-j(N-1)\omega T} \\ &= a_0 \left\{ 1 + e^{-j(N-1)\omega T} \right\} + a_1 \left\{ e^{-j\omega T} + e^{-j(N-2)\omega T} \right\} + \cdots \\ &\quad + a_{\frac{N-1}{2}-1} \left\{ e^{-j(\frac{N-1}{2}-1)\omega T} + e^{-j(\frac{N-1}{2}+1)\omega T} \right\} + a_{\frac{N-1}{2}} e^{-j\frac{N-1}{2}\omega T} \end{aligned} \tag{6.8}$$

となる．上式から$e^{-j\frac{N-1}{2}\omega T}$をくくり出し，さらに式(2.39)のオイラーの定理を考慮すると

$$H(e^{j\omega T}) = e^{-j\frac{N-1}{2}\omega T} \left[ a_{\frac{N-1}{2}} + \sum_{i=1}^{(N-1)/2} 2a_{\frac{N-1}{2}-i} \cos i\omega T \right] \tag{6.9}$$

が得られる．$N$が偶数のときは

$$H(e^{j\omega T}) = e^{-j\frac{N-1}{2}\omega T} \sum_{i=1}^{N/2} 2a_{\frac{N}{2}-i} \cos\left(i - \frac{1}{2}\right)\omega T \tag{6.10}$$

となる．これらの式からわかるように，係数に対称性が存在するFIRフィルタの位相特性は周波数に比例した直線で，振幅特性は余弦関数の級数で表されることがわかる．完全に直線の位相特性が実現できることはFIRフィルタの最大の特徴であり，波形の位相歪みを避けないといけない用途には最適である．

完全な直線位相特性は，係数が偶対称の場合だけでなく，

$$a_i = -a_{N-1-i} \tag{6.11}$$

のような**奇対称**である場合にも実現される．ただし，奇対称で $N$ が奇数のときには $a_{\frac{N-1}{2}} = 0$ でないといけない．

■**例題 6.2** $N$ を奇数とするとき，係数が $a_i = -a_{N-1-i}$ かつ $a_{\frac{N-1}{2}} = 0$ を満足する FIR フィルタが直線位相であることを示せ．

**解答** 偶対称のときと同様にすれば

$$\begin{aligned}
H(e^{j\omega T}) &= a_0 + a_1 e^{-j\omega T} + \cdots - a_1 e^{-j(N-2)\omega T} - a_0 e^{-j(N-1)\omega T} \\
&= a_0 \left\{ 1 - e^{-j(N-1)\omega T} \right\} + a_1 \left\{ e^{-j\omega T} - e^{-j(N-2)\omega T} \right\} + \cdots \\
&\quad + a_{\frac{N-1}{2}-1} \left\{ e^{-j(\frac{N-1}{2}-1)\omega T} - e^{-j(\frac{N-1}{2}+1)\omega T} \right\} \\
&= e^{-j\frac{N-1}{2}\omega T} \sum_{i=1}^{(N-1)/2} 2j a_{\frac{N-1}{2}-i} \sin i\omega T \\
&= e^{j(-\frac{N-1}{2}\omega T + \pi/2)} \sum_{i=1}^{(N-1)/2} 2 a_{\frac{N-1}{2}-i} \sin i\omega T \tag{6.12}
\end{aligned}$$

となる． □■□

式 (6.9) あるいは式 (6.10) から $e^{-j\frac{N-1}{2}\omega T}$ を取り除いた残りの部分を周波数応答とみなせば，これらの値は実数なので，位相特性が $0$ か $\pi$ の 2 値にしかならない．したがって，このような周波数応答を**零位相周波数応答**とよぶ．零位相周波数応答に対応する零位相伝達関数を $H_0(z)$ とすると，$H_0(z)$ と $H(z)$ の関係は

$$H(z) = z^{-\frac{N-1}{2}} H_0(z) \tag{6.13}$$

である．

■**例題 6.3** 2 次の FIR 形伝達関数

$$H(z) = a_0 + a_1 z^{-1} + a_2 z^{-2} \tag{6.14}$$

に対応する零位相伝達関数を求めよ．

**解答** $H(z)$ から $z^{-1}$ をくくり出すことにより

$$H_0(z) = a_0 z + a_1 + a_2 z^{-1} \tag{6.15}$$

となる． □■□

この例からわかるように零位相伝達関数のインパルス応答は $n = 0$ で対称になっ

ていて，因果的ではないことに注意しなければならない．零位相周波数応答は実数値で計算が容易なために，直線位相 FIR フィルタを設計するときの中間表現として零位相伝達関数を用いることが多い．

### 6.4.2 窓関数法

理想低域通過フィルタのインパルス応答は無限に続くので，これを有限項で打ち切ることを考える．たとえば $N$ を奇数とするとき，$|n| > (N-1)/2$ の範囲を打ち切ると式 (6.4) から

$$h(nT) = \begin{cases} \dfrac{\sin n\omega_c T}{n\pi} & |n| \leq (N-1)/2 \\ 0 & |n| > (N-1)/2 \end{cases} \tag{6.16}$$

を得る．このことは式 (6.4) に

$$w(nT) = \begin{cases} 1 & |n| \leq (N-1)/2 \\ 0 & |n| > (N-1)/2 \end{cases} \tag{6.17}$$

をかけた $w(nT)h(nT)$ を新たに $h(nT)$ とすることに等しい．$w(nT)$ は，111 ページの式 (5.27) における $R_N(n)$ と同じ役割を果たす**窓関数**である．これにより有限長のインパルス応答になったが，まだ因果性は満足されていない．そこで $n = 0$ からインパルス応答が始まるように時間原点をずらす．すなわち

$$\left.\begin{aligned} a_0 &= h\left(-\dfrac{N-1}{2}T\right) \\ a_1 &= h\left(-\dfrac{N-1}{2}T + T\right) \\ &\vdots \\ a_{\frac{N-1}{2}} &= h(0) \\ a_{\frac{N-1}{2}+1} &= h(T) \\ &\vdots \\ a_{N-1} &= h\left(\dfrac{N-1}{2}T\right) \end{aligned}\right\} \tag{6.18}$$

のように係数を定めることにより，因果的な FIR 伝達関数が得られる．これは因果的でない零位相伝達関数に一定遅延を表す $z^{-(N-1)/2}$ をかけて $z$ の正のべきをなくすことに相当する．こうして得られた伝達関数も係数の対称性をもっているので，直線位相である．理想フィルタのインパルス応答に窓関数をかけて切り出し，さらに一定遅延項をかけることにより FIR 伝達関数を設計する方法を**窓関数法**とよぶ．

■**例題 6.4** $N = 3$ のときの窓関数法による伝達関数の係数を求めよ．

**解答** 式 (6.16) と (6.18) より，係数は $a_0$, $a_1$, $a_2$ の三つであり，

$$a_0 = a_2 = \frac{\sin \omega_c T}{\pi} \tag{6.19}$$

$$a_1 = \frac{\omega_c T}{\pi} \tag{6.20}$$

となる． ☐■☐

式 (6.17) の**方形窓**とは別の窓関数として

$$w(nT) = \begin{cases} 0.54 + 0.46 \cos \dfrac{2\pi n}{N-1} & (|n| \leq (N-1)/2) \\ 0 & (|n| > (N-1)/2) \end{cases} \tag{6.21}$$

で与えられる**ハミング窓**がある．方形窓とハミング窓による特性の違いを調べるために，$T = 1$, $\omega_c = \omega_s/8$, $N = 21$ として設計したフィルタの振幅特性を図 6.5 に示す．方形窓による設計法では通過域に大きなピークが発生しており，これが通過域での特性誤差と阻止域での減衰量不足をもたらしている．この大きなリプルは，理想フィルタのインパルス応答を有限項で不連続に打ち切る方形窓に特有の現象である．

5.1 節で学んだように離散時間フーリエ変換の本質が周波数軸上でのフーリエ級数展開であることから，理想フィルタのインパルス応答に方形窓をかけることは 4.4 節の有限項フーリエ級数近似と等価であることがわかる．したがって，方形窓による設計法は**平均 2 乗誤差**を最小にする最適近似を与えている．しかしながら，通過域の端でギブスの現象による大きな特性のピークが生じる．ギブスの現象はハミング窓のように滑らかに打ち切る窓関数を用いると消滅するが，最小 2 乗の意味での最適性が失われるとともに，遷移域が広くなる．窓関数法は設計は容易であるが，設計されたフィルタは与えられた仕様に対して必要以上の次数となるので，実用上の

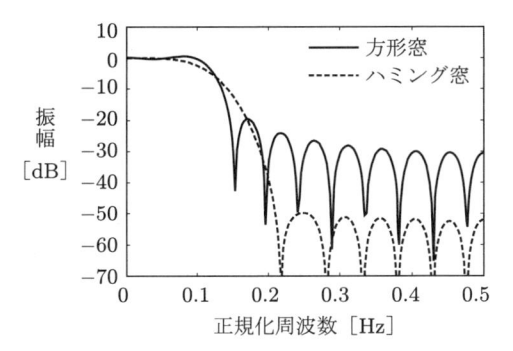

**図 6.5** 窓関数法による振幅特性

利点はない．ただし，設計の考え方は重要である．

### 6.4.3 等リプル近似法

実用的な FIR フィルタの設計法の代表的なものとして **Remez** のアルゴリズムによる等リプル近似法がある．解析的な方法で等リプル近似させる方法はないので，計算機による最適化に頼らざるをえないが，Remez のアルゴリズムは高速に収束する方法として知られている．ここではその内容を簡単に紹介する．詳細については，この方法による直線位相 FIR フィルタの設計プログラムが文献 [6] に Fortran ソースリストとともに公開されているので，参考にしてほしい．この方法は，式 (6.9) の余弦級数が通過域と阻止域の両方において所定の偏差に収まるようにチェビシェフ近似を行うものである．そのために次の余弦級数の性質（**交番定理**）を用いる．

> 余弦級数の次数が $r-1$ のとき，最適近似の振幅誤差は少なくとも $r+1$ 回の極値をとり，隣り合う極値の符号は異なり，すべての極値の絶対値は等しい．

このとき，図 6.6 に示すようなパラメータを与えて設計する．図には現れないが，誤差評価のための通過域と阻止域の重み $W_1$ と $W_2$ も与える．ただし，通過域と阻止域の偏差と重みをまったく独立に与えていたのではパラメータが多くなりすぎてかえって設計が難しくなるので，通常は $W_1 = 1$ および $W_2 = \delta_1/\delta_2$ のようにする．設計の手順は次のとおりである．

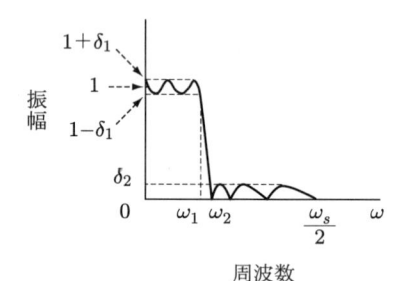

**図 6.6** 等リプル近似

1. 通過域と阻止域で振幅特性が極大または極小となる周波数（チェビシェフ近似における最大誤差点）を $r+1$ 点選ぶ．最初は等間隔に選ぶ．
2. 各点での目的特性からの重み付き誤差の振幅が等しく $\delta$ となり，符号が交番するように，余弦級数の係数を決める．このとき未知数を $\delta$ とする $r+1$ 元連立 1 次方程式が得られ，これは唯一解をもつ．

3. 上の連立1次方程式を解いた結果得られる振幅特性は，1. で与えた周波数点においては確かに誤差が$\delta$であるが，極値となっているとは限らないので，極値を探索アルゴリズムにより探す．このときの探索は，周波数を連続量として探索するのではなく，適当に選んだ周波数分点で行う．ただし，分点数は$r$よりははるかに大きい数にしないと，まともな結果は得られない．しかし，むやみに多くしすぎると計算時間を浪費することになる．
4. 求めた極値点が前回のものから変化していなければ，次のステップに進む．そうでないときは，この求めた極値点をもって2. に戻る．
5. 得られた特性が仕様を満足すれば，伝達関数の係数を求めて終了．通過域と阻止域の偏差が仕様より大きければ，次数を上げて最初からやり直す．次数を上げるのではなく，阻止域偏差を緩和してもよい．

$N = 21$, $\omega_1 = 0.100$, $\omega_2 = 0.160$, $\delta_1 = 0.0475$, $\delta_2 = 0.0317$ として設計したときの振幅特性を図 6.7 に示す．一見して，窓関数法による特性に比べて優れた特性が得られていることがわかる．

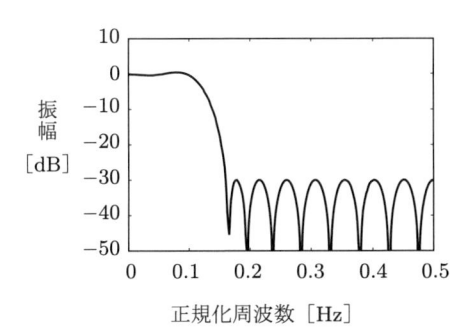

**図 6.7** 等リプル近似による設計例

## 6.4.4 移動平均のフィルタとしての考察

データ処理の分野で観測時系列データに変化の激しい微小なばらつきがある場合，これを除去したいことが多い．これをデータの平滑化というのであるが，データの平滑化手法の代表的なものに**移動平均**がある．移動平均は，観測時点を $t = nT$ とするならば，現時点および過去 $N - 1$ 点のデータの平均を現時点 $nT$ の平滑後の観測データとするものである．これを式で表現するために観測時系列を数列として $x(nT)$ と表し，平滑時系列を $y(nT)$ とすれば，

$$y(nT) = \frac{1}{N}\{x(n) + x(n-1) + x(n-2) + \cdots + x(n-N+1)\} \tag{6.22}$$

のような差分方程式が得られる．この式の両辺を $z$ 変換して伝達関数を求めると

$$H(z) = \frac{Z[y(z)]}{Z[x(z)]} = \frac{1}{N}(1 + z^{-1} + z^{-2} + \cdots + z^{-(N-1)}) \quad (6.23)$$

のような FIR 形となる．式 (6.23) の右辺は有限の等比級数であるので

$$H(z) = \frac{1}{N} \frac{1 - z^{-N}}{1 - z^{-1}} \quad (6.24)$$

のようになる．よって振幅特性 $|H(e^{j\omega T})|$ は

$$|H(e^{j\omega T})| = \frac{1}{N} \frac{\sin(N\omega T/2)}{\sin(\omega T/2)} \quad (6.25)$$

となる．さらに，$\omega = 2\pi f$ と $T = 1/f_s$ を代入すると

$$|H(e^{j\omega T})| = \frac{1}{N} \frac{\sin(N\pi f/f_s)}{\sin(\pi f/f_s)} \quad (6.26)$$

となる．したがって，この伝達関数の振幅特性は，$f = 0$ で $|H(e^{j\omega T})| = 1$，$f = kf_s/N$ ($k = 1, 2, \cdots, N/2$) で $|H(e^{j\omega T})| = 0$ となるような低域通過特性である[*2]．$N = 10$ の場合の振幅特性をグラフにすると図 6.8 のようになる．

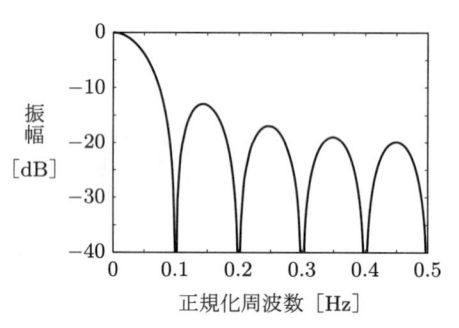

**図 6.8** 移動平均の振幅特性

観測時系列データに含まれる変化の激しい微小ばらつきは，高域にスペクトルを有する雑音とみなせる．よって，移動平均は低域通過フィルタを用いた高域雑音の除去であるとシステム的には解釈できる．

### 6.4.5 くし形フィルタ

伝達関数が

$$H(z) = \frac{1 - z^{-N}}{2} \quad (6.27)$$

---

[*2] 第 2 章の問題 2.8 参照

であるFIRフィルタを考える．このフィルタの振幅特性は

$$|H(e^{j\omega T})| = \frac{\sqrt{(1-\cos N\omega T)^2 + \sin^2 N\omega T}}{2}$$
$$= \left|\sin\frac{N\omega T}{2}\right| \tag{6.28}$$

となる．$N=10$のときの振幅特性をグラフにすると図6.9のようになる．このFIRフィルタの振幅特性はくしのような形状なので，くし形フィルタとよばれる．特にこのタイプは$\omega = 0$で必ず$|H(e^{j\omega T})| = 0$となって直流を通過させないので，直流除去くし形フィルタとよばれる．

また，伝達関数が

$$H(z) = \frac{1 + z^{-N}}{2} \tag{6.29}$$

であるときには，振幅特性が

$$|H(e^{j\omega T})| = \left|\cos\frac{N\omega T}{2}\right| \tag{6.30}$$

となり，$N=10$のときの振幅特性をグラフにすると図6.10のようになる．こちらは$\omega = 0$で必ず$|H(e^{j\omega T})| = 1$なので，直流通過くし形フィルタとよばれる．

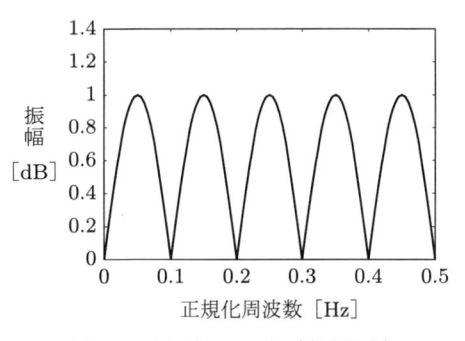

**図6.9** くし形フィルタ（直流除去） 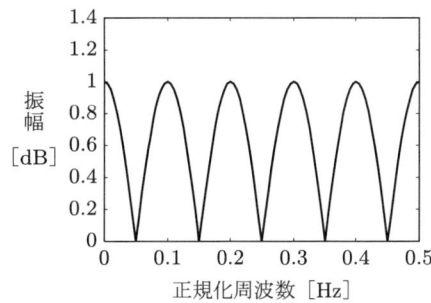 **図6.10** くし形フィルタ（直流通過）

くし形フィルタは，除去信号と通過信号のスペクトルが交互に等間隔に並んでいるような用途に用いられる．一例としては，ビデオのコンポジット信号を輝度信号と色信号に分離するYC分離フィルタとして使われる（文献[5]参照）．

### 6.4.6 アパーチャ効果の補正

4.5節でアパーチャ効果について言及し，その補正のためには逆フィルタの挿入が一つの方法であると述べた．ここでは，文献[5]で紹介されている方法を取り上げる．アパーチャ効果の補正フィルタとしては，連続時間信号になってからアナログ

フィルタで補正する方法と，離散時間信号であるうちにディジタルフィルタで補正する方法の二つが考えられる．これらを比べると，ディジタルフィルタを用いるほうが，完全な直線位相特性が実現可能であることから補正フィルタを挿入する影響を少なくできるので，得策といえる．

補正フィルタの伝達関数の一例として紹介されているのは

$$H(z) = -\frac{1}{16} + \frac{9}{8}z^{-1} - \frac{1}{16}z^{-2} \tag{6.31}$$

である．これは直線位相の FIR 形伝達関数であるので，位相歪みの発生を心配する必要はなく，しかも 2 次であるので実現規模も問題にならない．このフィルタの振幅特性，およびこれでアパーチャ効果を補正したときの全体の振幅特性を図 6.11 に，ナイキスト周波数以下の拡大図を図 6.12 に示す．補正後も振幅特性が完全に平たんになるというわけではないが，補正しないときに比べ平たんな部分が相当に増えている．ただし，ナイキスト周波数以上のところでは減衰量が減っているので，ホールド回路に内挿フィルタの機能の一部を肩代りさせている場合には，併用するアナログスムージングフィルタの特性を若干鋭くしないといけない場合もある．

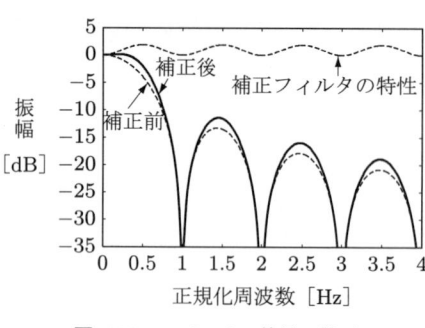

図 6.11　アパーチャ効果の補正

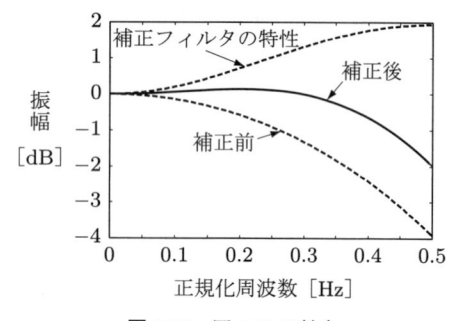

図 6.12　図 6.11 の拡大

## 6.5　IIR フィルタの特性近似

FIR フィルタの伝達関数が $z^{-1}$ に関する多項式で与えられるのに対し，IIR 形のディジタルフィルタの伝達関数は $z^{-1}$ に関する有理関数で与えられる．このように伝達関数に分母多項式が加わったことにより，IIR フィルタは FIR フィルタに比較して，

① 安定性に注意を払う必要がある，
② 低い次数で急峻な振幅特性が実現できる，
③ 完全な直線位相特性の実現は不可能である，

などの特徴をもっている．IIR フィルタの伝達関数を指定された規格を満足するように設計する方法としては，つぎの二つに大別される．

(1) アナログフィルタの伝達関数をなんらかの変換を用いてディジタルフィルタの伝達関数に直す方法．
(2) $z$ 領域（ディジタルフィルタの変数領域）において，FIR フィルタと同じく，直接設計する方法．

(1) の方法は従来よく研究されているアナログフィルタの近似理論がそのまま利用できるという利点があり，非常に有用である．また，(2) の方法は精密な特性を実現できるという利点があるが，その理論および設計手順は (1) に比べはるかに複雑である．したがって，ここでは $z$ 領域で直接設計する方法については割愛し，(1) の方法について代表的手法として双1次変換法とインパルス不変法を紹介する．これ以外の変換や直接設計法について興味のある方は他の成書を参照して頂きたい（たとえば文献 [1]）．

### 6.5.1　双1次変換法

ディジタルフィルタとアナログフィルタの周波数特性の最大の相違は，ディジタルフィルタの周波数特性が周期 $\omega_s$ で繰り返すのに対し，アナログフィルタにはそのような繰り返しがないことである．そこで，基本的には周波数特性に周期性がないアナログフィルタの伝達関数を，周期 $\omega_s$ で繰り返す周波数特性をもつディジタルフィルタの伝達関数に変数変換により変換することを考える．ディジタルフィルタの周波数特性は，伝達関数に $z = e^{j\omega}$ を代入することにより得られることを 2.4.2 項で述べた．これを複素平面である $z$ 平面上で考えてみると，$z$ 平面の単位円上で伝達関数の値を評価することに等しい．同様にアナログフィルタの周波数特性は $s$ 平面上の虚軸上で伝達関数の値を評価することに等しい．複素関数論の等角写像の知識を用いると，$z$ 平面の単位円を $s$ 平面上の虚軸に対応させる変換は

$$s = \frac{1 - z^{-1}}{1 + z^{-1}} \tag{6.32}$$

であり，この変換を**双1次変換**とよぶ．アナログフィルタの伝達関数の変数 $s$ を式 (6.32) によってディジタルフィルタの変数 $z$ に置き換えれば，ディジタルフィルタの伝達関数が得られる．得られるディジタルフィルタの次数は元のアナログフィルタのそれと同じである．簡単な変換例として，次の例題を考える．

## ■例題 6.5

$$H_a(s) = \frac{A}{s+a} \tag{6.33}$$

で与えられるアナログフィルタの伝達関数に双 1 次変換を施してみよ．

**解答** 式 (6.32) を与式に代入すると

$$\begin{aligned} H_d(z) &= \frac{A}{\dfrac{1-z^{-1}}{1+z^{-1}}+a} \\ &= \frac{A}{a+1} \cdot \frac{1+z^{-1}}{1+\dfrac{a-1}{a+1}z^{-1}} \end{aligned} \tag{6.34}$$

が得られる． □■□

次に，双 1 次変換による $s$ 平面と $z$ 平面との対応関係を調べてみよう．式 (6.32) から，$s$ 平面の左半平面は $z$ 平面の単位円内に写像され，$s$ 平面の虚軸は $z$ 平面の単位円に対応することがわかる（図 6.13 参照）．この事実により，安定なアナログフィルタから安定なディジタルフィルタが必ず得られることが保証されている．

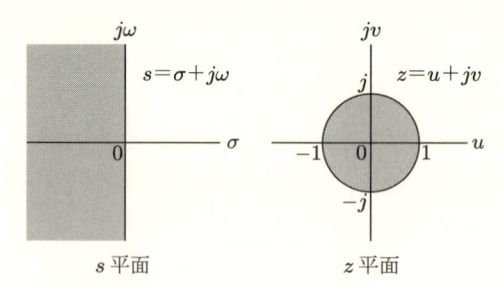

**図 6.13** 双 1 次変換の写像関係

式 (6.32) に $s = j\Omega$ および $z = e^{j\omega T}$ を代入すると

$$j\Omega = \frac{1-e^{-j\omega T}}{1+e^{-j\omega T}} = \tanh\left(j\frac{\omega T}{2}\right) = j\tan\frac{\omega T}{2} \tag{6.35}$$

であるので，アナログフィルタの角周波数 $\Omega$ とディジタルフィルタの角周波数 $\omega$ の間には，

$$\Omega = \tan\frac{\omega T}{2} \tag{6.36}$$

なる関係があることがわかる．この関係を図示したのが図 6.14 であり，これからわかるように，$0 \leq \Omega < \infty$ におけるアナログフィルタの周波数特性は，$0 \leq \omega < \pi/T$ におけるディジタルフィルタの周波数特性と完全に 1 対 1 に対応している．さらに $\omega$ 軸上でそれが繰り返す．したがって，折り返し誤差は生じない．ただし，周波数の

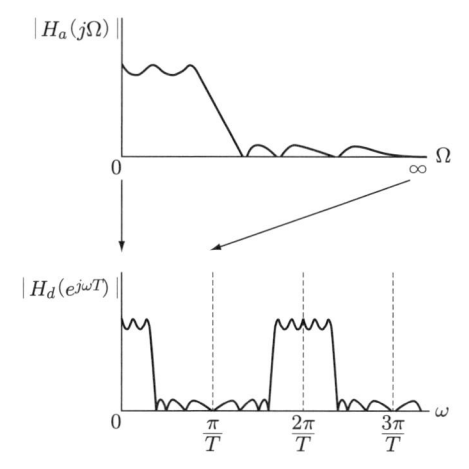

図 6.14 双 1 次変換による周波数の対応関係

対応関係は，式 (6.36) から明らかなように，非線形であり，アナログフィルタの高周波側が圧縮された形でディジタルフィルタに変換される．このように双 1 次変換では振幅方向には特性の歪みは生じず，周波数尺度が変化するだけである．しかし，位相特性の直線性は維持されないので，位相特性を考慮したディジタルフィルタが必要なときには他の設計法か，FIR フィルタを用いる必要がある．振幅特性を理想フィルタに近似するすべてのタイプの IIR フィルタの設計には，周波数尺度の変化を前もって考慮に入れてアナログフィルタを設計しておくことにより，双 1 次変換が適用可能である．この周波数尺度の変化を考慮したアナログフィルタの事前設計のことを**プリワーピング**という．ここでプリワーピングを行う設計例を示そう．

■**例題 6.6** 図 6.4 のバタワース特性の設計パラメータは次数と遮断周波数であり，遮断周波数における減衰量は 3 dB である．次数が 3 次で，遮断周波数が正規化周波数で 0.2 Hz のバタワース特性の低域通過フィルタを設計してみよ．

**解答** 式 (6.36) より $z$ 領域の 0.2 Hz に対応する $s$ 領域の正規化角周波数は 0.72654 rad/s である．一般にアナログの低域通過フィルタは遮断周波数を 1 rad/s に正規化することが多く，これを正規化低域通過フィルタという．よく知られているように，3 次のバタワース特性正規化低域通過フィルタの伝達関数は

$$H_a(s) = \frac{1}{(s+1)(s^2+s+1)} \tag{6.37}$$

である[*3]．このアナログフィルタの遮断周波数を 0.72654 rad/s にするために，式 (6.37) の $s$ を $s/0.72654$ で置き換えると

---

[*3] たとえば文献 [1] 参照．

が得られる．こうしてプリワーピングされたアナログフィルタの振幅特性は図 6.15 のようになる．式 (6.38) に式 (6.32) を代入して，双 1 次変換すると

$$H_a(s) = \frac{0.38352}{(s+0.72654)(s^2 + 0.72654s + 0.52786)} \tag{6.38}$$

$$H(z) = \frac{0.38352}{\left(\frac{1-z^{-1}}{1+z^{-1}} + 0.72654\right)\left\{\frac{(1-z^{-1})^2}{(1+z^{-1})^2} + 0.72654\frac{1-z^{-1}}{1+z^{-1}} + 0.52786\right\}}$$

$$= \frac{0.098533(1+z^{-1})^3}{(1-0.15839z^{-1})(1-0.41886z^{-1}+0.35544z^{-2})} \tag{6.39}$$

が得られる．$H(z)$ の振幅特性のグラフを図 6.16 に示す．確かに，0.2 Hz で 3 dB の減衰量をもつバタワース特性の低域通過フィルタが得られていることがわかる．

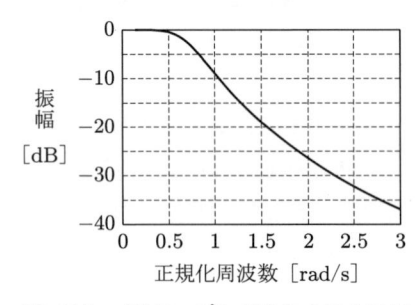

**図 6.15** プリワーピングされたアナログフィルタの振幅特性

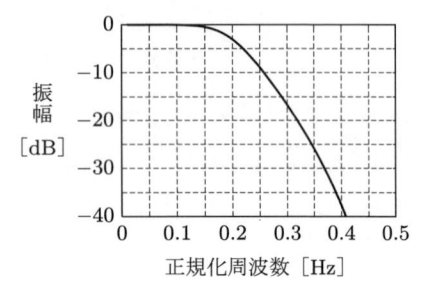

**図 6.16** 双 1 次変換で得られたディジタルフィルタの振幅特性

□■□

プリワーピングの対極の考え方として，アナログフィルタの周波数特性をできるだけ保存してディジタルフィルタの周波数特性としたい場合もある．当然ながら，図 6.14 より全域に渡ってそれをするのは不可能であるので，$\omega = 0$ の近傍の特性を保存する方法を紹介する．そのために式 (6.32) ではなく

$$s = \frac{2}{T}\frac{1-z^{-1}}{1+z^{-1}} \tag{6.40}$$

により，双 1 次変換をすることを考えてみよう．このときの周波数の対応関係は，式 (6.36) を考慮すると，

$$\Omega = \frac{2}{T}\tan\frac{\omega T}{2} \tag{6.41}$$

となる．上式において $\omega = 0$ の近傍では $\Omega \doteqdot \omega$ であるので，$\omega = 0$ の近傍の周波数特性が保存されるわけである．

### 6.5.2 インパルス不変法

4.7 節で述べたインパルス不変条件に基づくディジタルシミュレータとしてアナロ

グフィルタからディジタルフィルタを設計する方法を**インパルス不変法**という．すなわち，アナログフィルタのインパルス応答を $h_a(t)$ と表すとき，式 (4.87) のインパルス不変条件を適用して得られる

$$h(nT) = Th_a(nT) \tag{6.42}$$

をディジタルフィルタのインパルス応答とする．このときのディジタルフィルタの伝達関数は，式 (4.89) より

$$H(z) = \sum_{n=0}^{\infty} Th_a(nT)z^{-n} \tag{6.43}$$

である．インパルス不変条件を適用するためには，元のアナログフィルタの周波数特性が帯域制限されていなければならない．したがって，インパルス不変法は本質的に高域通過フィルタと帯域消去フィルタには適用不可能である．また，低域通過フィルタと帯域通過フィルタに適用する場合においても，理想的な帯域制限は不可能である．そのためにナイキスト周波数付近の阻止域特性が，エイリアシング歪みにより元の特性とは異なったものになる．

次に変換公式を紹介する．まず，1 次の伝達関数

$$H_a(s) = \frac{A}{s+a} \tag{6.44}$$

を考える．このアナログフィルタのインパルス応答は，ラプラス逆変換により $h_a(t) = Ae^{-at}$ となるので，式 (6.43) から

$$H(z) = TA\sum_{n=0}^{\infty}(e^{-aT}z^{-1})^n = \frac{TA}{1 - e^{-aT}z^{-1}} \tag{6.45}$$

が得られる．同様に，2 次の場合には

$$\frac{A(s+a)}{(s+a)^2 + b^2} \rightarrow \frac{TA\{1 - e^{-aT}\cos(bT)z^{-1}\}}{1 - 2e^{-aT}\cos(bT)z^{-1} + e^{-2aT}z^{-2}} \tag{6.46}$$

および

$$\frac{Ab}{(s+a)^2 + b^2} \rightarrow \frac{TAe^{-aT}\sin(bT)z^{-1}}{1 - 2e^{-aT}\cos(bT)z^{-1} + e^{-2aT}z^{-2}} \tag{6.47}$$

のような変換が得られる．高次のアナログフィルタの伝達関数にインパルス不変法を適用するためには，まずアナログフィルタの伝達関数を部分分数に展開して，式 (6.45)～式 (6.47) が使える形に直す必要がある．

双 1 次変換法とインパルス不変法を比べると，理想フィルタの振幅特性を近似する IIR フィルタの設計に，あえてインパルス不変法を採用する理由はない．むしろ，

鋭い特性の実現には双 1 次変換法が適している．アナログフィルタの周波数特性や時間応答特性の形状を保持したディジタルフィルタを設計する場合にはインパルス不変法を用いることになる．

■**例題 6.7** 2 次のアナログフィルタの伝達関数

$$H_a(s) = 0.0278 \frac{s^2 + 3.549}{s^2 + 0.314s + 0.0986} \tag{6.48}$$

をインパルス不変法と双 1 次変換法の二つの方法でディジタルフィルタの伝達関数に変換して，それらの特性を比較せよ．ただし，標本化周期は $T = 1$ とする．

**解答** この $H_a(s)$ は

$$H_a(s) = 0.0278 + \frac{-0.00873(s + 0.157)}{(s + 0.157)^2 + 0.272^2} + \frac{0.3577 \times 0.272}{(s + 0.157)^2 + 0.272^2} \tag{6.49}$$

のように部分分数に展開されるので，式 (6.46) と式 (6.47) を適用すると，インパルス不変法によるディジタルフィルタの伝達関数

$$\begin{aligned} H_1(z) &= 0.0278 + \frac{-0.00873(1 - 0.823z^{-1})}{1 - 1.647z^{-1} + 0.7305z^{-2}} + \frac{0.3577 \times 0.2296z^{-1}}{1 - 1.647z^{-1} + 0.7305z^{-2}} \\ &= \frac{0.01907 + 0.04355z^{-1} + 0.02031z^{-2}}{1 - 1.647z^{-1} + 0.7305z^{-2}} \end{aligned} \tag{6.50}$$

が得られる．次に，$\omega = 0$ 近傍の周波数特性を保持する目的で，式 (6.40) の双 1 次変換を適用すると，双 1 次変換法によるディジタルフィルタの伝達関数

$$\begin{aligned} H_2(z) &= 0.0278 \frac{4\left\{\dfrac{1-z^{-1}}{1+z^{-1}}\right\}^2 + 3.549}{4\left\{\dfrac{1-z^{-1}}{1+z^{-1}}\right\}^2 + 0.314 \times 2\dfrac{1-z^{-1}}{1+z^{-1}} + 0.0986} \\ &= \frac{0.0444(1 - 0.1195z^{-1} + z^{-2})}{1 - 1.6508z^{-1} + 0.7343z^{-2}} \end{aligned} \tag{6.51}$$

が得られる．$H_1(z)$ と $H_2(z)$ の振幅特性をグラフにすると図 6.17 のようになる．この図からわかるように，いずれの設計法も通過域においては元のアナログフィルタの特性が保存

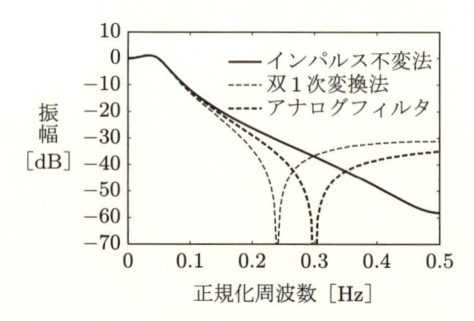

**図 6.17** インパルス不変法と双 1 次変換法の振幅特性の比較

されていることがわかる．阻止域において，インパルス不変法はエイリアシング歪みにより元の特性とは大きく異なっている．　　　　　　　　　　　　　　　　　□■□

### 6.5.3　2次伝達関数

　双1次変換によって得られるIIRフィルタの伝達関数の性質について簡単に考察しよう．まず第一にいえることは，得られた伝達関数の分母多項式と分子多項式の次数が等しくなることである．その理由は，変数$s$の有理関数で表されるアナログフィルタの伝達関数の極と零点の数は無限遠点まで考慮すると同数であり，かつ双1次変換により$s$平面の無限遠点は$z$平面の$z = -1$に写されるからである．そこでこのような伝達関数$H(z)$が

$$H(z) = h \prod_{i=1}^{n} H_i(z) \tag{6.52}$$

と表されていると仮定しよう．そうでないときも，分母多項式と分子多項式をそれぞれ因数分解することにより必ずこの形にすることができる．ただし$H_i(z)$は，1次の場合

$$H_i(z) = \frac{1 + c_i z^{-1}}{1 + a_i z^{-1}} \tag{6.53}$$

なる形をもち，2次の場合は

$$H_i(z) = \frac{1 + c_i z^{-1} + d_i z^{-2}}{1 + a_i z^{-1} + b_i z^{-2}} \tag{6.54}$$

である．また，$h$を**利得定数**とよび，利得水準を調整するための係数である．式(6.52)からわかるように，$H(z)$の振幅特性は$H_i(z)$の振幅特性の積により，そして$H(z)$の位相特性は$H_i(z)$の位相特性の和により与えられる．したがって，$H_i(z)$の係数と振幅特性のおおよその関係を知っておけば，高次の$H(z)$の振幅特性の概略を推定することができる．それでは$H_i(z)$の振幅特性の概形を決めるのに大きな影響を及ぼしているのは何かというと，分子多項式の根すなわち$H_i(z)$の零点の位置である．これが単位円上にあれば，言い換えると分子多項式が

$$(1 - e^{j\omega_0 T} z^{-1})(1 - e^{-j\omega_0 T} z^{-1}) = 1 - 2\cos\omega_0 T \cdot z^{-1} + z^{-2} \tag{6.55}$$

のように表されるとき，$\omega = \omega_0$においては$H_i(z) = 0$となる．このことは$\omega = \omega_0$では入力信号が出力側に伝送されないことを意味するので，そのときの零点を特に**伝送零点**とよび，周波数$\omega_0$を**ノッチ周波数**とよぶ．たとえば，式(6.54)の二つの伝送零点が共に$z = -1$存在すれば，$\omega = \pi/T$がノッチ周波数であり，$\omega$がここに近寄るにつれ減衰量が増え，最後にはノッチ周波数で無限大になる．したがって，この

**表 6.1** 1 次および 2 次伝達関数の係数

|  | $c_i$ | $d_i$ |
| --- | --- | --- |
| 1 次低域通過 | 1 | 0 |
| 1 次高域通過 | $-1$ | 0 |
| 2 次低域通過 | 2 | 1 |
| 2 次高域通過 | $-2$ | 1 |
| 2 次帯域通過 | 0 | $-1$ |
| 2 次有極形 | $\|c_i\| < 2$ | 1 |
| 2 次帯域消去 | $a_i/(b_i+1)$ | 1 |

ような伝送零点をもつ $H_i(z)$ は低域通過フィルタであることがわかる．これに対して，分母係数は特性の鋭さに影響を与える．また，伝送零点が $z = \pm 1$ 以外に存在するフィルタを**有極形フィルタ**といい，その伝達関数を有極形伝達関数という．表 6.1 にフィルタのタイプに対応した分子係数の値を示す．この表のうち，2 次帯域消去関数は 2 次有極形伝達関数の特別な場合で，$\omega = 0$ と $\omega = \pi$ の振幅特性が等しい．

■**例題 6.8** ノッチ周波数が，正規化周波数で 0.3 Hz の 2 次伝達関数の分子多項式を示せ．

**[解答]** 式 (6.55) に $\omega_0 T = 0.6\pi$ を代入すると

$$1 + 0.618z^{-1} + z^{-2} \tag{6.56}$$

となる． □■□

以上を考慮した上で，図 6.4 の各特性を低域通過 IIR フィルタの振幅特性とする場合の伝送零点の位置について考えよう．このような伝達関数はすべてアナログフィルタの伝達関数から双 1 次変換によって得られる．図 6.4(a) のバタワース特性と図 6.1 の低域通過チェビシェフ特性ではすべての伝送零点が $z = -1$ に存在する．図 6.4(b) の連立チェビシェフ特性では伝送零点が $z = -1$ 以外にも存在し，阻止域の振幅特性も等リプルとなっている．これら三つの特性の中では連立チェビシェフ特性が同じ次数でもっとも鋭い特性を実現できる．

文献 [13] のプログラムを利用すると，連立チェビシェフ特性のディジタルフィルタの伝達関数が簡単に求められる．このプログラムは，アナログの連立チェビシェフフィルタを双 1 次変換して IIR フィルタを設計するもので，Fortran で記述されており，その長さは約 550 行である．このプログラムがあれば，設計者はほとんど双 1 次変換を意識せずに実用的な IIR フィルタを設計できる．

## 6.5.4 安定な伝達関数の係数領域

2次IIR伝達関数

$$H(z) = \frac{c + dz^{-1} + ez^{-2}}{1 + az^{-1} + bz^{-2}} \tag{6.57}$$

を考える．伝達関数 $H(z)$ の極が単位円内にある，すなわち 2 次方程式 $z^2 + az + b = 0$ の解の絶対値が 1 より小さくなるための条件を求めると

$$\begin{cases} b < 1 \\ b > a - 1 \\ b > -a - 1 \end{cases} \tag{6.58}$$

となる．したがって，この伝達関数が安定であるための係数 $a$ と $b$ の領域を，$a$ を横軸，$b$ を縦軸に $ab$ 平面に描くと図 6.18 のようになる．

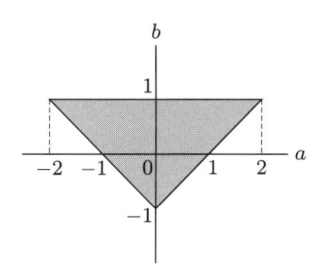

**図 6.18** 安定な係数領域

## 6.5.5 2次IIR形伝達関数の特徴パラメータ

前節で伝達関数の分母係数が特性の鋭さに影響を与えると述べたが，本節ではそれを特徴づけるパラメータについて説明する．2 次 IIR 帯域通過伝達関数

$$H(z) = \frac{h(1 - z^{-2})}{1 + az^{-1} + bz^{-2}} \tag{6.59}$$

を考え，これが複素共役極をもつ場合を考える．このときの極を $z = re^{\pm j\theta}$ と表すと

$$H(z) = \frac{h(1 - z^{-2})}{(1 - re^{j\theta}z^{-1})(1 - re^{-j\theta}z^{-1})} \tag{6.60}$$

となる．ここで

$$a = -2r\cos\theta \tag{6.61}$$

および

$$b = r^2 \tag{6.62}$$

である．この伝達関数の振幅特性を計算すると，次のようになる．

$$|H(e^{j\omega T})|^2$$
$$= \left|\frac{h(1-e^{-j2\omega T})}{(1-re^{j(\theta-\omega T)})(1-re^{-j(\theta-\omega T)})}\right|^2$$
$$= \frac{h^2\{(1-\cos 2\omega T)^2 + \sin^2 2\omega T\}}{[\{1-r\cos(\theta-\omega T)\}^2 + r^2\sin^2(\theta-\omega T)][\{1-r\cos(\theta+\omega T)\}^2 + r^2\sin^2(\theta+\omega T)]}$$
$$= \frac{4h^2\sin^2\omega T}{\{(1+r^2)\cos\omega T - 2r\cos\theta\}^2 + (1-r^2)^2\sin^2\omega T} \tag{6.63}$$

帯域通過フィルタの特性を規定するもっとも基本的なパラメータは**中心周波数**$\omega_0$である．式 (6.63) から $\omega_0$ を求めると

$$\cos\omega_0 T = \frac{2r}{1+r^2}\cos\theta \tag{6.64}$$

となり，さらに式 (6.61) と式 (6.62) を考慮すれば

$$\cos\omega_0 T = \frac{-a}{1+b} \tag{6.65}$$

となる．また，そのときの振幅特性の最大値 $|H|^2_{\max}$ は

$$|H|^2_{\max} = \frac{4h^2}{(1-r^2)^2} \tag{6.66}$$

である．振幅が最大値より 3 dB 低下する周波数，すなわち最大値の $1/\sqrt{2}$ になる周波数を $\omega_i$ ($i = 1, 2$) とすると

$$\frac{4h^2\sin^2\omega_i T}{\{(1+r^2)\cos\omega_i T - 2r\cos\theta\}^2 + (1-r^2)^2\sin^2\omega_i T} = \frac{2h^2}{(1-r^2)^2} \tag{6.67}$$

が成り立ち，式 (6.64) を考慮して整理すると

$$(1+r^2)\cos\omega_i T \pm (1-r^2)\sin\omega_i T = (1+r^2)\cos\omega_0 T \tag{6.68}$$

が得られる．ここで，$\omega_1 < \omega_2$ とし，さらに**帯域幅**を $\omega_b = \omega_2 - \omega_1$ と定義すると

$$\tan\frac{\omega_b T}{2} = \frac{1-r^2}{1+r^2} \tag{6.69}$$

となる．式 (6.61) と式 (6.62) を考慮すれば

$$\tan\frac{\omega_b T}{2} = \frac{1-b}{1+b} \tag{6.70}$$

である．この式から特性は $b$ の値が 1 に近づくほど鋭くなることがわかる．

2 次帯域通過フィルタの振幅特性のピーク値を所定の値にするための $h$ の値は式 (6.66) より

$$h = \pm \frac{(1-b)|H|_{\max}}{2} \tag{6.71}$$

となる．上式の複号はいずれを用いても振幅特性は同一で，位相特性が $\pi$ 異なる．

■例題 6.9　$\cos\omega_0 T = 0.5$，$\tan(\omega_b T/2) = 0.333$ のときの 2 次 IIR 帯域通過フィルタの伝達関数を求めよ．

**解答**　振幅特性のピークを 1 とするときの伝達関数の係数は，$a = -0.75$，$b = 0.5$ および $h = 0.25$ であるので，伝達関数は

$$H(z) = \frac{0.25(1 - z^{-2})}{1 - 0.75z^{-1} + 0.5z^{-2}} \tag{6.72}$$

となる．図 6.19 に標本化周波数を 1 Hz に正規化したときの振幅特性を示す．このときの中心周波数と帯域幅は，式 (6.65) および式 (6.70) から，それぞれ 0.167 Hz および 0.102 Hz である．図 6.19 において，振幅特性がピークとなる周波数と，振幅が $1/\sqrt{2}$ となる帯域幅は確かにこれらの値となっていることがわかる．

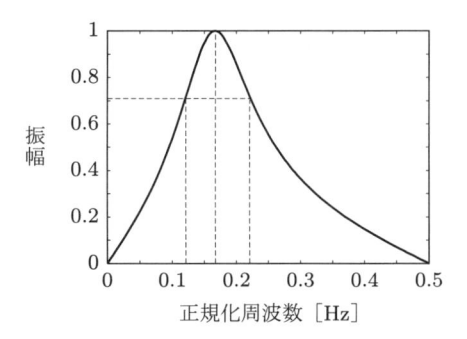

**図 6.19**　2 次 IIR 帯域通過フィルタの振幅特性

以上のように帯域通過フィルタにおいては，式 (6.65) と (6.70) とで与えられる量が直接的に周波数特性の特徴パラメータとなっているが，帯域通過特性以外の特性の場合にもこれらを特徴パラメータとすることができる．低域通過フィルタや高域通過フィルタにおいて振幅特性がピークをもつとき，これら二つのパラメータはそれぞれピークの周波数とピークの鋭さを与える量となる．

### 6.5.6　全域通過関数

IIR フィルタの伝達関数の特殊形として

$$H(z) = \frac{p_n + p_{n-1}z^{-1} + p_{n-2}z^{-2} + \cdots + z^{-n}}{1 + p_1 z^{-1} + p_2 z^{-2} + \cdots + p_n z^{-n}} \tag{6.73}$$

のような伝達関数を考えよう．このタイプの伝達関数を**全域通過関数**あるいはオー

ルパス関数とよぶ．なぜ，全域通過とよばれるのかを $n=1$ の場合を例にして説明する．1次の全域通過関数は

$$H(z) = \frac{p_1 + z^{-1}}{1 + p_1 z^{-1}} \tag{6.74}$$

であるが，この伝達関数に関して $\left|H(e^{j\omega T})\right|$ を計算すれば

$$\begin{aligned}
\left|H(e^{j\omega T})\right|^2 &= \left|\frac{p_1 + e^{-j\omega T}}{1 + p_1 e^{-j\omega T}}\right|^2 \\
&= \frac{(p_1 + \cos\omega T)^2 + \sin^2\omega T}{(1 + p_1 \cos\omega T)^2 + (p_1 \sin\omega T)^2} \\
&= \frac{p_1^2 + 2p_1 \cos\omega T + 1}{1 + 2p_1 \cos\omega T + p_1^2} \\
&= 1
\end{aligned}$$

となり，周波数に無関係に一定値をとる．各種の $p_1$ の値に対する位相特性を図 6.20 に示す．周波数に無関係に振幅特性が 1 であることは，全周波数帯域にわたって（位相は変化するが）信号を通過させることを意味する．それで，このタイプの伝達関数を全域通過関数というのである．全域通過関数は信号振幅に影響を与えないことから，位相歪みの等化などに使われる．

1次の全域通過関数の極と零点はそれぞれ $-p_1$ と $-1/p_1$ であるので，互いに逆数の関係にある．このことは，任意の次数の場合について成り立つので，全域通過関数の極と零点は，図 6.21 のように，$z$ 平面上の単位円に関する鏡像の位置に配置される．

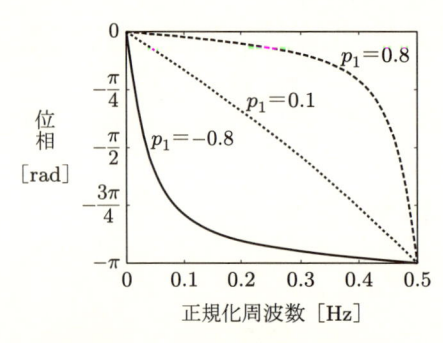

図 6.20　1 次全域通過関数の位相特性

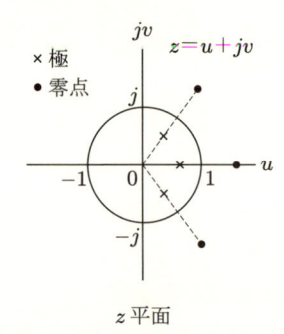

図 6.21　全域通過関数の極と零点の位置

## 6.6 周波数変換

低域通過以外の高域通過,帯域通過および帯域消去特性を実現するときは,最初からそれらの特性を近似するのではなくて,低域通過特性を周波数変換して作ることが多い.ここでは周波数シフトとオールパス変換の二つを取り上げる.

### 6.6.1 周波数シフト

ディジタルフィルタの周波数変数 $\omega$ を

$$\omega \longrightarrow \omega - \omega_0 \tag{6.75}$$

のように変換することを考えよう.これは図 6.22 に示すように周波数特性を $\omega$ 軸方向に $\omega_0$ だけ右シフトすることを意味し,この図の場合だと低域通過フィルタから正の周波数にのみ通過域を有する帯域通過フィルタが得られている.$z = e^{j\omega T}$ であることを考慮すると,プロトタイプ低域通過伝達関数 $H_L(z)$ の $z$ に対して

$$\text{周波数シフト:} \quad z \longrightarrow e^{-j\omega_0 T} z \tag{6.76}$$

のような置き換えを施し,$H(z) = H_L(e^{-j\omega_0 T} z)$ を新たな伝達関数とすることを意味する.こうして得られる伝達関数 $H(z)$ は一般に複素係数となる.

(a) プロトタイプ低域通過フィルタ  (b) 周波数シフト後

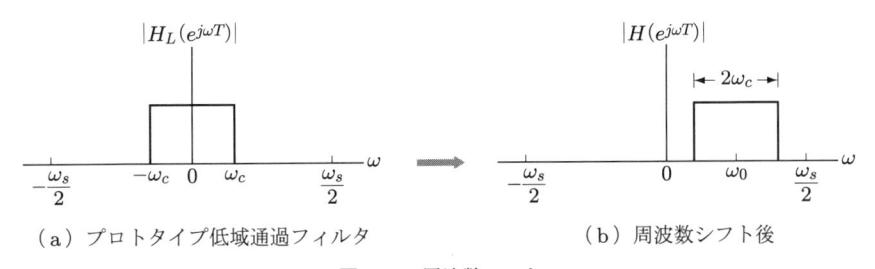

図 6.22 周波数シフト

### 6.6.2 低域-高域変換

式 (6.75) において $\omega_0 = \omega_s/2$ とおく.その結果,変換後の周波数特性は図 6.23 に示すような高域通過特性となる.この場合の変数 $z$ の対応関係は,$\omega_s = 2\pi/T$ であることを考慮すると

$$\text{低域-高域変換:} \quad z \longrightarrow -z \tag{6.77}$$

であり,プロトタイプフィルタ $H_L(z)$ の $z$ を単に $-z$ で置き換えて $H(z) = H_L(-z)$ とするだけで,低域通過フィルタを高域通過フィルタに変換することができる.こ

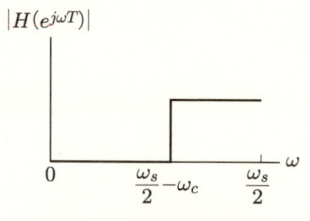

**図 6.23** 低域-高域変換

の変換は FIR フィルタと IIR フィルタの両方に適用可能で，変換後も FIR 特性および IIR 特性はそのまま保持される．また，直線位相の FIR フィルタに適用した場合，直線位相性は保持される．

### 6.6.3 コサイン変調

図 6.22 の周波数シフトで低域通過フィルタから帯域通過フィルタを得ようとすると，複素係数になってしまう．ここでは，FIR フィルタに限定して実係数の帯域通過フィルタを得る方法を紹介する．式 (2.54) からわかるように，実係数ディジタルフィルタ $H(z)$ の周波数特性は $H(e^{j\omega T}) = H^*(e^{-j\omega T})$ を満足をしなければならない．ただし，$*$ は複素共役を表す．いま，プロトタイプ低域通過フィルタの周波数特性 $H_L(e^{j\omega T})$ を $\omega_0$ および $-\omega_0$ だけシフトしたものの和，すなわち

$$H(e^{j\omega T}) = H_L(e^{j(\omega+\omega_0)T}) + H_L(e^{j(\omega-\omega_0)T}) \tag{6.78}$$

として $H(e^{j\omega T})$ を定義すると，$H(e^{j\omega T}) = H^*(e^{-j\omega T})$ となることは容易に示される[*4]．よって，こうして得られるディジタルフィルタ $H(z)$ は実係数であることがわかる．さらに，プロトタイプ低域通過フィルタの阻止域減衰量が十分に大きければ，

$$|H(e^{j\omega T})| \fallingdotseq \begin{cases} |H_L(e^{j(\omega+\omega_0)T})| & (-\omega_s/2 < \omega < 0) \\ |H_L(e^{j(\omega-\omega_0)T})| & (0 \leqq \omega < \omega_s/2) \end{cases} \tag{6.79}$$

が成り立ち，得られる特性は図 6.24 に示すようにプロトタイプ低域通過フィルタの

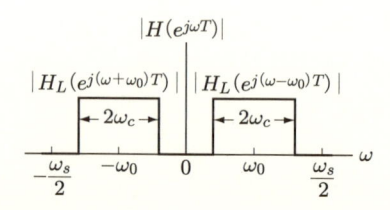

**図 6.24** 周波数シフトによる低域-帯域通過変換

---

[*4] 169 ページの問題 6.7 参照．

特性が周波数シフトされたものとなる．

次に，変換後の伝達関数の係数を求める．プロトタイプ低域通過フィルタの伝達関数を

$$H_L(z) = a_0 + a_1 z^{-1} + a_2 z^{-2} + \cdots + a_n z^{-n} \tag{6.80}$$

と表す．式 (6.78) に $z = e^{j\omega T}$ を代入し，さらに上式を代入すると

$$\begin{aligned} H(z) &= H_L(e^{j\omega_0 T} z) + H_L(e^{-j\omega_0 T} z) \\ &= a_0 + a_1 e^{-j\omega_0 T} z^{-1} + a_2 e^{-j2\omega_0 T} z^{-2} + \cdots + a_n e^{-jn\omega_0 T} z^{-n} \\ &\quad + a_0 + a_1 e^{j\omega_0 T} z^{-1} + a_2 e^{j2\omega_0 T} z^{-2} + \cdots + a_n e^{jn\omega_0 T} z^{-n} \\ &= 2a_0 + 2a_1 \cos(\omega_0 T) z^{-1} + 2a_2 \cos(2\omega_0 T) z^{-2} + \cdots + 2a_n \cos(n\omega_0 T) z^{-n} \end{aligned} \tag{6.81}$$

となる．上式からわかるように，帯域通過フィルタの伝達関数の係数，すなわち低域通過フィルタのインパルス応答はプロトタイプフィルタのインパルス応答に $2\cos(n\omega_0 T)$ を乗じた形になっている．したがって，このような操作で帯域通過フィルタを得ることを**コサイン変調**とよぶ．コサイン変調による周波数シフトはFIRフィルタには有効であるが，IIRフィルタには適用できない．また，コサイン変調を直線位相FIRフィルタにそのまま適用すると，式 (6.81) からわかるように，直線位相性は保持されない．直線位相の帯域通過フィルタを設計するためには，零位相伝達関数に直してからコサイン変調を適用した後，因果的な伝達関数に戻せばよい．簡単のための4次の直線位相フィルタ

$$H(z) = a_0 + a_1 z^{-1} + a_2 z^{-2} + a_1 z^{-3} + a_0 z^{-4} \tag{6.82}$$

で考える．右辺を $z^{-2}$ で割ると

$$H_0(z) = a_0 z^2 + a_1 z + a_2 + a_1 z^{-1} + a_0 z^{-2} \tag{6.83}$$

のような零位相伝達関数が得られる．中心周波数が $\omega_0$ となるようにコサイン変調をすると

$$\begin{aligned} H_0(z) &= 2a_0 \cos(-2\omega_0 T) z^2 + 2a_1 \cos(-\omega_0 T) z \\ &\quad + 2a_2 + 2a_1 \cos(\omega_0 T) z^{-1} + 2a_0 \cos(2\omega_0 T) z^{-2} \\ &= 2a_0 \cos(2\omega_0 T) z^2 + 2a_1 \cos(\omega_0 T) z \\ &\quad + 2a_2 + 2a_1 \cos(\omega_0 T) z^{-1} + 2a_0 \cos(2\omega_0 T) z^{-2} \end{aligned} \tag{6.84}$$

これを因果的な伝達関数に戻すために右辺に $z^{-2}$ をかけると

$$H(z) = 2a_0 \cos(2\omega_0 T) + 2a_1 \cos(\omega_0 T)z^{-1} + 2a_2^{-2} + 2a_1 \cos(\omega_0 T)z^{-3} + 2a_0 \cos(2\omega_0 T)z^{-4} \tag{6.85}$$

が得られる．

■**例題 6.10** 移動平均に基づく直線位相低域通過フィルタ

$$H_L(z) = \frac{1 + z^{-1} + z^{-2} + z^{-3} + z^{-4} + z^{-5} + z^{-6} + z^{-7} + z^{-8}}{9} \tag{6.86}$$

を中心周波数 $\omega_0$ が $\omega_s/4$ である直線位相帯域通過フィルタに変換せよ．

**解答** $\omega_0 = \omega_s/4$ より $\cos(\omega_0 T) = \cos(\pi/2)$ である．式 (6.85) の導出と同様の手順により

$$\begin{aligned}H(z) &= \frac{2}{9}\left\{\cos\left(-\frac{4\pi}{2}\right) + \cos\left(-\frac{3\pi}{2}\right)z^{-1} + \cos\left(-\frac{2\pi}{2}\right)z^{-2} + \cos\left(-\frac{\pi}{2}\right)z^{-3}\right.\\ &\quad \left.+ z^{-4} + \cos\left(\frac{\pi}{2}\right)z^{-5} + \cos\left(\frac{2\pi}{2}\right)z^{-6} + \cos\left(\frac{3\pi}{2}\right)z^{-7} + \cos\left(\frac{4\pi}{2}\right)z^{-8}\right\}\\ &= \frac{2}{9}(1 - z^{-2} + z^{-4} - z^{-6} + z^{-8}) \tag{6.87}\end{aligned}$$

が得られる．この帯域通過フィルタの振幅特性は図 6.25 のようになる．

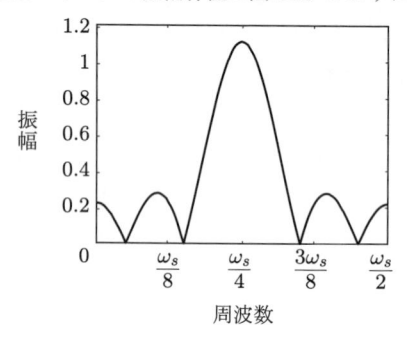

**図 6.25** コサイン変調による帯域通過フィルタ

◻◼◻

### 6.6.4 オールパス変換

オールパス変換とは，プロトタイプフィルタの伝達関数の変数を全域通過関数で置き換えることである．$z^{-1}$ も一種の全域通過関数であるので，式 (6.77) の低域–高域変換もオールパス変換といえる．これに加えて本節では IIR 全域通過関数による変換を考える．なお，ここではプロトタイプ低域通過伝達関数を変数 $Z$ を用いて $H(Z)$ と表し，変換後の伝達関数を $H(z)$ と表す．また，プロトタイプフィルタの周波数変数を $\Omega$，変換後の周波数変数を $\omega$ とする．

**低域–低域オールパス変換**

1 次全域通過関数

$$Z^{-1} = \frac{\alpha + z^{-1}}{1 + \alpha z^{-1}} \tag{6.88}$$

によって，$Z$ 平面を $z$ 平面に写像することを考える．この写像関数は，$Z$ 平面の単位円を $z$ 平面の単位円に写像し，周波数 $\Omega$ と $\omega$ が非線形に 1 対 1 対応する．周波数軸の対応関係を図示すると図 6.26 のようになり，低域–低域変換であることがわかる．低域–低域変換は，IIR 低域通過フィルタの遮断周波数を変えるのに用いる．変換の前後で次数の変化はない．この変換を FIR フィルタに適用することも不可能ではないが，変換後の伝達関数は必ず IIR となる．変換パラメータ $\alpha$ は，遮断周波数 $\Omega_c$ と $\omega_c$ の対応関係

$$e^{-j\Omega_c T} = \frac{\alpha + e^{-j\omega_c T}}{1 + \alpha e^{-j\omega_c T}} \tag{6.89}$$

から

$$\alpha = \frac{\sin\left(\dfrac{\omega_c - \Omega_c}{2}T\right)}{\sin\left(\dfrac{\omega_c + \Omega_c}{2}T\right)} \tag{6.90}$$

となる．

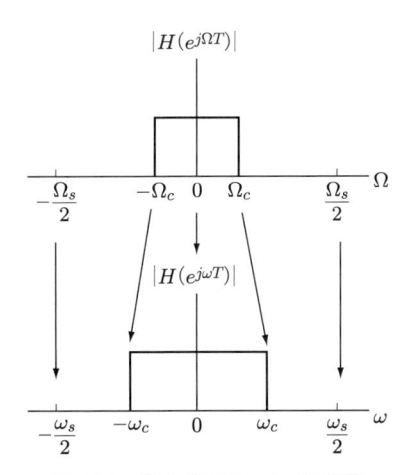

**図 6.26** 低域–低域オールパス変換

## 低域–高域オールパス変換

式 (6.77) の低域–高域変換では，高域フィルタの遮断周波数を任意に設定できない．IIR フィルタの場合には，式 (6.77) の低域–高域変換と式 (6.88) の低域–低域オールパス変換を組み合わせることによりそれが実現できる．手順は次のとおりである．

(1) 遮断周波数が $\Omega_c$ のプロトタイプ低域通過フィルタを遮断周波数が $\omega_s/2 - \omega_c$

の低域通過フィルタに変換する．ただし，$\omega_c$ は高域通過フィルタの遮断周波数である．

(2) $z \rightarrow -z$ により高域通過フィルタに変換する．

## 低域-帯域通過オールパス変換

次に，2次全域通過関数

$$Z^{-1} = -\frac{\beta + \alpha z^{-1} + z^{-2}}{1 + \alpha z^{-1} + \beta z^{-2}} \tag{6.91}$$

によって，$Z$ 平面を $z$ 平面に写像することを考える．この写像関数は，$Z$ 平面の単位円を $z$ 平面の単位円に写像し，$-\Omega_s/2 \leq \Omega \leq \Omega_s/2$ の範囲を $0 \leq \omega \leq \omega_s/2$ に圧縮して写す．この範囲内で $\Omega$ と $\omega$ は非線形に1対1対応する．すなわち，$Z$ 平面の単位円半周を $z$ 平面の単位円1周に対応させる．当然ながら，$\omega$ 軸上では，$0 \leq \omega \leq \omega_s/2$ の内容が離散時間システムの周期性により繰り返す．その結果，帯域通過フィルタが得られる．パラメータ $\alpha$ と $\beta$ は帯域通過フィルタの二つの遮断周波数 $\omega_1$ と $\omega_2$ から決められる．低域-帯域通過オールパス変換により得られる帯域通過フィルタの次数はプロトタイプ低域通過フィルタの次数の2倍になる．

この変換で特に重要なのは，$\omega_2 - \omega_1 = \Omega_c$ の場合である．このとき $\beta = 0$ となり，式 (6.91) は

$$Z^{-1} = -z^{-1}\frac{\alpha + z^{-1}}{1 + \alpha z^{-1}} \tag{6.92}$$

となる．この変換を**帯域幅固定低域-帯域通過オールパス変換**とよぶ．$\Omega = 0$ に対応する $\omega$ が帯域通過フィルタの中心周波数 $\omega_0$ となり，これを設計パラメータとすると $\alpha$ は

$$\alpha = -\cos(\omega_0 T) \tag{6.93}$$

で与えられる．$\omega_0$ と $\omega_1$ および $\omega_2$ の関係は

$$\cos\left(\frac{\omega_2 + \omega_1}{2}T\right) = \cos(\omega_0 T)\sin\left(\frac{\Omega_c}{2}T\right) \tag{6.94}$$

となる．

## 低域-帯域消去オールパス変換

IIR の帯域消去フィルタを得るには，プロトタイプ低域通過フィルタを $z \rightarrow -z$ によって高域通過フィルタに変換してから式 (6.92) の変換を適用すれば良い．高域通過フィルタに変換してから後の様子を図 6.28 に示す．その結果

$$Z^{-1} = z^{-1}\frac{\alpha + z^{-1}}{1 + \alpha z^{-1}} \tag{6.95}$$

**図 6.27** 低域–帯域通過オールパス変換

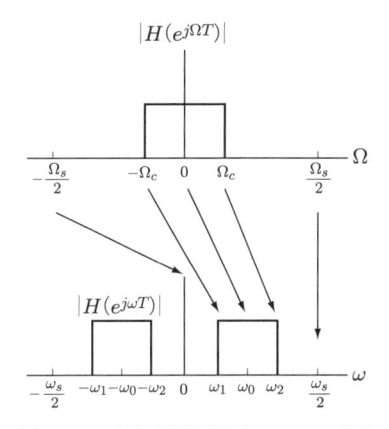

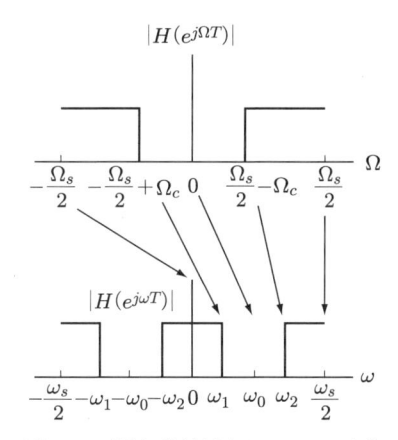

**図 6.28** 低域–帯域消去オールパス変換

となる．$\alpha$ は，低域–帯域通過オールパス変換のときと同様に，中心周波数 $\omega_0$ から

$$\alpha = -\cos(\omega_0 T) \tag{6.96}$$

のように求められる．

■**例題 6.11** 2次 IIR 低域通過フィルタ

$$H(Z) = \frac{0.136(1+Z^{-1})^2}{1 - 0.75Z^{-1} + 0.3Z^{-2}} \tag{6.97}$$

を低域–帯域通過オールパス変換により正規化中心周波数 $f_0 = 1/3\,\mathrm{Hz}$ の帯域通過フィルタに変換せよ．

**解答** $f_0 = 0.333\,\mathrm{Hz}$ より $\omega_0 T = 2\pi/3$ であるから $\alpha = -\cos(2\pi/3) = -0.5$ となる．よって，式 (6.92) は

$$Z^{-1} = -z^{-1}\frac{0.5 + z^{-1}}{1 + 0.5z^{-1}} \tag{6.98}$$

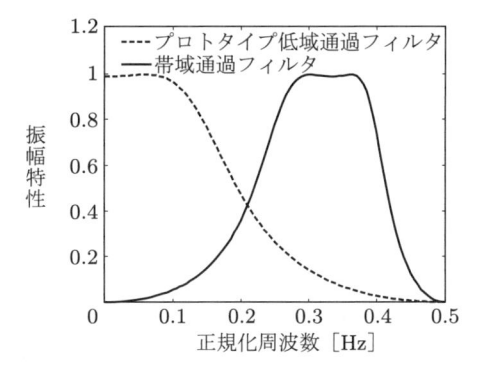

**図 6.29** 低域–帯域通過オールパス変換による帯域通過フィルタ

となる．これを与式に代入すると

$$H(z) = \frac{0.136(1-z^{-1})^2(1+z^{-1})^2}{1 + 1.375z^{-1} + 1.2625z^{-2} + 0.675z^{-3} + 0.3z^{-4}} \tag{6.99}$$

が得られる．得られた帯域通過フィルタの振幅特性を示すと，図 6.29 のようになる．

□■□

## 6.7 相補性

二つの伝達関数がある関係にあって，一方からもう一方を求めることができるとき，**相補性**があるという．たとえば，伝達関数 $H_1(z)$ と $H_2(z)$ が

$$H_1(z) + H_2(z) = 1 \tag{6.100}$$

の関係にあるとき，**厳密相補**という．また，

$$|H_1(e^{j\omega T})|^2 + |H_2(e^{j\omega T})|^2 = 1 \tag{6.101}$$

であるとき，**電力相補**という．伝達関数の係数が実数のときは，$z = e^{j\omega T}$ の置き換えにより電力相補の関係式は

$$H_1(z)H_1(z^{-1}) + H_2(z)H_2(z^{-1}) = 1 \tag{6.102}$$

のように書くこともできる．

電力相補の関係を満足する二つの伝達関数は，一方が低域通過のときはもう一方が高域通過，あるいは一方が帯域通過のときはもう一方が帯域消去となる相補的関係にある．いま，$|H_1(e^{j\omega T})| \leq 1$ を満足する $H_1(e^{j\omega T})$ が通過域において $H_1(e^{j\omega T}) \fallingdotseq 1$ であり，かつ阻止域において $H_1(e^{j\omega T}) \fallingdotseq 0$ と近似できるならば，

$$\begin{aligned}|H_2(e^{j\omega T})|^2 &= 1 - |H_1(e^{j\omega T})|^2 \\ &\fallingdotseq |1 - H_1(e^{j\omega T})|^2\end{aligned} \tag{6.103}$$

と書くことができるので，$H_2(e^{j\omega T})$ と $H_1(e^{j\omega T})$ は近似的に厳密相補関係にもある．したがって，上記の条件が満足されているとき

$$H_2(z) = 1 - H_1(z) \tag{6.104}$$

として，低域通過と高域通過の伝達関数，あるいは帯域通過と帯域消去の伝達関数を相互に変換することができる．

## 6.7 相補性

■**例題 6.12** 1次低域通過伝達関数

$$H_L(z) = \frac{1+\alpha}{2} \frac{1+z^{-1}}{1+\alpha z^{-1}} \tag{6.105}$$

と1次高域通過伝達関数

$$H_H(z) = \frac{1-\alpha}{2} \frac{1-z^{-1}}{1+\alpha z^{-1}} \tag{6.106}$$

は，厳密相補かつ電力相補であることを示せ．

**解答** $H_L(z) + H_H(z) = 1$ であることは直ちに示されるので，これらが厳密相補の関係にあることは容易にわかる．

電力相補であることを示すには，式 (6.102) が成立していることを示す方が簡単である．実際に計算すると

$$\begin{aligned} &H_L(z)H_L(z^{-1}) + H_H(z)H_H(z^{-1}) \\ &= \frac{(1+\alpha)^2(1+z^{-1})(1+z)}{4(1+\alpha z^{-1})(1+\alpha z)} + \frac{(1-\alpha)^2(1-z^{-1})(1-z)}{4(1+\alpha z^{-1})(1+\alpha z)} \\ &= 1 \end{aligned}$$

であることが示されるので，電力相補の関係にあることが確認される． □■□

■**例題 6.13** 例題 6.10 で求められた FIR 帯域通過伝達関数

$$H_1(z) = 0.2(1 - z^{-2} + z^{-4} - z^{-6} + z^{-8}) \tag{6.107}$$

から厳密相補性により FIR 帯域消去伝達関数を求めよ．ただし，この $H_1(z)$ は，利得水準が1になるように係数を調整してある．

**解答** 式 (6.104) に代入すると

$$H_2(z) = 0.8 + 0.2z^{-2} - 0.2z^{-4} + 0.2z^{-6} - 0.2z^{-8} \tag{6.108}$$

となる．この帯域消去フィルタの振幅特性は図 6.30 のようになる．この図からわかるよう

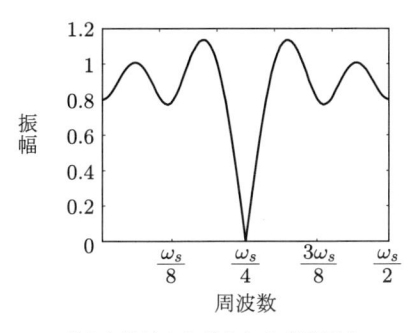

図 **6.30** 厳密相補性より得られた帯域消去フィルタ

にお世辞にも良い特性とはいえない．厳密相補性によって満足の行く特性を得るためには，プロトタイプフィルタの特性が相当に高い近似度で通過域において $H_1(e^{j\omega T}) \fallingdotseq 1$ かつ阻止域において $H_1(e^{j\omega T}) \fallingdotseq 0$ を満足していなければならない． □■□

## 6.8 ディジタルフィルタの回路

### 6.8.1 ブロック法

ディジタルフィルタの実現に必要な演算は加算，乗算および1標本化周期の遅延の三つである．そして，それらを回路素子として図2.15のように表現して，それぞれ加算器，乗算器，遅延要素と称するということは，2.4節で述べたとおりである．そのときは差分方程式に基づいて簡単な回路を導出したが，もう少し複雑な回路も容易に取り扱えるようにするため，ここでは別のアプローチを採用する．その方法は**ブロック法**とでも名付けるべきもので，簡単な回路を単位ブロックとしてそれらの組み合わせによって複雑な回路を形成する方法である．図6.31に3種類の単位ブロックの基本接続法を示す．

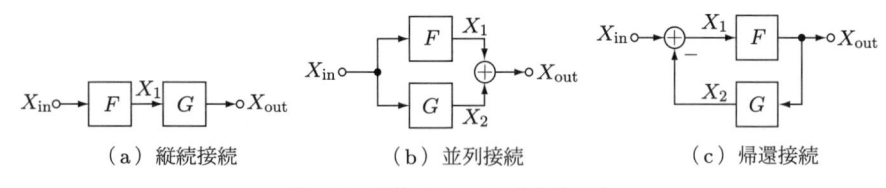

（a）縦続接続　　（b）並列接続　　（c）帰還接続

図 6.31　単位ブロックの基本接続法

（a）は縦続接続とよばれ，前段の出力が次段の入力となる接続法である．二つの単位ブロックの伝達関数をそれぞれ $F$，$G$ とすれば，$X_1 = FX_{\text{in}}$ および $X_{\text{out}} = GX_1$ である．よって，全体の伝達関数 $H$ は

$$H = \frac{X_{\text{out}}}{X_{\text{in}}} = FG \tag{6.109}$$

となる．

（b）は並列接続とよばれる．$X_{\text{out}} = X_1 + X_2 = FX_{\text{in}} + GX_{\text{in}}$ であるので，全体の伝達関数 $H$ は

$$H = F + G \tag{6.110}$$

である．

（c）は帰還接続とよばれる．前の二つとは違い，この場合の全体の伝達関数を直感的に求めるのは比較的困難なので，まず図中のように内部変数を定義する．この

## 6.8 ディジタルフィルタの回路

とき単位ブロックの入出力関係と加算器の機能を考慮すれば，各変数の間には

$$X_1 = X_{\text{in}} - X_2 \tag{6.111}$$

$$X_{\text{out}} = FX_1 \tag{6.112}$$

$$X_2 = GX_{\text{out}} \tag{6.113}$$

のような関係がある．これらから $X_1$ および $X_2$ を消去すると

$$X_{\text{out}} = F(X_{\text{in}} - GX_{\text{out}}) \tag{6.114}$$

となので，全体の伝達関数は

$$H = \frac{X_{\text{out}}}{X_{\text{in}}} = \frac{F}{1+FG} \tag{6.115}$$

となる．

帰還接続を含んだ回路では内部に帰還ループがあるので，そのような回路を**巡回形回路**あるいは**再帰形回路**とよぶ．IIR フィルタの実現回路は必ず巡回形回路となる．これに対して，縦続接続と並列接続のみで構成される回路は帰還ループを含んでいないので，それを**非巡回形回路**あるいは**非再帰形回路**とよぶ．FIR フィルタの実現回路はほとんどの場合非巡回形回路となる．15 ページの巡回形と非巡回形の分類に従えば，巡回形システムに対応する回路が巡回形回路で，非巡回形システムに対応する回路が非巡回形回路である．

これら三つの接続法ですべてのディジタルフィルタが表現できるわけではないが，本章で取り上げる基礎的な構成法を理解するのには十分である．帰還接続がやや複雑になったものとして，図 6.32(a) に示す接続法がある．この接続は，図 6.31(c) の帰還接続の入力が太線で示されるように分岐して帰還ループ内の別の位置に注入されている．このように入力が分岐している回路では重ね合わせの理を用いること

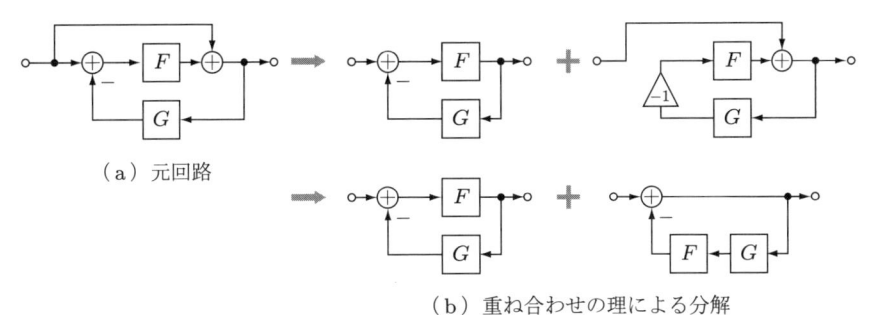

（a）元回路

（b）重ね合わせの理による分解

**図 6.32** 帰還接続（その 2）

により伝達関数が容易に求められることがある．図 6.32 の場合では，分岐した入力信号の片方を零とおくことにより，同図右上のような二つの回路の伝達関数の和として，全体の伝達関数が求められる．さらにこれは右下のように書き直されるので，伝達関数は

$$H = \frac{F}{1+FG} + \frac{1}{1+FG}$$
$$= \frac{1+F}{1+FG} \tag{6.116}$$

となる．

また，図 6.32 の変形として図 6.33 (a) のような接続もある．これは太線で示すように回路の二つの部分の信号の和として出力を取り出すものである．このことは疑似的な並列接続とみなせるので，同図右上のように分解でき，さらに右下のように書き直せるので，この回路の伝達関数も式 (6.116) で与えられる．

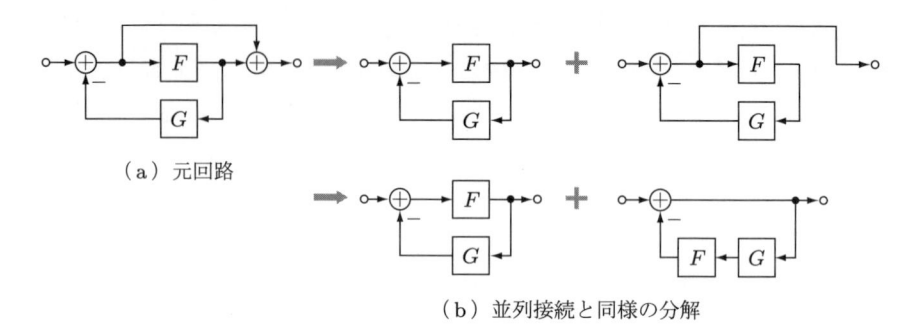

（a）元回路

（b）並列接続と同様の分解

**図 6.33** 帰還接続（その 3）

ところで，次数 $n$ の伝達関数を実現する回路の遅延要素数の最少個数は $n$ 個であり，そのような回路は遅延要素数について標準形であるという．

■**例題 6.14** 図 6.34 の回路の伝達関数を求めよ．

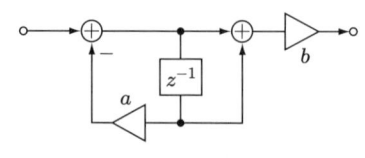

**図 6.34** 1 次 IIR 回路

**[解答]** 図 6.33 と同様に考えると

$$H(z) = b\left(\frac{1}{1+az^{-1}} + \frac{z^{-1}}{1+az^{-1}}\right) = b\frac{1+z^{-1}}{1+az^{-1}} \tag{6.117}$$

### 6.8.2 FIR フィルタの回路

実現すべき FIR フィルタの伝達関数を

$$H(z) = h_0 + h_1 z^{-1} + h_2 z^{-2} + \cdots + h_n z^{-n} \tag{6.118}$$

とする．この伝達関数を変形して

$$H(z) = h_0 + z^{-1} H_1(z) \tag{6.119}$$

のように表現する．ただし $H_1(z)$ は

$$H_1(z) = h_1 + h_2 z^{-1} + \cdots + h_n z^{-n+1} \tag{6.120}$$

で与えられる．式 (6.109) と式 (6.110) を考慮して，式 (6.119) を回路として表現すると図 6.35 のようになる．これと同じことを $H_1(z)$ に対して行い，さらに

$$H_n(z) = h_n \tag{6.121}$$

となるまで繰り返せば，結局 $H(z)$ を実現する回路として図 6.36 が得られる．この回路は伝達関数の係数が直接乗算器係数となっていることから，**直接形構成**とよばれる．6.8.3 項で説明するように IIR フィルタでも直接形構成は存在するが，FIR の直接形構成を特に**トランスバーサル形回路**とよぶ．トランスバーサル形回路のように，回路内のいくつかの場所から信号を取り出してその重み和を回路の出力とすることを，**タップを付ける**という．このときの重み係数のことをタップ係数，そのための乗算器をタップ乗算器という．

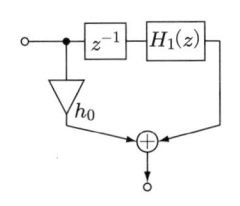

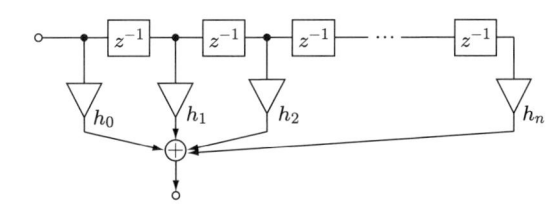

**図 6.35** FIR フィルタの回路実現過程

**図 6.36** FIR フィルタの直接形構成

次に，$H(z)$ を因数分解して

$$H(z) = \prod_{i=1}^{n/2} (h_{0i} + h_{1i} z^{-1} + h_{2i} z^{-2}) \tag{6.122}$$

のように表現しよう．ただし，式 (6.122) は $n$ が偶数の場合であり，奇数のときに

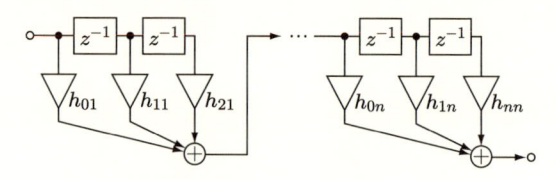

図 6.37　FIR フィルタの縦続形構成

はこれにさらに 1 次の因数が付く．そして式 (6.122) の各因数を図 6.36 の直接形構成により回路実現し，式 (6.109) を考慮してそれらを縦続に接続すれば，図 6.37 に示す**縦続形構成**が得られる．

続いて，直線位相 FIR フィルタの場合を考えよう．直線位相 FIR フィルタの伝達関数には二ヶ所に同じ係数があるので，これを直接形構成で実現すると同じ係数の乗算器が二つ現れることになる．この二つの乗算器を一つにまとめることができれば，回路全体として乗算器数が減少することになり，非常に好ましい．そこで伝達関数の中の二つの係数を結合則により一つにまとめる．たとえば

$$H(z) = h_0 + h_1 z^{-1} + h_2 z^{-2} + h_3 z^{-3} + h_2 z^{-4} + h_1 z^{-5} + h_0 z^{-6} \tag{6.123}$$

のような 6 次の直線位相 FIR フィルタの伝達関数は，

$$H(z) = h_0(1 + z^{-6}) + h_1(z^{-1} + z^{-5}) + h_2(z^{-2} + z^{-4}) + h_3 z^{-3} \tag{6.124}$$

のように変型される．これを回路実現すると，図 6.38 の回路が得られる．

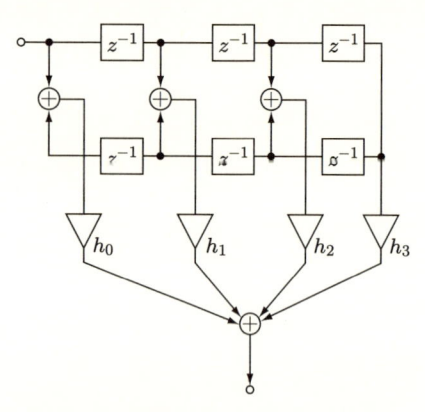

図 6.38　直線位相 FIR フィルタの回路

### 6.8.3　IIR フィルタの回路

実現すべき IIR フィルタの伝達関数が

## 6.8 ディジタルフィルタの回路

$$H(z) = \frac{N(z)}{D(z)} = \frac{q_0 + q_1 z^{-1} + q_2 z^{-2} + \cdots + q_n z^{-n}}{1 + p_1 z^{-1} + p_2 z^{-2} + \cdots + p_n z^{-n}} \quad (6.125)$$

なる形で与えられた場合を考える．ここで $H(z)$ を

$$H(z) = N(z)\frac{1}{D(z)} \quad (6.126)$$

のように表し，伝達関数 $1/D(z)$ に対して

$$\frac{1}{D(z)} = \frac{1}{1 + z^{-1}D_1(z)} \quad (6.127)$$

のような変形を施す．ただし，$D_1(z)$ は

$$D_1(z) = p_1 + p_2 z^{-1} + \cdots + p_n z^{-n+1} \quad (6.128)$$

で与えられる．式 (6.109) と式 (6.114) を考慮して，式 (6.127) を回路として表現すると図 6.39 のようになる．ここで $D_1(z)$ を FIR フィルタの伝達関数と考え，これを直接形構成で実現して図 6.39 の $D_1(z)$ の部分に入れると，$1/D(z)$ を実現する回路が得られる．さらに，$N(z)$ も FIR フィルタとみなして，FIR フィルタの直接形構成で実現する．そして，$N(z)$ および $1/D(z)$ の実現回路の二つを縦続に接続すると，$H(z)$ の実現回路として図 6.40 が得られる．これが IIR フィルタの**直接形構成**である．この回路を称して**直接形 I** とよぶ．

また，式 (6.126) の右辺の積の順序を変更して，$N(z)$ と $1/D(z)$ の実現回路の縦続接続の順序を変えると，$H(z)$ の実現回路として図 6.41 (a) が得られる．この回路の中央部の 2 列の遅延要素列において相対する位置にある遅延要素は同一の信号を遅延させるので，それらは一つの遅延要素に置き換えることができる．その結果図 6.41 (b) の回路が得られ，これは遅延要素数に関して標準形である．この回路は

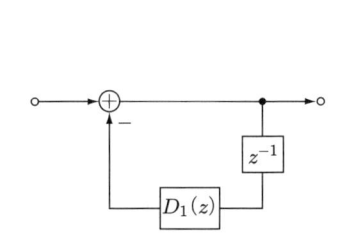

図 **6.39** IIR フィルタの回路実現過程　　　　図 **6.40**　直接形 I

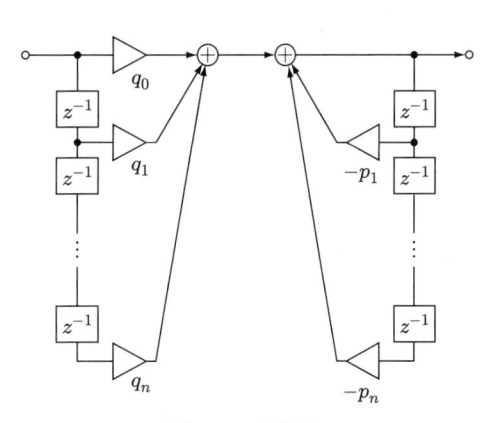

(a) (b)

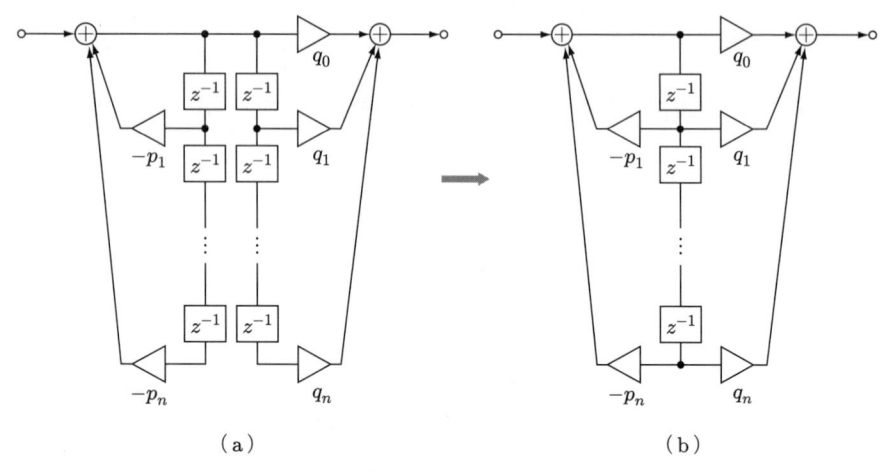

図 **6.41** 直接形 II

**直接形 II** とよばれる.

以上二つが IIR フィルタの直接形構成である．直接形構成は伝達関数の係数と乗算器係数が 1 対 1 に対応していて，構成が容易であるが，有限語長演算による誤差が発生しやすいので，実際にはあまり用いられない．

次に，伝達関数 $H(z)$ が

$$H(z) = h \frac{1 + c_0 z^{-1}}{1 + a_0 z^{-1}} \prod_{i=1}^{n} \frac{1 + c_i z^{-1} + d_i z^{-2}}{1 + a_i z^{-1} + b_i z^{-2}} \tag{6.129}$$

のように因数分解されている場合を考える．式 (6.129) の各 1 次および 2 次伝達関数を直接形で構成してから，それらを縦続に接続すると図 6.42 の回路が得られる．これを **縦続形構成** とよび，このとき使用している 1 次および 2 次区間のことを 1D 形区間あるいは **1D 形回路** とよぶ.

縦続形構成は上述の直接形構成のもつ欠点が緩和されていて，しかも構成の容易さは損なわれていないので，実用的な構成法の一つである．また，縦続形構成では

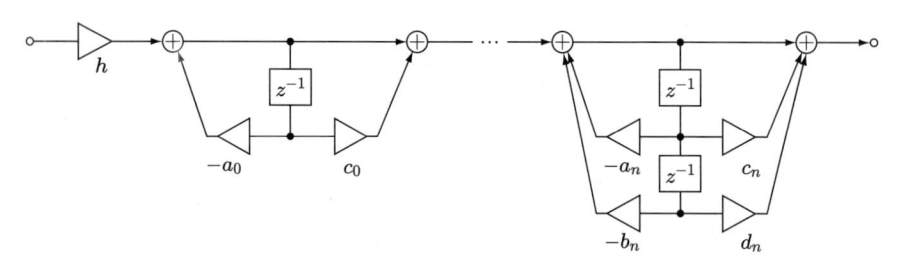

図 **6.42** 1D 形区間を用いた縦続形構成

同じ構造のブロックを何段も用いるので，ハードウェアを組み立てるときにも，ソフトウェアを書くときにも，汎用性があって好ましい．

縦続形構成では，式 (6.129) において分母子のどの因数を組み合わせるかということ（ペアリング）と，どの順序に並べて接続するかということ（オーダリング）に自由度がある．これにより，回路のダイナミックレンジやまるめ雑音の大きさに違いが出るので，十分検討する必要がある[*5]．

■**例題 6.15** 文献 [13] のプログラムによって設計された

$$H(z) = \frac{0.043716 - 0.072699z^{-1} + 0.10426z^{-2} - 0.072699z^{-3} + 0.043716z^{-4}}{1 - 3.0159z^{-1} + 3.7965z^{-2} - 2.2880z^{-3} + 0.55931z^{-4}} \quad (6.130)$$

の回路を実現せよ．

**解答** このプログラムでは，上記の形と同時に

$$H(z) = 0.043716 \frac{1 - 0.27797z^{-1} + z^{-2}}{1 - 1.14746z^{-1} + 0.61660z^{-2}} \frac{1 - 1.3850z^{-1} + z^{-2}}{1 - 1.5413z^{-1} + 0.90708z^{-2}} \quad (6.131)$$

のような因数分解形も得られるので，これを用いて縦続形で構成すると図 6.43 が得られる．

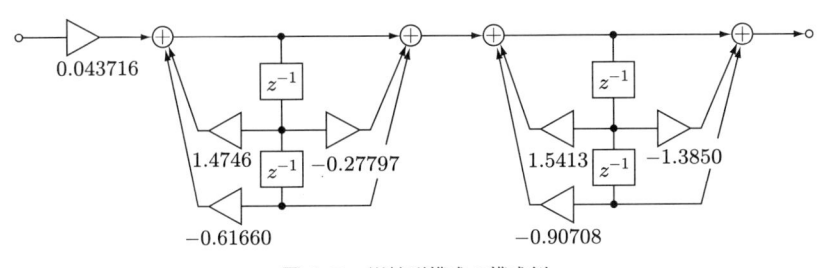

図 **6.43** 縦続形構成の構成例

□■□

### 6.8.4 転置回路

図 6.35 において $z^{-1}$ と $H_1(z)$ の縦続順序を入れ換えても，回路の伝達関数に影響はない．そうしてから図 6.36 を導出したのと同じことを行うと図 6.44 の回路が得られる．この回路は，図 6.36 の回路に対して，回路中の信号の向きを逆にし，加算器を信号の分岐点で置き換えたものである．このような回路のことを**転置回路**とよぶ．詳細な証明は省略するが，転置回路の伝達関数は元の回路の伝達関数と必ず等しい．転置回路の乗算器数と加算器数は元の回路と同じである．違いは次章で述べるシステム実現における演算誤差とクリティカルパスの長さに現れる．

---
[*5] 173 ページ参照．

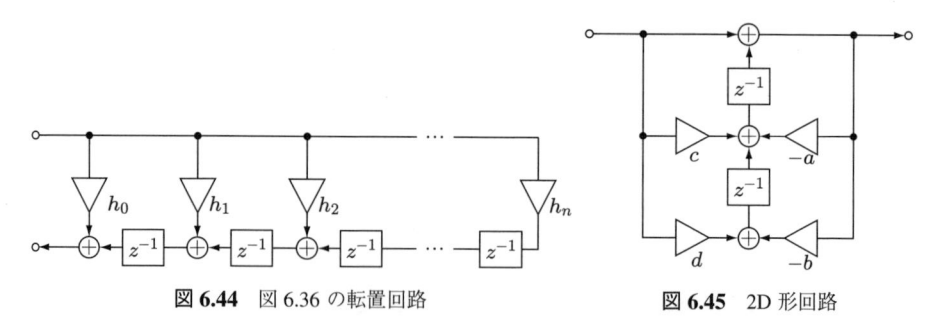

**162** 第6章 ディジタルフィルタ

**図 6.44** 図 6.36 の転置回路

**図 6.45** 2D 形回路

1D 形回路の転置回路を **2D 形回路**とよぶ．2 次の 2D 形回路を図 6.45 に示す．

■**例題 6.16** 図 6.46 の回路の転置回路を求めよ．

**解答** 表 6.2 の対応関係を用いて図 6.46 の転置回路を描くと図 6.47 となる．

**表 6.2** 転置回路の素子

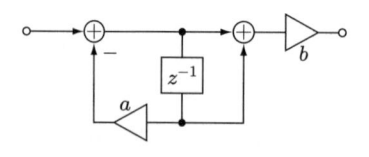

| 元の回路 | 転置回路 |
| --- | --- |
| $z^{-1}$ | $z^{-1}$ |
| ▷ | ◁ |
| 加算点 | 分岐点 |
| 分岐点 | 加算点 |

**図 6.46** 1 次 IIR 形回路

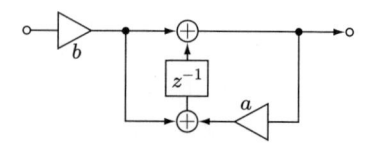

**図 6.47** 1 次 IIR 形回路の転置回路

### 6.8.5 全域通過回路とラティス形回路

全域通過関数を実現した回路を**全域通過回路**あるいは**オールパス回路**とよぶ. たとえば, 式 (6.74) の 1 次全域通過関数を 1D 形で構成すると図 6.48 のようになる. この回路は $p_1$ という同じ係数の乗算器が二つ必要であるため, あまり効率の良い構成ではない. その代りに図 6.49 のように構成すると, 加算器は 1 個増えるが, 乗算器は 1 個で済む. この回路を**ラティス形全域通過回路**とよぶ. 図 6.49 の回路の伝達関数が式 (6.74) のようになることは, 図 6.32 と図 6.33 の回路の伝達関数を導出したのと同様の方法を用いて確認することができる.

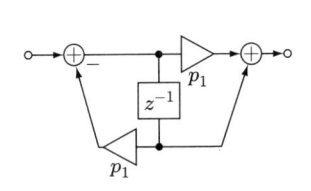

**図 6.48** 1D 形全域通過回路

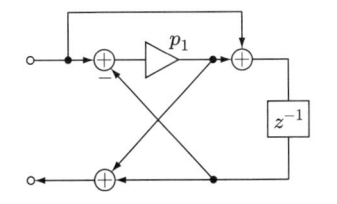

**図 6.49** 1 次ラティス形全域通過回路

2 次の場合のラティス形全域通過回路は図 6.50 のようになる. 乗算器係数 $k_1$ と $k_2$ を使って, この回路の伝達関数を表すと

$$H(z) = \frac{k_1 + k_2(1+k_1)z^{-1} + z^{-2}}{1 + k_2(1+k_1)z^{-1} + k_1 z^{-2}} \tag{6.132}$$

であるので, 実現すべき伝達関数が

$$H(z) = \frac{p_2 + p_1 z^{-1} + z^{-2}}{1 + p_1 z^{-1} + p_2 z^{-2}} \tag{6.133}$$

であるとき, 各乗算器係数は

$$k_1 = p_2 \tag{6.134}$$

および

$$k_2 = \frac{p_1}{1+p_2} \tag{6.135}$$

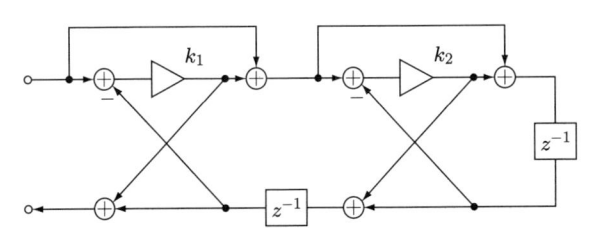

**図 6.50** 2 次ラティス形全域通過回路

で与えられる．

高次の全域通過回路は，1次と2次の全域通過回路の縦続接続で実現できる．

■**例題 6.17** 2次全域通過伝達関数

$$H(z) = \frac{0.9 + 1.5z^{-1} + z^{-2}}{1 + 1.5z^{-1} + 0.9z^{-2}} \tag{6.136}$$

をラティス回路により構成せよ．

**解答** 式 (6.134) と式 (6.135) より図 6.50 の回路において

$$k_1 = 0.9 \tag{6.137}$$

および

$$k_2 = \frac{1.5}{1 + 0.9} = 0.789 \tag{6.138}$$

となる．　　　　　　　　　　　　　　　　　　　　　　　　　□■□

全域通過回路は，信号を全域通過させる本来の使い方のほかに，他の伝達関数の実現母体としての使い方もある．次にその例を示す．図 6.51 のように，入力信号から全域通過回路の出力を減算し，それを 0.5 倍することを考える．そのときの伝達関数を $H_b(z)$ とすると，$H_b(z)$ は

$$H_b(z) = \frac{1 - H(z)}{2} = \frac{1 - k_1}{2} \frac{1 - z^{-2}}{1 + k_2(1 + k_1)z^{-1} + k_1 z^{-2}} \tag{6.139}$$

となり，表 6.1 からわかるように 2 次帯域通過関数が実現されている．この伝達関数について，式 (6.65) と (6.70) で与えられる中心周波数と帯域幅を計算すると

$$\cos \omega_0 T = -k_2 \tag{6.140}$$

および

$$\tan \frac{\omega_b T}{2} = \frac{1 - k_1}{1 + k_1} \tag{6.141}$$

となる．これらからわかるように，2 次ラティス形回路では中心周波数と帯域幅が単独の乗算器係数で制御されている．この性質は，振幅特性の形状を保持したまま

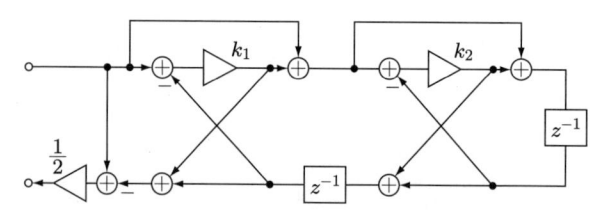

**図 6.51** 2 次ラティス形帯域通過回路

中心周波数のみを変化させるような可変フィルタを構成するのに利用できる．

2次帯域通過関数が1から2次全域通過関数を引くことによってできたのに対して，2次全域通過関数に1を加えると2次帯域消去関数ができ上がる．すなわち

$$H_b(z) = \frac{1 + H(z)}{2} = \frac{1 + k_1}{2} \frac{1 + 2k_2 z^{-1} + z^{-2}}{1 + k_2(1 + k_1)z^{-1} + k_1 z^{-2}} \tag{6.142}$$

である．この場合のノッチ周波数は式 (6.55) から

$$\omega_0 T = \cos^{-1}(-k_2) \tag{6.143}$$

である．こうして得られる2次帯域消去伝達関数の実現回路は図 6.51 の出力の減算を可算に変えることにより図 6.52 となる．

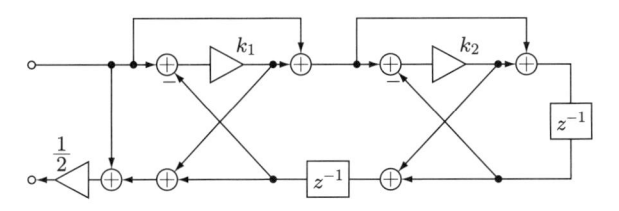

**図 6.52** 2次ラティス形帯域消去回路

次に，ラティス形回路の乗算器係数の別の利用法について述べる．安定な伝達関数では正規化中心周波数と正規化帯域幅はそれぞれ $0 < \omega_0 T < \pi$ および $0 < \omega_b T < \pi$ の範囲内にあるので，$k_1$ と $k_2$ の値の範囲は

$$-1 < k_1 < 1 \tag{6.144}$$

および

$$-1 < k_2 < 1 \tag{6.145}$$

となる．このことは，$k_1$ と $k_2$ を計算してそれらの絶対値がともに1を超えていないことを確かめれば安定判別ができることを示している．こちらの計算のほうが，極を計算してその絶対値が1を超えていないことを確認するより簡単である．

■**例題 6.18** ラティス形回路の乗算器係数を用いて伝達関数

$$H(z) = \frac{2(1 + 2z^{-1})}{1 + 4z^{-1} + 5z^{-2}} \tag{6.146}$$

の安定性を調べよ．

**解答** 与式の分母の係数からラティス形回路の乗算器係数を求めると

$$k_1 = 5 \tag{6.147}$$

および

$$k_2 = \frac{4}{1+5} = 0.667 \tag{6.148}$$

となる．$k_1$ の係数が 1 を超えているので，不安定である． ☐■☐

### 6.8.6 オールパス変換の回路実現

例題 6.11 からわかるように，オールパス変換を施して伝達関数の計算をするのは結構手間がかかる．プロトタイプ低域通過フィルタがすでに回路実現されているときは，この手間を省くことができる．式 (6.92) の低域–帯域通過変換と式 (6.95) の低域–帯域消去変換はいずれも全域通過関数に一つの遅延要素が縦続に接続されているので，これらを回路実現してプロトタイプ低域通過フィルタの遅延要素と置き換えてもディレイフリーループ[*6] が生じることはない．オールパス変換をラティス形全域通過回路を用いて実現すると図 6.53 に示すようになる．ただし，低域–低域オールパス変換は純粋に全域通過関数であるので，これを回路実現してプロトタイプ低域通過フィルタの遅延要素と置き換えるとディレイフリーループが生じる．

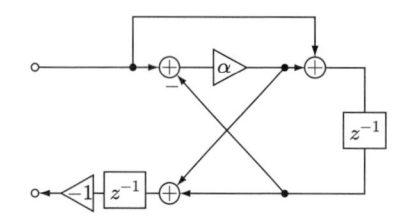

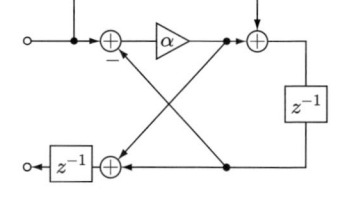

（a）低域-帯域通過オールパス変換の実現回路　　（b）低域-帯域消去オールパス変換の実現回路

**図 6.53** オールパス変換の実現回路

オールパス変換を回路実現することのもう一つの利点は，容易に**可変フィルタ**が実現できることである．可変フィルタとは乗算器係数を動かすことによりフィルタの特性を変化させることのできるフィルタである．オールパス変換を回路実現して乗算器係数 $\alpha$ の値を可変にすれば，帯域フィルタおよび帯域消去フィルタの中心周波数を任意に動かすことができる．

■**例題 6.19** 図 6.51 の 2 次ラティス形帯域通過回路は，1 次高域通過フィルタ

$$H(z) = \frac{1-\beta}{2} \frac{1-z^{-1}}{1+\beta z^{-1}} \tag{6.149}$$

の実現回路に低域–帯域消去オールパス変換を適用したものと解釈できることを示せ．

---
[*6] 179 ページ参照．

**解答** 1次高域通過伝達関数 $H(z)$ は

$$H(z) = \frac{1}{2}\left(1 - \frac{\beta + z^{-1}}{1 + \beta z^{-1}}\right) \tag{6.150}$$

のように変形できるので，回路実現すると図 6.54 のようになる．この回路の遅延要素を図 6.53 (b) の回路で置き換えると確かに図 6.51 が得られる．すなわち，高域通過フィルタを低域–帯域消去オールパス変換すると帯域通過フィルタが得られるのである．

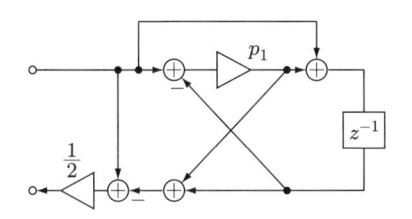

**図 6.54** 1次ラティス形高域通過回路

□■□

### 6.8.7 相補性の回路表現

式 (6.104) の厳密相補関係を回路表現すると図 6.55 のようになる．$H_1(z)$ がすでに回路実現されているとき，厳密相補の関係にある $H_2(z)$ を式 (6.104) から $H_2(z) = 1 - H_1(z)$ のように計算してから回路を実現しなくても，図 6.55 を使えば直ちに $H_2(z)$ の実現回路が得られる．次数が 100 次を超えるような FIR フィルタのときには設計の手間を相当に省くことができる．さらにこの構成法のメリットは，一つの回路で二つの伝達関数を同時に実現できるところにある．図 6.55 を図 6.56 のように書き直すと $H_1(z)$ と $H_2(z)$ を同時に実現できる．すなわち，高域通過フィルタと低域通過フィルタ，あるいは帯域通過フィルタと帯域消去フィルタの組み合わせの 2 種類の伝達関数をそれらを個別実現するよりも少ない回路素子で実現可能になる．

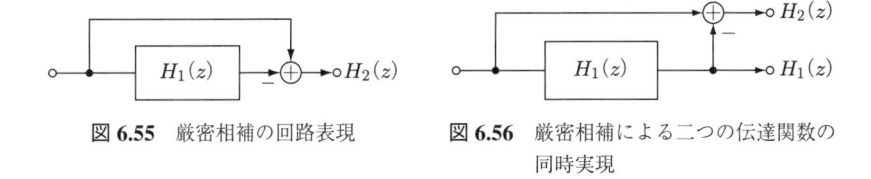

**図 6.55** 厳密相補の回路表現

**図 6.56** 厳密相補による二つの伝達関数の同時実現

■**例題 6.20** 2次帯域通過関数

$$H_b(z) = \frac{1 - k_1}{2} \frac{1 - z^{-2}}{1 + k_2(1 + k_1)z^{-1} + k_1 z^{-2}} \tag{6.151}$$

と 2 次帯域消去関数

$$H_e(z) = \frac{1+k_1}{2} \frac{1 + 2k_2 z^{-1} + z^{-2}}{1 + k_2(1+k_1)z^{-1} + k_1 z^{-2}} \quad (6.152)$$

が厳密相補の関係にあることを示すとともに，2 次ラティス形全域通過回路をベースに図 6.56 の方法でこれらを同時実現せよ．

**[解答]** 式 (6.151) と式 (6.152) を辺々加えると直ちに $H_b(z) + H_e(z) = 1$ が得られるので，$H_b(z)$ と $H_e(z)$ が厳密相補の関係にあることが示される．図 6.52 に図 6.56 の構造を適用すると図 6.57 が得られる．

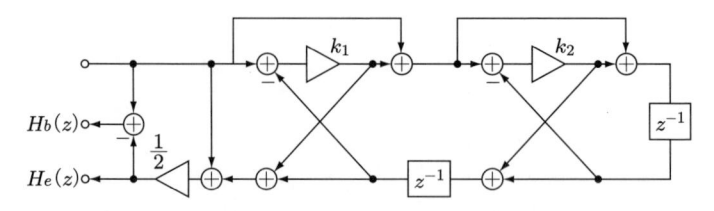

**図 6.57** 2 次帯域通過関数と 2 次帯域消去関数の同時実現

## 第 6 章の問題

**6.1** $\omega_c = \omega_s/3$ である 4 次の FIR フィルタを窓関数法で設計せよ．

**6.2** (a) アナログフィルタの伝達関数

$$H(s) = \frac{1}{s^2 + \sqrt{2}s + 1}$$

を双 1 次変換によってディジタルフィルタの伝達関数に変換せよ．

(b) このディジタルフィルタの種類は何か．

(c) (a) で求めた伝達関数を直接形 II で実現するときの回路を示すとともに，回路中の乗算器係数を求めよ．

**6.3** 2 次の IIR フィルタの伝達関数の分子が次式で与えられるとき，その伝送零点とノッチ周波数を求めよ．

$$1 + z^{-1} + z^{-2}$$

**6.4** 141 ページの式 (6.58) を導出せよ．

**6.5** 2 次の IIR フィルタの伝達関数の分母が次式で与えられるとき，その中心周波数と帯域幅を求めよ．

$$1 - 1.5z^{-1} + 0.9z^{-2}$$

**6.6** 標本化周波数を 1 Hz とするとき，中心周波数が 0.2 Hz で，帯域幅が 0.05 Hz, 振幅

特性のピークが 1 となる 2 次 IIR 帯域通過フィルタの伝達関数を求めよ．

**6.7** ある実係数ディジタルフィルタの周波数特性を $H_L(e^{j\omega T})$ とするとき，これを $\omega_0$ および $-\omega_0$ だけシフトしたものの和として

$$H(e^{j\omega T}) = H_L(e^{j(\omega+\omega_0)T}) + H_L(e^{j(\omega-\omega_0)T}) \tag{6.153}$$

を作ると，$H(e^{j\omega T}) = H^*(e^{-j\omega T})$ となることを示せ．ただし，$*$ は複素共役を表す．

**6.8** 図 6.58 の回路の伝達関数を重ね合わせの理を用いて求めよ．

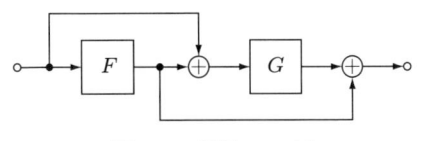

**図 6.58** 問題 6.8 の図

**6.9** FIR 形伝達関数 $H(z) = a_1 + a_2 z^{-1} + a_1 z^{-2}$ を乗算器 2 個で回路実現せよ．

**6.10** 伝達関数

$$H(z) = \frac{0.05(1-z^{-2})}{1-1.33z^{-1}+0.9z^{-2}}$$

をもつ帯域通過フィルタを 1D 形 2 次区間を用いて実現せよ．

**6.11** 162 ページの図 6.44 の回路の伝達関数を重ね合わせの理を用いて求めよ．

**6.12** 163 ページの図 6.49 の回路の伝達関数を，図 6.32 と図 6.33 の回路の伝達関数を導出したのと同様の方法を用いて導出せよ．

**6.13** 問題 6.10 の伝達関数をラティス形回路により実現せよ．

**6.14** 低域–高域変換の回路実現を考えよ．

# 7 システム実現

▶▶▶▶▶

本章では，実際に動作する"物"としてのディジタル信号処理システムの実現法について述べる．この"物"は必ずしも物体としての実体をもっているとは限らないが，これを作り出すのがいわゆるシステム実現である．その実現法にもいろいろあり，それぞれに特徴がある．まず，有限語長演算による演算誤差について述べた後，ハードウェア上にシステム実現する方法を述べる．

◀◀◀◀◀

## 7.1 数の表現

これまでの信号は振幅方向に連続であると仮定したが，実際にハードウェアあるいはソフトウェアのいずれかで信号処理システムを実現するときには，取り扱われる信号は2進符号に量子化されている．このような数値の2進数表現には，大きく分けて**固定小数点表示**と**浮動小数点表示**の二つの方法がある．

固定小数点表示では，数 $f$ を $L$ 桁の2進数として

$$f = a_0 a_1 a_2 \cdots a_{L-1} \qquad (a_i \text{は0または1}) \tag{7.1}$$

と表し，これを図 7.1 に示す $L$ ビットの**語長**のワードとして取り扱う．ただし，$a_0$ が**符号ビット**で，それ以外は**数値ビット**である．小数点は $a_0$ と $a_1$ の間にあって，$a_1$ が**最大重みビット**（**MSB**），$a_{L-1}$ が**最小重みビット**（**LSB**）である．数値の2進表現の方法は負の数の表し方によっても，2の補数表示，1の補数表示，および符

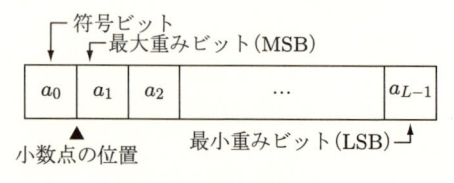

**図 7.1** 固定小数点表示

号・絶対値表示の三つの方法に分けられる．$f$ が **2 の補数表示**されている場合，その値を 10 進数表示すると

$$f_{(10)} = -a_0 + a_1 2^{-1} + a_2 2^{-2} + \cdots + a_{L-1} 2^{-(L-1)} \tag{7.2}$$

となる．このとき表示できる数の範囲は $(1 - 2^{-(L-1)}) \sim -1$ である．2 の補数表示は符号ビットを数値ビットと同じように取り扱えるのが特長である．

■**例題 7.1** 10 進数の $-0.3125$ を 2 の補数表示の 2 進数に変換せよ．

**解答** まず，絶対値 0.3125 を 2 進数に変換する．10 進小数を 2 進数に変換するには繰り返し 2 をかけて，その整数部をとり，上位の桁から下位の桁へと並べていけばよい．よって

|  | 整数部 |
| --- | --- |
| $0.3125 \times 2 = 0.625$ | 0 |
| $0.625 \times 2 = 1.25$ | 1 |
| $0.25 \times 2 = 0.5$ | 0 |
| $0.5 \times 2 = 1.0$ | 1 |

であるので，絶対値の 2 進表現は 0.0101 である．次に，2 の補数にするために，各桁の 0 と 1 を反転させた後に 0.0001 を加える．そして符号ビットを 1 にすれば，1.1011 を得る．　　□■□

浮動小数点表示では図 7.2 のように仮数部と指数部に分けて数を表現する．ここで，$m_0 \sim m_M$ が仮数部であり，$r_0 \sim r_E$ が指数部である．$m_0$ と $r_0$ はそれぞれ仮数部と指数部の符号ビットであり，仮数部の最大重みビットは $m_1$ で，指数部の最大重みビットは $r_1$ である．すなわち，1 ワードの中で小数点の位置は唯一となる．浮動小数点表示の方法は **IEEE** 方式や **IBM** 方式などがあり，細かいところは異なるが，いずれも仮数部は符号・絶対値表示，指数部は 2 の補数表示を採用している．この場合，10 進表示すると

$$f_{(10)} = \alpha \times 2^e \tag{7.3}$$

のように表される．ただし

$$\alpha = (-1)^{m_0} \times (m_1 2^{-1} + m_2 2^{-2} + \cdots + m_M 2^{-M}) \tag{7.4}$$

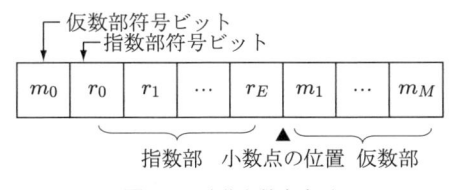

**図 7.2** 浮動小数点表示

および

$$e = -r_0 2^E + r_1 2^{E-1} + r_2 2^{E-2} + \cdots + r_E \tag{7.5}$$

である．このとき有効桁数を最大にするため，$\alpha$の範囲が

$$0.5 \leqq \alpha < 1 \tag{7.6}$$

となるように，仮数部と指数部を表す．このような浮動小数点数は正規化されているという．

## 7.2 誤差とその影響

前節で述べたように2進表現をする場合，固定小数点表示にせよ浮動小数点表示にせよ，その桁数が無限桁であれば問題はない．しかしながら，現実の信号処理システムは有限の桁数しか取り扱えないので，実際の演算は有限語長に制限されてしまう．そのために誤差が生じる．**語長制限**の方法としては次の二つの方法が考えられる．

① **まるめ** 最小重みビットの次のビットが1のとき最小重みビットに1を加え，0のときは加えない．

② **切り捨て** 最小重みビットの次のビット以下を切り捨てる．

次に，ある無限語長の2進数$X$を，符号ビットを除いて$B$ビットにまるめたときの誤差の範囲をもとめよう．ただし，浮動小数点表示の場合には仮数部を$B$ビットにまるめることにする．まるめられた数値を$Y$とするとき，固定小数点表示の場合誤差$\varepsilon$を

$$\varepsilon = Y - X \tag{7.7}$$

で定義し，浮動小数点の場合には

$$\varepsilon = \frac{Y - X}{X} \tag{7.8}$$

によって定義する．なぜこうするのかというと，固定小数点表示の場合には誤差は常に最小重みビットのところで$X$の大小にかかわりなく絶対的な値として生じるのに対し，浮動小数点表示では誤差は仮数部にしか及ばないため$X$の値に対して相対的な値となるからである．このとき$\varepsilon$の範囲は，固定小数点表示の場合

$$-\frac{2^{-B}}{2} < \varepsilon \leqq \frac{2^{-B}}{2} \tag{7.9}$$

となり，浮動小数点表示の場合

$$-2^{-B} < \varepsilon \leqq 2^{-B} \tag{7.10}$$

となる．式 (7.9) および式 (7.10) で与えられる誤差によって生じる特性の劣化は次の三つに分類される．

(1) 入力信号の量子化

アナログ信号を A/D 変換器に通して量子化する場合，得られるディジタル信号には上述の誤差が含まれている．この誤差の大きさは確率的に表現されるので，雑音としてとらえられる．これはいわゆる**量子化雑音**である．

(2) 乗算器係数の語長制限による誤差

乗算器係数に上述の誤差が加わった場合，ディジタルフィルタの伝達関数そのものが無限語長のときとは異なったものになってしまうため，フィルタの周波数特性やインパルス応答そのものが劣化する．この劣化は確定的に表現できる．FFT については，$W_N$ の値が本来の値でなくなることから FFT の計算結果そのものに確定的な誤差が混入することになる．

(3) 有限語長演算による誤差

ディジタル信号処理システムを実現するのに使用するハードウェア自体の演算語長が有限であるために生じる誤差は (1) の場合と同じく雑音としてとらえられる．この雑音を**まるめ雑音**という．さらには，演算そのものが線形でなくなることから，**オーバーフロー**や**リミットサイクル**とよばれる現象が発生する．オーバーフローは固定小数点表示のときには特に注意を払う必要がある．システムがオーバーフローを起こさずに取り扱える数の範囲を**ダイナミックレンジ**とよび，これが広い方が望ましい．

以上の誤差のうち，(1) はフィルタ自体の誤差ではないので，その影響のしかたが回路構造によって変化することはない．しかし，(2) と (3) による劣化の度合は回路構造によって大きく異なるので，回路構造を決定するための尺度となる．すなわち，同一の伝達関数を実現する各種の回路構成の中から劣化の少ないものが選択される．

ディジタル信号処理システムをプログラマブルプロセッサを用いて実現する場合，信号処理専用のいわゆるディジタルシグナルプロセッサでは 32 ビットの浮動小数点表示の数値形式が主流であるので，有限語長の問題をあまり意識せずにシステム実現できる．しかし，ASIC などにより専用 LSI を作成する場合には，チップ面積や処理速度とのトレードオフから語長が制限される場合もあり，そのようなときには有限語長の影響を十分考えて対策をとっておく必要がある．

■例題 7.2　図 7.3 に示す直接形 2 次ディジタルフィルタを固定小数点 4 ビットの語長（符号ビットを除く）で実装するとき，等価的に実現される伝達関数を求めよ．

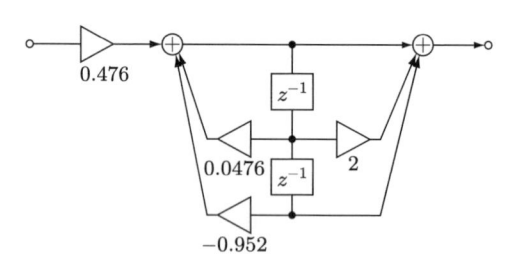

図 7.3　2 次ディジタルフィルタ

**[解答]**　図 7.3 は直接形構成なので，乗算器係数と伝達関数の係数が 1 対 1 に対応しており，その伝達関数は

$$H(z) = 0.476 \frac{(1+z^{-1})^2}{1 - 0.0476z^{-1} + 0.9520z^{-2}} \tag{7.11}$$

である．したがって，有限語長の等価伝達関数を求めるには，各乗算器係数を 2 進数に直して 4 ビットにまるめてから 10 進数に戻してやればよい．その結果

$$H(z) = 0.5 \frac{(1+z^{-1})^2}{1 - 0.05z^{-1} + 0.9375z^{-2}} \tag{7.12}$$

となる．元の伝達関数とはかなり異なった伝達関数になっていることがわかる．この有限語長の等価伝達関数の周波数特性を計算すると，有限語長係数下での特性シミュレーションになる．有限語長係数における振幅特性を図 7.4 に示す．ピークで 2 dB 程度特性がずれていることがわかる．

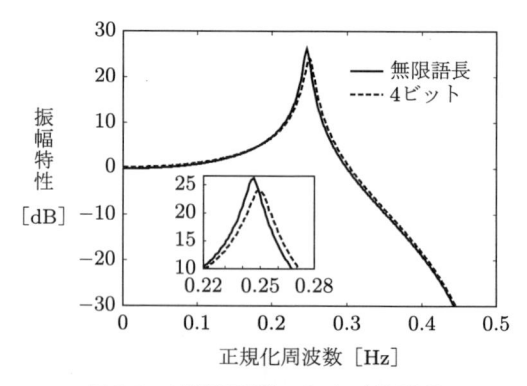

図 7.4　有限語長係数における振幅特性

## 7.3　ソフトウェア実現

次に計算機上でソフトウェアとして信号処理システムを実現する方法を述べる．この場合，汎用の計算機だけでなく信号処理専用のディジタルシグナルプロセッサを用いて実現する場合を含む．ディジタルシグナルプロセッサのアーキテクチャについては後で述べる．ソフトウェア実現のポイントはディジタルフィルタの動作をどのようにしてプログラムで記述するかにある．基本的には，回路中の加算器と乗算器および遅延要素をそれぞれ加算命令と乗算命令およびメモリへのアクセス命令に置き換えればよい．しかし，回路中の各素子が動作する順序がわかっていないと，これらの命令をどのような順番で実行していくのかが決まらないので，プログラム作成は不可能である．このための情報を与えるのが，次に述べるプレシデンスフォームである．

### 7.3.1　プレシデンスフォーム

加算器や乗算器はその入力の値が確定して初めて動作可能となり，動作の終了とともに出力値が確定する．加算器と乗算器および遅延要素の入力や出力を一つの**節点**とみなすと，各素子の入力や出力の値はそれらに対応する節点の値としてとらえることができる[*1]．プレシデンスフォームは回路中の節点をその値が確定する順序により類別し，それらの関係を有向グラフで表現したものである．プレシデンスフォームは並列計算などの分野で用いられるコントロールデータフローグラフに相当するものである．

節点の類別は，次のアルゴリズムで簡単に行うことができる．

(1) 回路の入力節点と遅延要素の出力節点を抽出し，これらを $N1$ とする（これらの節点は，その値を確定するために他のいかなる節点の値も参照する必要がない）．

(2) $N1$ に属している節点から出ている枝のみを入力枝とする節点を抽出し，これらを $N2$ とする（$N2$ は $N1$ の次に値の確定する節点の集合である）．

(3) $N1 \cup N2$ に属する節点から出ている枝のみを入力枝とする節点を抽出し，これらを $N3$ とする．

(4) 以下同様にして，$N4, N5, \cdots, Nn$ を求める．

■プレシデンスフォームの作成例

それでは，実際の例を通してプレシデンスフォームがどのようなものかを具体的

---
[*1] シグナルフローグラフの節点との違いに注意してほしい．

に説明しよう．図 7.5 に示す 1D 形 2 次帯域通過フィルタを取り上げる．図 7.5 において，入力節点は $X(I)$，遅延要素の出力節点は $Y1$ と $Y2$ である．したがって

$$N1 = \{X(I), Y1, Y2\} \tag{7.13}$$

となる．

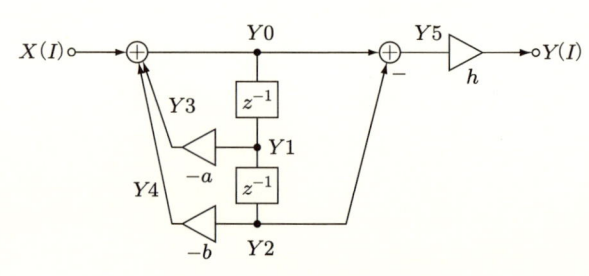

**図 7.5** 2 次帯域通過フィルタ

次に，$N1$ に属する三つの節点の値のみを用いて計算できる節点を探そう．すると，$Y3$ および $Y4$ はそれぞれ $Y1$ と $Y2$ を入力節点とする乗算器の出力節点であるので，これらは $N1$ の要素のみで値を確定できることがわかる．それ以外の節点は，この段階ではまだ計算不能である．したがって

$$N2 = \{Y3, Y4\} \tag{7.14}$$

となる．

残った節点 $Y0$，$Y5$ および $Y(I)$ の接続状態を調べてみる．$Y0$ は $X(I)$，$Y3$ それに $Y4$ を入力節点とする加算器の出力節点である．$Y5$ は $Y0$ と $Y2$ を入力節点とする加算器（減算）の出力節点である．そして，$Y(I)$ は $Y5$ を入力節点とする乗算器の出力節点である．したがって，これらの節点の値の確定順序は $Y0$，$Y5$，$Y(I)$ の順番であることがわかる．以上から

$$N3 = \{Y0\}$$
$$N4 = \{Y5\}$$
$$N5 = \{Y(I)\}$$

となる．

これで節点の類別は終了したので，類別された節点間の関係を図 7.6 のように表せば，図 7.5 のディジタルフィルタのプレシデンスフォームが得られる．プレシデンスフォームは有向グラフの一種であり，その枝が加算器あるいは乗算器に対応する．ある節点には入ってくる枝が 1 本のときは乗算器枝で，複数の枝がある節点に

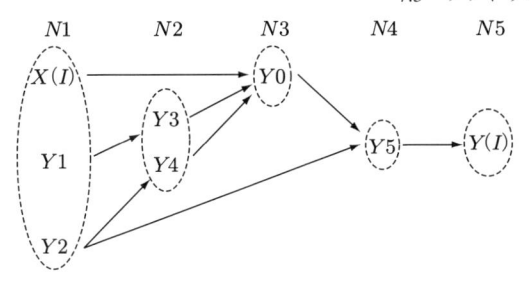

図 **7.6** プレシデンスフォーム

入っているときは加算器の入力枝である．

■**例題 7.3** 162 ページの図 6.47 の 1 次 IIR フィルタのプレシデンスフォームを求めよ．

**解答** 図 7.7 のように節点番号をつけて，節点を類別すると

$$N1 = \{X(I), Y3\}$$
$$N2 = \{Y0\}$$
$$N3 = \{Y(I)\}$$
$$N4 = \{Y1\}$$
$$N5 = \{Y2\}$$

となるので，図 7.8 のプレシデンスフォームを得る．

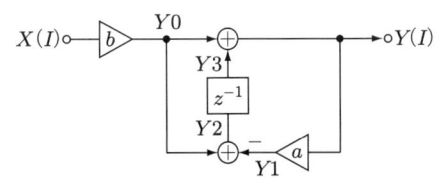

図 **7.7** 1 次 IIR フィルタ

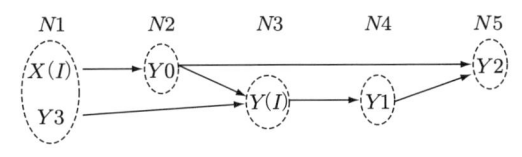

図 **7.8** 1 次 IIR フィルタのプレシデンスフォーム

## 7.3.2 プログラムの作成

プレシデンスフォームができあがったことにより，節点の計算順序に見通しがつ

いたので，プログラミングが可能となる．プログラムの作成は，類別されたグループ順に各グループの節点の値を計算する代入文を書いて行き，最後に遅延要素の値を更新する代入文を書いて終了する．図 7.6 から生成されるプログラムの算術文のみを書くと以下のようになる．

- $N2$ に属する節点の計算

$$Y3 = -a * Y1$$
$$Y4 = -b * Y2$$

- $N3$ に属する節点の計算

$$Y0 = X(I) + Y3 + Y4$$

- $N4$ に属する節点の計算

$$Y5 = Y0 - Y2$$

- $N5$ に属する節点の計算

$$Y(I) = h * Y5$$

- 遅延要素の値の更新

$$Y2 = Y1$$
$$Y1 = Y0$$

高級言語風に記述するために，節点変数 $Y3, Y4, Y5$ を消去すると

$$Y0 = X(I) - a * Y1 - b * Y2$$
$$Y(I) = h * (Y0 - Y2)$$
$$Y2 = Y1$$
$$Y1 = Y0$$

となる．

プレシデンスフォームからディジタルフィルタを実現するプログラムを作成するとき注意しなければならないのは，プレシデンスフォームは一意的な計算順序を与えているものではないということである．すなわち，類別された節点集合中のどの節点から計算すべきか，あるいはある節点から複数の枝が出ているときどの枝から計算すべきかを示してはいないということである．上の例では $Y3$ と $Y4$ の計算に自由度がある．高級言語でプログラムを書く場合には，先ほどの例の最終結果のように多項演算の形で書くことが多く，この自由度を意識することはほとんどないが，多項演算の演算順序を変更するとオブジェクトの実行効率に差が出る．アセンブラ

あるいは機械語で記述する場合には，プログラムステップ数に直ちに差が出る．このため節点の計算順序は，プレシデンスフォームを基にしてもっとも効率の良いプログラムが記述できるものにする必要がある．

　プレシデンスフォームから作成された算術文の演算は1標本化周期の間にすべてが実行されなければならない．非実時間処理を行うときには，ある標本値に対する計算が終了してからその次の標本値をストレージから取り込めば済むことであるが，実時間処理のときにはこのことは非常に大きな意味をもっている．なぜなら，ある標本値に対する計算が終了する前に次の標本値が取り込まれても，そのデータがロストするだけだからである．すなわち，実時間処理ではある標本値を取り込んでから次の標本値を取り込めるようになるまでの時間で標本化周期の下限が決まることになり，これによって処理可能な周波数の上限が押さえられてしまう．

　こうしてディジタルフィルタがソフトウェアで実現されたわけであるが，実際にはフィルタにデータを入出力するルーチンを組み込む必要がある．さらに，上の算術文で行われる計算は1標本値に対してなされるので，標本化されて順次入力してくる系列を処理するためにはループ制御文を付け加える必要がある．

　また，上述の計算式に入力信号を数値的に作成するルーチンとループ制御文を組み込んだプログラムをC言語などで作成すれば，ディジタルフィルタの時間領域での動作シミュレーションプログラムになる．

### 7.3.3　ディレイフリーループ

　ここで図7.9に示す回路のプレシデンスフォームを作成してみよう．この回路は遅延要素をもっていないので

$$\{N1\} = \{X(I)\} \tag{7.15}$$

である．次に，$\{N1\}$に属する$X(I)$のみを用いて値を確定することのできる節点を捜さなければならないが，$Y1$を確定させるには$X(I)$だけではなく$Y2$も必要であるため，そのような節点は存在しないことがわかる．したがって，節点の類別はここでストップしてしまう．また節点$Y2$について考えてみると，この節点を確定させるためにはそれに先立って$Y(I)$が確定していなければならない．さらに，$Y(I)$が確定するには$Y1$が必要である．よって，図7.9の回路の節点の値を確定させることは絶対に不可能であり，プレシデンスフォームを作成できない．なぜこのようなことが生じたのかというと，図7.9の回路では$Y1$–$Y(I)$–$Y2$なる帰還ループに遅延要素が存在しないためである．試しに乗算器$a$を遅延要素に置き換えてみよう．その場合，各節点は

$$\left.\begin{array}{l}\{N1\} = \{X(I),\ Y(I)\} \\ \{N2\} = \{Y2\} \\ \{N3\} = \{Y1\}\end{array}\right\} \tag{7.16}$$

のように類別され，これを基にプレシデンスフォームを作成することができる．

このプレシデンスフォームの作成を不可能にさせる遅延要素のない帰還ループのことを**ディレイフリーループ**とよぶ．ディレイフリーループが存在するディジタルフィルタは，上述の理由から，ハードウェアおよびソフトウェアのいずれによっても実現することはできない．したがって，回路を構成するときにはディレイフリーループが生じないように注意を払う必要がある．

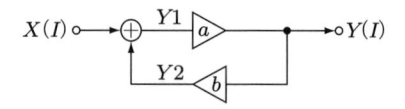

**図7.9** ディレイフリーループを含む回路

■**例題7.4** 図7.10の帰還接続において

$$F = \frac{1}{1 + az^{-1}} \tag{7.17}$$

であるとき，ディレイフリーループが生じるかどうかを調べよ．

**解答** この $F$ を回路実現したときに入力から出力に向かうパスに遅延を含まない枝があると必ずディレイフリーループが生じる．たとえば，$F$ を直接形で実現したときの全体の回路を示すと図7.11のようになり，確かに同図の太線のようにディレイフリーループがあることがわかる．ちなみに，$F$ が

$$F = \frac{z^{-1}}{1 + az^{-1}} \tag{7.18}$$

であるなら，ディレイフリーループは生じない．一般的にいって，伝達関数の分子多項式に $z^{-1}$ がかかってない項があると入力から出力に向かうパスに遅延を含まない枝ができるので，このような伝達関数を帰還接続の要素として用いるとディレイフリーループが必ず生じる．

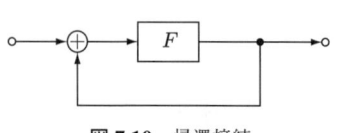

**図7.10** 帰還接続

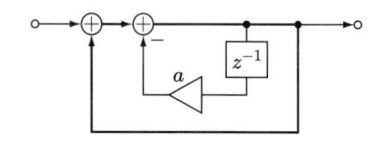

**図7.11** ディレイフリーループの生じる例

### 7.3.4 クリティカルパス

プレシデンスフォームの中の左端の節点集合から右端の節点集合に至る有効パスの中でもっとも枝数の多いパスのことを**クリティカルパス**とよぶ．たとえば，177ページの図 7.6 のプレシデンスフォームの場合，クリティカルパスは図 7.12 の太線のパスで，二つ存在する．すなわち，パス $Y1 \rightarrow Y3 \rightarrow Y0 \rightarrow Y5 \rightarrow Y(I)$ とパス $Y2 \rightarrow Y4 \rightarrow Y0 \rightarrow Y5 \rightarrow Y(I)$ の二つである．プレシデンスフォームのある節点集合 $N_i$ に属する一つの節点は必ず一つ手前の節点集合 $N_{i-1}$ に属する少なくとも一つの節点から出る枝が接続されていなければならない．そうでないと，プレシデンスフォーム作成のルールによりその節点は節点集合 $N_{i-1}$ に属することになるからである．このことを考慮すると，クリティカルパスの長さ，すなわちクリティカルパスに含まれる枝数を $l$ とすると

$$l = N - 1 \tag{7.19}$$

である．ここで $N$ はプレシデンスフォームで類別された節点集合の数である．図 7.12 の場合では，$l = 4$ および $N = 5$ である．

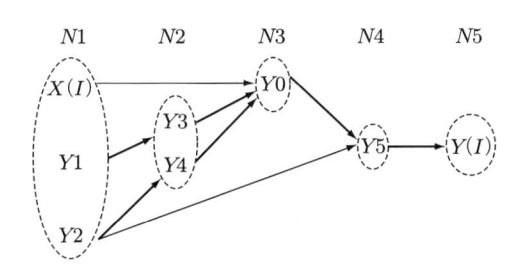

**図 7.12** クリティカルパス

先ほど 179 ページで，プレシデンスフォームから作成された算術文の演算は 1 標本化周期の間にすべてが実行されなければならず，これに要する時間で最小標本化周期が決まると述べた．この 1 標本値に対する処理時間の下限を与える指標となっているのが，クリティカルパスの長さである．複数の乗算器と加算器を同時に動作させることが可能な場合には，一つの節点集合へ向かう複数の枝の演算が同時に実行できることになる．図 7.12 の場合では，$N2$ に向かっている 2 本の乗算枝の乗算は同時に実行可能である．こうして並列演算可能なところはすべて並列演算するときの 1 標本値の処理に要する演算ステップ数が最小ステップ数となり，これがクリティカルパスの長さにほぼ等しくなる．つまり，クリティカルパスの長さが 1 標本値に対する処理時間の下限の指標を与えることになる[*2]．

---
[*2] 1 ステップ 1 命令のノイマン型アーキテクチャの場合には，総演算数，つまりプレシデンスフォームの枝の総数の方が，クリティカルパスの長さよりも処理時間の下限を決める．

したがって，高速なディジタルフィルタを実現するためには，クリティカルパスの長さが短くかつ演算の並列度の高い回路構造を考える必要がある．演算の並列度は，同一グループに属する節点数の多い回路ほど高い．

■**例題 7.5** 図 7.8 のプレシデンスフォームのクリティカルパスを示せ．

**解答** もっとも枝数の多いパスを探すと，図 7.13 の太線のパスがクリティカルパスであることがわかる．

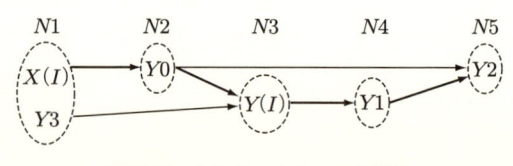

**図 7.13** クリティカルパスの例題

## 7.4 専用ハードウェアによる実現

ディジタル信号処理システムのもっとも単純な実現方法は，回路図どおりに論理ゲートで構成した遅延要素，加算器，乗算器を接続することである．まず，基本素子の実現法を示そう．

### 7.4.1 基本素子の実現

**加算器**

ディジタルフィルタの構成素子のうち，加算器は全加算器の組み合わせとして実現でき，その組み合わせ方によって直列加算器と並列加算器がある．図 7.14 に並列加算器の回路を示す．並列加算器は高速演算に適しているが，桁上げ信号（キャリー信号）が下位桁から上位桁に伝搬していく速度で加算速度が制限されてしまう．そこである演算単位ごと（たとえば 4 ビット）の桁上げ信号を先に求める回路を付加

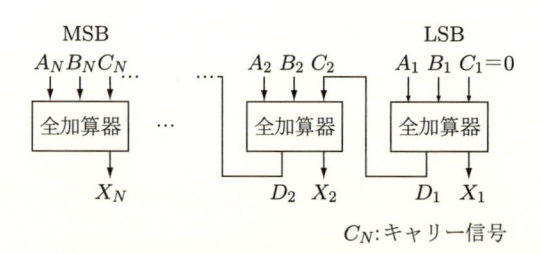

$C_N$：キャリー信号

**図 7.14** 並列加算器

し，この演算単位を接続して加算器を構成すると，4 ビット分の桁上げ信号の伝搬遅延時間で多ビットの加算が可能になる．これを桁上げ先見形（キャリールックアヘッド）加算器とよぶ．

### 乗算器

乗算は被乗数を乗算回数分だけ加算することにより計算されるので，全加算器の組み合わせによって実現でき，直列乗算器と並列乗算器がある．直列乗算器より並列乗算器のほうが高速演算には適しているが，ハードウェア量は増大する．

### 遅延要素

遅延要素は基本的にはフリップフロップにより実現される．これにより 1 標本化周期分のデータを保持しておく．

この他にもディジタル信号処理システムの実現のためにメモリは使用される．ファーストインファーストアウトメモリ（FIFO メモリ）は入出力のタイミングを合わせるのに使われる．乗算器係数はリードオンリーメモリ（ROM）に格納されることが多い．

### 制御回路

ディジタル信号処理システムの回路には直接現れないが，論理ゲートレベルで必要不可欠なものに制御回路がある．すなわち，クロック制御回路等が必要である．ディジタル信号処理システムの基本素子で時間遅れがあるのは遅延要素だけであるが，実際には，乗算や加算の実行にも時間がかかるので，それを考慮にいれて制御信号を出してタイミングを決めねばならない．このための制御回路の実現法には，布線論理とプログラム論理の二通りがある．布線論理は論理ゲートの配線により実現するものである．プログラム論理は制御手順をマイクロ命令という形で ROM に格納しておき，それを逐次読み出して実行し，制御を行うものである．布線論理は高速制御が可能であるが，制御規模が大きくなるとハードウェア量の増大を招いてしまう．したがって大規模なディジタル信号処理システムの実現にはプログラム論理が使われることが多い．制御用にマイクロプロセッサを使用する場合もある．

タイミングの決定にはディジタル信号処理システム内の節点の値の確定順序を知っておく必要があり，このためには前述のプレシデンスフォームが使われる．

### 7.4.2 LSI によるシステム実現

ディジタル信号処理システムを経済的に実現するためには LSI 化が必須である．同じ処理を実現する場合，アナログ信号処理に比べディジタル信号処理は莫大なト

ランジスタ数を必要とする．このような状況でも経済的に引き合うためには，LSI化による量産化効果と大規模集積化による処理密度の高密度化および低消費電力化が必要である．したがってディジタル信号処理システムのLSI化に際して，FFTとかディジタルフィルタといった単機能の実現のときには汎用性を上げることを心がける必要がある．あるいは，モデムとかコーデックのようなシステム全体をディジタル信号処理システムとして実現する．

LSIの設計においては次の点を考慮する必要がある．

(1) チップ分割

システム全体が1個のLSIに収まらないときに複数のチップに分けて実現することをいう．ただし，1個のLSIに収まるときでも設計の複雑さ，チップのピン数，歩留まり，発熱などの理由からチップ分割をしたほうが好ましい場合も多い．チップ分割を行う場合には，分割した各チップの機能がサブシステムとしてまとまっていることが重要である．分割したチップに汎用性があればなお好ましい．また，忘れてはならないのはチップ間の配線が簡単になるように分割することである．

(2) 基本回路形式

要求される性能に応じてどのタイプの集積回路を使うかを決めるのが基本回路形式の選定である．すなわちバイポーラにするかMOSにするか，バイポーラであればTTLにするかECLにするかである．選定の基準としては，動作速度，集積規模および消費電力などである．

(3) 設計アプローチ

カスタム化の度合によってLSIの作り方はいくつかの方法に分かれる．

- 第1はフルカスタムに設計する方法で，トランジスタレベルから独自設計し，目的にあった最適なLSIを実現する方法である．この方法は量産時の生産コストは下がるが，開発の手間とコストが膨大になる．したがってLSIの生産量が開発コストに見合うだけのものにならないと，このアプローチは経済的に成り立たない．

- 第2はゲートアレイを使ってASIC（Application Specific IC）として実現するアプローチである．ゲートアレイによるシステム実現は，LSI工程的には配線工程のみが異なるLSIをいくつも生産することになり，個々のシステムの生産量は少なくても全体としては経済性の確保が可能である．ただし，チップ上には無駄な部分が残るため多少割高なものとなる．現在では，設計現場でプログラム可能なゲートアレイである

FPGA（Field Programmable Gate Array）で実現する方法がこの方法での主流になっている.
- 以上二つの中間的なアプローチとしてスタンダードセル方式もある.

最近は，高性能計算機の低価格化に象徴されるようにハードウェア記述言語を取り巻く環境が進化し，そのために上述のアプローチの境界があいまいになっている．すなわち，ハードウェア記述言語でシステムを記述して論理合成するところまでは共通で，そのあとのテクノロジマッピングで各方法に合わせた最適化を行うのが普通になりつつある．

## 7.5　ディジタルシグナルプロセッサ

　LSI の中で汎用性を向上させて単品生産量の増大を図ったものの最右翼がマイクロプロセッサである．**ディジタルシグナルプロセッサ**はディジタル信号処理に用途を絞ったマイクロプロセッサである．ディジタルシグナルプロセッサの登場は，ストアードプログラム方式であることによって生み出される柔軟性を最大の武器として，コスト的に専用 LSI を作るのが引き合わなかった少量多品種の分野に対しても，ディジタル信号処理の進出を可能にした点で画期的である．

　ディジタルシグナルプロセッサの最大の特徴はその高速性にあるが，デバイス実現上の条件は汎用マイクロプロセッサと同一であるので，その高速性はアーキテクチャの工夫によって生み出されている．ここで簡単にそれについてふれてみよう．7.3.2 項のディジタルフィルタを実現するプログラムの算術文からわかるように，ディジタルフィルタの実現においては

$$Y = A_1 X_1 + A_2 X_2 + \cdots \tag{7.20}$$

なる形の**積和演算**が繰り返し表れる（このことはディジタルフィルタだけでなく，高速フーリエ変換などの他のディジタル信号処理のアルゴリズムについてもいえる）．したがって，ディジタルシグナルプロセッサのアーキテクチャはこのような形の演算をいかに高速に実行させるかに主眼をおいて設計されている．図 7.15 にディジタルシグナルプロセッサのアーキテクチャの概念図を示す．ディジタルシグナルプロセッサのアーキテクチャにおける工夫および特長を列挙すると次のようになる．

(1) 高速並列乗算器を内蔵し，その出力を ALU の片方の入力に直結している．
(2) データ ROM と RAM をプログラム ROM とは別に内蔵し，バスもデータ系とプログラム系を別にしている．このようなアーキテクチャをハーバード

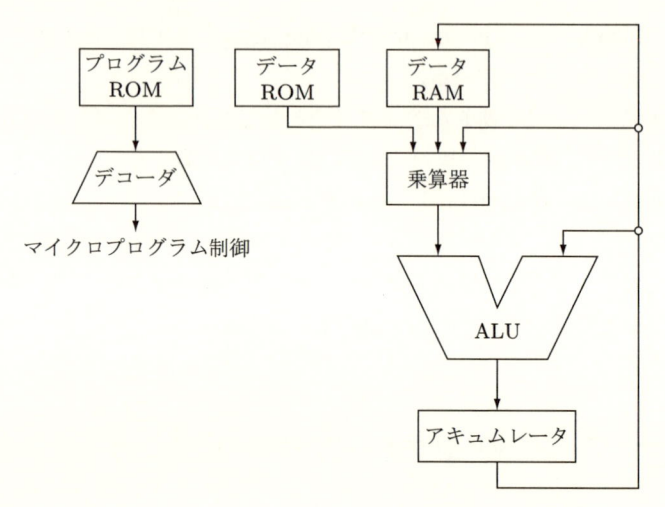

図7.15 ディジタルシグナルプロセッサのアーキテクチャ

アーキテクチャとよぶ.
(3) 命令の読み出しと実行を分離し，命令の読み出しは実行に先立ってあらかじめ用意する方式，すなわちパイプライン処理を採用している.

この他，各機種共それぞれの工夫が盛り込まれている.

初期のディジタルシグナルプロセッサは 16 ビットの固定小数点演算のものが大半であったが，第 2 世代として 32 ビットの浮動小数点演算の機種が登場した.

ディジタルシグナルプロセッサもマイクロプロセッサの一種であるので，ディジタル信号処理システムの実現法も基本的には先に示したソフトウェア実現の場合と同じである．まず，フィルタ内の節点の計算順序を決定して，それからディジタルシグナルプロセッサ上で実行可能なアセンブラプログラムを作成するという手順になる.

このようなソフトウェア開発を支援する開発ツールとしてメーカーから供給されるのは，ディジタルシグナルプロセッサ用クロスアセンブラ，そのアセンブラプログラム用のソフトウェアシミュレータおよび実時間ハードウェアシミュレータである．それらの使用手順は，次のようになる.

1. アセンブラ言語で記述されたソースプログラムをホストコンピュータ上でクロスアセンブルする.
2. その出力をソフトウェアシミュレータまたは実時間ハードウェアシミュレータにかけて，正しく動作するかどうかを評価する.

ディジタル信号処理システムの実現プログラムをディジタルシグナルプロセッサのアセンブラ言語で作成する際には，その実行ステップ数が最大標本化周波数を決めるため，できるだけ短いプログラムを書く必要がある．しかし，ディジタルシグナルプロセッサは高速化優先のため，ソフトウェア製作の容易さという面が多少犠牲にされている．そのため実行効率の良いプログラムを書くためには，命令セットおよびアーキテクチャの細部に対する理解が必要とされることがある．

なお，最近ではディジタルシグナルプロセッサ用のC言語も供給されるようになっていて，C言語での開発が当たり前となっている．

## 第7章の問題

**7.1** 10進数 0.625 を2進数に直せ．

**7.2** 170ページの図7.1の形式の固定小数点2の補数表示の2進数 1.111 を10進数表示に直せ．

**7.3** 171ページの図7.2の形式の浮動小数点進数 $0.101 \times 2^{1001}$ を10進数表示に直せ．

**7.4** 図7.16の回路のディジタルフィルタの節点を類別し，プレシデンスフォームを作成せよ．

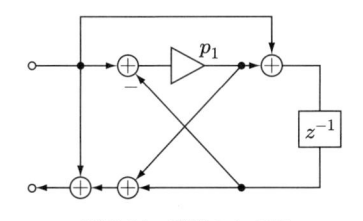

図 **7.16**　問題 7.4 の図

**7.5** 図7.16の回路のディジタルフィルタのプレシデンスフォームのクリティカルパスを示せ．

**7.6** 176ページの図7.5のディジタルフィルタのインパルス応答をシミュレーションするCプログラムを作成せよ．ただし，$a = -0.75$, $b = 0.5$ および $h = 0.25$ とする．

**7.7** 新しい流れとして，ハードウェア記述言語に代わり，C言語でシステム全体を記述する方法がとられ始めている．このアプローチがとられた場合，ディジタル信号処理システムの設計にどのようなことが起きると考えられるか．

# 参考および関連文献

　日本に数あるディジタル信号処理の文献の中でもっとも基礎的事項を詳細に記述してあるのが文献 [1] である．ただし，初学者にはやや高度すぎると感じるかもしれない．そのようなときには，文献 [7] が良き補助となろう．世界的にみれば何といっても文献 [3] が有名である．文献 [4] は文献 [3] をリニューアルしたものである．文献 [5] は基礎から応用まで要領よくまとまっており，推薦したい一冊である．文献 [6] は文献 [3] と同じ時期に出版された本であるが，こちらの方が応用的側面にやや重きがおかれている．和書で応用的側面に焦点を当てたものとしては，やや古くなったが，文献 [2] がある．文献 [8] はディジタルフィルタの近似と構成に関して，文献 [9] はハードウェア実現に関して，和書にしてはめずらしいほど踏み込んだところまで記述してあって非常に貴重な本である．最近出版された本では，文献 [10] がディジタルフィルタの設計に紙面を比較的割いている．文献 [11] は信号処理全般について程良くまとまっている．信号の数学的取り扱いに関しては，古典的名著である文献 [12] が詳しい．

[1]　辻井重男監修：ディジタル信号処理の基礎，電子情報通信学会，1988.
[2]　井上伸雄監修：ディジタル信号処理の応用，電子情報通信学会，1981.
[3]　A. V. Oppenheim and R. W. Shafer：Digital Signal Processing, Prentice-Hall, 1975.（オッペンハイム，シェーファー著，伊達玄訳：ディジタル信号処理（上）（下），コロナ社，1978）
[4]　A. V. Oppenheim and R. W. Shafer：Discrete-Time Signal Processing, Prentice-Hall, 1989.
[5]　S. K. Mitra：Digital Signal Processing—A Computer-Based Approach—, McGraw-Hill, 1998.
[6]　L. R. Rabiner and B. Gold：Theory and Application of Digital Signal Processing, Prentice-Hall, 1975.
[7]　貴家仁志：ディジタル信号処理，昭晃堂，1997.
[8]　武部幹：ディジタルフィルタの設計，東海大学出版会，1986.

- [9] 持田侑宏, 高橋宣明, 津田俊隆, 本間光一：ディジタル信号処理システム, 東海大学出版会, 1986.
- [10] 武部幹, 高橋宣明, 西川清：ディジタル信号処理, 丸善, 2004.
- [11] 飯國洋二：基礎から学ぶ信号処理, 培風館, 2004.
- [12] A. Papoulis：Signal Analysis, McGraw-Hill, 1977.（A. パポーリス著, 町田東一, 村田忠夫訳監修：アナログとディジタルの信号解析, 現代工学社, 1982）
- [13] A. H. Gray, Jr. and J. D. Markel：A Computer Program for Designing Digital Elliptic Filters, IEEE Transactions on Acoustics, Speech and Signal Processing, vol. ASSP-24, No. 6, pp. 529–538, December 1976.

# 演習問題解答

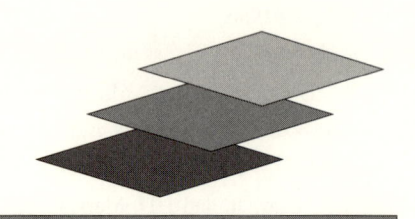

## 第1章
**1.1** 本文中で述べたように，再現性，安定性，柔軟性，経済性および機能性あたりをキーワードに比較することができる．

**1.2** 一例として，LSI技術を核に論じることができる．

**1.3** たとえば解図1のような構成が考えられる．

解図1

**1.4** これから先もセンサやトランスデューサの入出力はアナログ信号である場合が大部分であるので，これらとディジタル信号処理システムを結ぶインターフェースにはアナログ信号処理が用いられる．

## 第2章
**2.1** 例題2.1を参考にすると図2.22の信号 $x(nT)$ は

$$x(nT) = \delta(nT) + \delta(nT - T) + \delta(nT - 2T)$$

となる．また，単位ステップ信号で表すと

$$x(nT) = u(nT) - u(nT - 3T)$$

となる．

**2.2** $x(nT) = a_1 x_1(nT) + a_2 x_2(nT)$ として与式に代入すると

$$\begin{aligned} y(nT) &= \{a_1 x_1(nT) + a_2 x_2(nT)\}^2 \\ &= a_1^2 x_1^2(nT) + a_2^2 x_2^2(nT) + 2a_1 a_2 x_1(nT) x_2(nT) \\ &\neq a_1 x_1^2(nT) + a_2 x_2^2(nT) \end{aligned}$$

であるので，このシステムは線形ではない．

**2.3** 二つの入力 $x_1(nT)$ と $x_2(nT)$ に対する出力をそれぞれ $y_1(nT)$ および $y_2(nT)$ とすると

$$y_1(nT) = x_1(nT) + bx_1(nT - T) + ay_1(nT - T)$$

および

$$y_2(nT) = x_2(nT) + bx_2(nT - T) + ay_2(nT - T)$$

となる．上側の式の両辺を $k_1$ 倍し，下側の式の両辺を $k_2$ 倍して辺々加えると

$$k_1 y_1(nT) + k_2 y_2(nT) = k_1 x_1(nT) + k_2 x_2(nT) + b\{k_1 x_1(nT - T) + k_2 x_2(nT - T)\}$$
$$+ a\{k_1 y_1(nT - T) + k_2 y_2(nT - T)\}$$

が得られる．この差分方程式は，入力信号が $k_1 x_1(nT) + k_2 x_2(nT)$ であるときの出力信号が $k_1 y_1(nT) + k_2 y_2(nT)$ となることを意味しているので，このシステムは線形であることが示された．

**2.4** インパルス応答 $h(nT)$ は，インパルス信号が入力されたときの零状態応答なので

$$\left. \begin{array}{rcccl} h(0) &=& x(0) + 0.7h(-T) &=& x(0) &=& 1 \\ h(T) &=& x(T) + 0.7h(0) &=& 0.7h(0) &=& 0.7 \\ h(2T) &=& x(2T) + 0.7h(T) &=& 0.7h(T) &=& 0.7^2 \\ &&\vdots&& \\ h(nT) &=& x(nT) + 0.7h(nT - T) &=& 0.7h(nT - T) &=& 0.7^n \end{array} \right\}$$

が得られる．すなわち，$h(nT) = 0.7^n$ である．

**2.5** 振幅は 2 で，位相は $0.25\pi$ rad である．また，正規化角周波数は $0.5\pi$ rad/s であるので，正規化周波数は $0.5\pi/2\pi = 0.25$ Hz となる．

**2.6** 解図 2 の横軸のようになる．

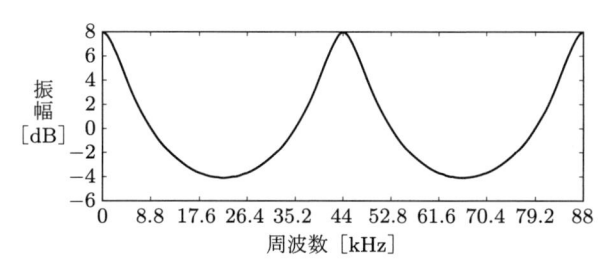

解図 2

**2.7** $H(z)$ に $z = e^{j\omega T}$ を代入して絶対値を計算することにより

$$|H(e^{j\omega T})| = \frac{1}{|1 - 0.5e^{-j\omega T}|} = \frac{1}{|1 - 0.5\cos\omega T + j0.5\sin\omega T|}$$
$$= \frac{1}{\sqrt{(1 - 0.5\cos\omega T)^2 + 0.25\sin^2\omega T}}$$

となる．

**2.8** 式 (6.24) に $z = e^{j\omega T}$ を代入して変形すると

$$H(e^{j\omega T}) = \frac{1}{N}\frac{1-e^{-jN\omega T}}{1-e^{-j\omega T}} = e^{-j\frac{N-1}{2}\omega T}\frac{1}{N}\frac{e^{j\frac{N\omega T}{2}}-e^{-j\frac{N\omega T}{2}}}{e^{j\frac{\omega T}{2}}-e^{-j\frac{\omega T}{2}}}$$

$$= e^{-j\frac{N-1}{2}\omega T}\frac{1}{N}\frac{\sin\frac{N\omega T}{2}}{\sin\frac{\omega T}{2}}$$

が得られる．これの絶対値をとると振幅特性は

$$|H(e^{j\omega T})| = \frac{1}{N}\frac{\sin\frac{N\omega T}{2}}{\sin\frac{\omega T}{2}}$$

となり，式 (6.25) が示された．

**2.9** $Z[\delta(nT)] = 1$ であることと，28 ページの遅延の $z$ 変換の性質を用いると

$$Z[\delta(nT) - \delta(nT-T)] = 1 - z^{-1}$$

となる．

**2.10** 表 2.1 より

$$Z[u(nt)] = \frac{1}{1-z^{-1}}$$

であるから

$$Z[u(nt) + 2u(nT-T)] = \frac{1}{1-z^{-1}} + 2\frac{z^{-1}}{1-z^{-1}} = \frac{1+2z^{-1}}{1-z^{-1}}$$

となる．

**2.11** 表 2.1 の (4) より

$$Z[\sin(n\omega T)] = \frac{z^{-1}\sin\omega T}{1-2z^{-1}\cos\omega T + z^{-2}}$$

であるから，式 (2.72) の関係を考慮すると

$$Z[a^n \sin(n\omega T)] = \frac{az^{-1}\sin\omega T}{1-2az^{-1}\cos\omega T + a^2 z^{-2}}$$

となる．同様に

$$Z[a^n \cos(n\omega T)] = \frac{1-az^{-1}\cos\omega T}{1-2az^{-1}\cos\omega T + a^2 z^{-2}}$$

である．

**2.12** (a) $H(z)$ は

$$H(z) = \frac{1}{1-0.5z^{-1}} + \frac{1}{1-0.8z^{-1}}$$

のように部分分数に展開されるので，

$$Z^{-1}[H(z)] = (0.5)^n + (0.8)^n$$

となる．

(b) この伝達関数の極は $z = 0.5$ および $z = 0.8$ で，いずれも単位円の内部にあるので，システムは安定である．

**2.13** (a) 二つの遅延要素の出力はそれぞれ解図 3 のようになるので，この回路の差分方程式は

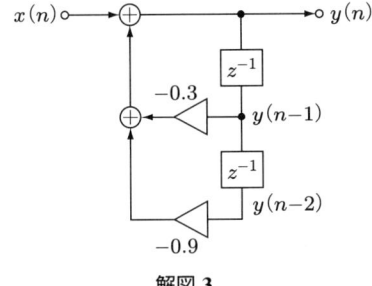

解図 3

$$y(n) = x(n) - 0.3y(n-1) - 0.9y(n-2)$$

である．

(b) $Z[x(n)] = X(z)$ および $Z[y(n)] = Y(z)$ として差分方程式の両辺を $z$ 変換することにより

$$Y(z) = X(z) - 0.3z^{-1}Y(z) - 0.9z^{-2}Y(z)$$

が得られる．ただし，ここでは伝達関数を求めることが目的であるので，回路の初期値は零としている．よって，伝達関数は

$$H(z) = \frac{Y(z)}{X(z)} = \frac{1}{1 + 0.3z^{-1} + 0.9z^{-2}}$$

である．

**2.14** (a) インパルス応答の $z$ 変換が伝達関数 $H(z)$ であるので

$$H(z) = Z[h(n)] = \frac{1}{1-z^{-1}} - z^{-3}\frac{1}{1-z^{-1}} = \frac{1-z^{-3}}{1-z^{-1}} = 1 + z^{-1} + z^{-2}$$

(b) 伝達関数が $z^{-1}$ の多項式になっているので，FIR システムである．
（別解）
このインパルス応答は $h(n) = u(n) - u(n-3) = \delta(n) + \delta(n-1) + \delta(n-2)$ のように変形でき，長さが有限であることがわかるので，FIR システムである．

**2.15** $y(nT)$ を零状態応答とするために $y(-T) = 0$ として差分方程式の両辺を $z$ 変換すると

$$Y(z) = X(z) - z^{-2}X(z) - z^{-1}Y(z)$$

となるので，伝達関数 $H(z)$ は

$$H(z) = \frac{Y(z)}{X(z)} = \frac{1-z^{-2}}{1+z^{-1}}$$

となる．この状態のままだと $H(z)$ は IIR 形伝達関数である．しかしながら，この $H(z)$ は $H(z) = 1 - z^{-1}$ のように約分できるので，実際は FIR 形である．この例のように IIR 形の伝達関数が約分されて FIR 形伝達関数になることで，巡回形の差分方程式をもつ FIR フィルタが生成される．16 ページの例題 2.4 参照．

**2.16** (a) 極は $z = -0.5$，零点は $z = -2$．
(b) 極の絶対値は 1 より小さいので安定である．

(c) $z = e^{j\omega T}$ を代入して絶対値を計算すると

$$\left|H(e^{j\omega T})\right| = \left|\frac{0.5 + e^{-j\omega T}}{1 + 0.5e^{-j\omega T}}\right| = \left|\frac{0.5 + \cos\omega T - j\sin\omega T}{1 + 0.5\cos\omega T - 0.5j\sin\omega T}\right|$$

$$= \sqrt{\frac{(0.5 + \cos\omega T)^2 + \sin^2\omega T}{(1 + 0.5\cos\omega T)^2 + 0.25\sin^2\omega T}} = \sqrt{\frac{1.25 + \cos\omega T}{1.25 + \cos\omega T}}$$

$$= 1$$

## 第3章

**3.1** 図3.19の三角波は

$$f(t) = \begin{cases} \dfrac{|t|}{a} + 1 & (|t| \leqq a) \\ 0 & (|t| > a) \end{cases}$$

と式で書けるので，式(3.1)に代入すると

$$F(\omega) = \int_{-a}^{0}\left(\frac{t}{a}+1\right)e^{-j\omega t}dt + \int_{0}^{a}\left(-\frac{t}{a}+1\right)e^{-j\omega t}dt$$

$$= \frac{2(1-\cos a\omega)}{a\omega^2}$$

となる．さらに変形すると

$$F(\omega) = a\frac{\sin^2(a\omega/2)}{(a\omega/2)^2}$$

を得る．

**3.2** $\sin(at/\pi t)$ をそのままフーリエ変換するのは困難であるので，$F(\omega)$ をフーリエ逆変換することにする．その結果

$$\frac{1}{2\pi}\int_{-\infty}^{\infty}F(\omega)e^{j\omega t}d\omega = \frac{1}{2\pi}\int_{-a}^{a}e^{j\omega t}d\omega = \frac{\sin at}{\pi t}$$

となる．あるいは，式(3.5)において時間軸と周波数軸の対称性を適用してもよい．

**3.3** 与式の左辺は $\sin(\sigma t)/\pi t$ と $g(t)$ との畳み込み積分であるから，$\sin(\sigma t)/\pi t$ のフーリエ変換を $F(\omega)$ として，与式の左辺をフーリエ変換すると $F(\omega)G(\omega)$ となる．ここで，問題3.2の結果を考慮すると，

$$F(\omega) = \begin{cases} 1 & (|\omega| \leqq \sigma) \\ 0 & (|\omega| > \sigma) \end{cases}$$

である．よって，$\sigma > \sigma_0$ である限りは $G(\omega) \neq 0$ となる $\omega$ の範囲内で $F(\omega) = 1$ であるので，$F(\omega)G(\omega) = G(\omega)$ が成り立つ．ゆえに，この式の両辺をフーリエ逆変換すれば与式となる（解図4参照）．

**3.4** オイラーの定理より

$$\sin\omega_0 t = \frac{1}{2j}e^{j\omega_0 t} - \frac{1}{2j}e^{-j\omega_0 t}$$

であるので，$C_{-1} = j/2$, $C_1 = -j/2$, およびその他は0となる．

**3.5** オイラーの定理と式(3.46)を考慮すると

演習問題解答 **195**

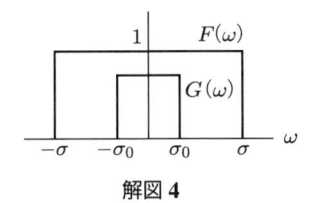

$$\sin\omega_0(t) = \frac{e^{j\omega_0 t} - e^{-j\omega_0 t}}{2j} \overset{フーリエ変換}{\longleftrightarrow} j\pi\{\delta(\omega + \omega_0) - \delta(\omega - \omega_0)\}$$

**3.6** 式 (3.49) を用いると

$$F(\omega) = \sum_{n=0}^{N-1} e^{-jn\omega T} = \frac{1 - e^{-jN\omega T}}{1 - e^{-j\omega T}}$$

となる．

**3.7** フーリエ逆変換を計算することにより

$$h(t) = \frac{1}{2\pi}\int_{-\omega_c}^{\omega_c} e^{j\omega(t-t_0)}d\omega = \frac{\sin\{\omega_c(t-t_0)\}}{\pi(t-t_0)} = \frac{\omega_c}{\pi}\frac{\sin\{\omega_c(t-t_0)\}}{\omega_c(t-t_0)}$$

となる．

**3.8** 周波数特性は

$$H(\omega) = \frac{V_2(j\omega)}{V_1(j\omega)} = \frac{R}{R + j\omega L} = \frac{R/L}{R/L + j\omega}$$

であるので，式 (3.70) よりインパルス応答は

$$h(t) = \frac{R}{L}e^{-\frac{R}{L}t}$$

となる．

**3.9** (a) 伝達関数は

$$H(s) = \frac{V_2(s)}{V_1(s)} = \frac{R}{R + sL} = \frac{R/L}{s + R/L}$$

(b) 式 (3.94) を利用すると

$$h(t) = \frac{R}{L}e^{-\frac{R}{L}t}$$

となる．当然ながら，問題 3.8 と同じ結果になる．

# 第 4 章

**4.1** 帯域幅の 2 倍がナイキストレートなので，$20\,\text{kHz} \times 2 = 40\,\text{kHz}$ である．

**4.2** 標本化周波数の半分がナイキスト周波数なので，$44.2\,\text{kHz} \div 2 = 22.1\,\text{kHz}$ である．

**4.3** (a) 標本化定理より $\omega_s \geq 2\sigma$ となる．
(b) 解図 5 のようになる．
(c) 離散時間フーリエ逆変換の定義式より

$$x(nT) = \frac{T}{2\pi}\int_{-\frac{\pi}{T}}^{\frac{\pi}{T}} X(e^{j\omega T})e^{jn\omega T}d\omega = \frac{T}{2\pi}\int_{-\sigma}^{\sigma} e^{jn\omega T}d\omega = \frac{1}{n\pi}\frac{e^{jn\sigma T} - e^{-jn\sigma T}}{2j}$$

解図 5

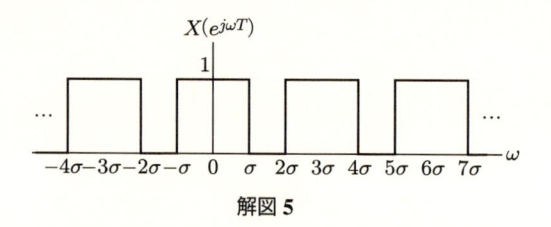

$$= \frac{\sin n\sigma T}{n\pi}$$

**4.4** (a) $f(t)$ は

$$f(t) = 1 + e^{j\omega_0 t} + e^{-j\omega_0 t} + e^{j3\omega_0 t} + e^{-j3\omega_0 t}$$

のように変形できるので，そのスペクトル構造は解図 6(a) のようになる．

(b) $f(t)$ を周波数 4 Hz で標本化した信号のスペクトル構造は解図 6(b) のようになる．$4n-1$ Hz と $4n+1$ Hz でエイリアシングによってスペクトルが重なり合っている．ただし，$n = 0, \pm 1, \pm 2, \cdots$ である．

(c) $f(t)$ を周波数 4 Hz で標本化した信号のスペクトル構造は解図 6(c) のようになる．この場合は，エイリアシングは生じない．

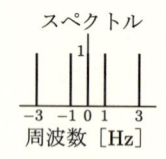

（a）$f(t)$ のスペクトル構造

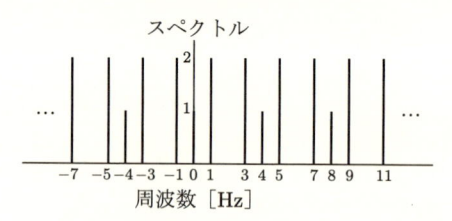

（b）4 Hz で標本化したときのスペクトル構造

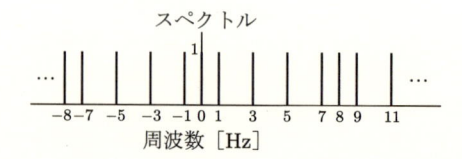

（c）8 Hz で標本化したときのスペクトル構造

解図 6

**4.5** (a) $f_\sigma(t) = 1 + 2\cos\omega_0 t$

(b) $f(t)_\sigma$ をフーリエ級数展開すると $f(t) = 1 + e^{j\omega_0 t} + e^{-j\omega_0 t}$ となるので，これを 4 Hz で標本化したときのスペクトル構造は解図 7 のようになる．

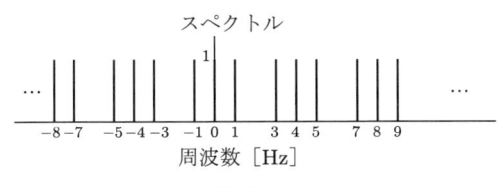

解図 7

(c) この場合はエイリアシングが生じないので，フーリエ係数とエイリアシング係数は 1 対 1 に対応し，$\bar{C}_0 = \bar{C}_1 = \bar{C}_3 = 1$ および $\bar{C}_2 = 0$ である．

**4.6** 解図 8 のようになる．

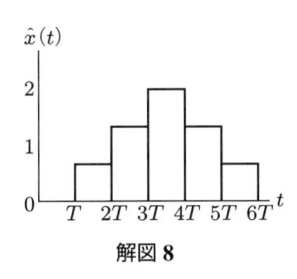

解図 8

**4.7** この場合の標本化周波数はナイキストレートの 4 倍になるので，20 kHz×2×4 = 160 kHz である．

**4.8** RL 回路の周波数特性は

$$H(\omega) = \frac{V_2(\omega)}{V_1(\omega)} = \frac{R}{R + j\omega L}$$

であるから，そのインパルス応答は

$$h_\sigma(t) = \frac{R}{L} e^{-Rt/L} u(t)$$

となる．したがって，ディジタルシミュレータのインパルス応答は

$$h = \frac{RT}{L} e^{-RnT/L}$$

となる．これを $z$ 変換することによりディジタルシミュレータの伝達関数が

$$H(z) = \frac{RT}{L} \frac{1}{1 - e^{-RT/L} z^{-1}}$$

のように求まる．

# 第 5 章
**5.1** オイラーの定理より

## 198　演習問題解答

$$\sin n\omega_0 = \frac{e^{jn\omega_0} - e^{-jn\omega_0}}{2j} \tag{S.1}$$

であるから，表 5.1 の $e^{j(n\omega_0+\phi)}$ の DTFT において $\phi = 0$ を代入することにより，求める DTFT は

$$-j\pi \sum_{k=-\infty}^{\infty} \{\delta(\omega - \omega_0 + 2\pi k) - \delta(\omega + \omega_0 + 2\pi k)\} \tag{S.2}$$

となる．

**5.2** オイラーの定理より

$$x(n)\cos(n\omega_0) = x(n)\frac{e^{jn\omega_0} + e^{-jn\omega_0}}{2} = \frac{x(n)e^{jn\omega_0}}{2} + \frac{x(n)e^{-jn\omega_0}}{2} \tag{S.3}$$

であるから，図 5.1 の周波数シフトを考慮すると $x(n)\cos(n\omega_0)$ の DTFT は

$$\frac{1}{2}X(e^{j(\omega-\omega_0)}) + \frac{1}{2}X(e^{j(\omega+\omega_0)}) \tag{S.4}$$

となる．

**5.3** (a) オイラーの定理より

$$\sin\frac{4\pi t}{N} = \frac{e^{4\pi t/N} - e^{-4\pi t/N}}{2j}$$

であるので，$\sin(4\pi t/N)$ のフーリエ係数 $C_n$ は，$n = 1$ のとき $1/2j$，$n = -1$ のとき $-1/2j$，その他の $n$ では零となる．

(b) $N$ が 4 より大きい自然数のとき，正弦波の周波数の $N/2$ 倍の周波数で標本化しているので，エイリアシングは発生せず，フーリエ係数とエイリアシング係数は 1 対 1 に対応する．よって，$1/N$ [Hz] を基本周波数としてエイリアシング係数の番号づけをすると，$n = 2$ のとき $\bar{C}_2 = 1/2j$，$n = N-2$ のとき $\bar{C}_{N-2} = -1/2j$，その他の $n$ では $\bar{C}_n = 0$ となる．

(c) 式 (5.20) より DFS 係数は

$$\tilde{X}(k) = \begin{cases} \dfrac{N}{2j} & (k = 2 + rN) \\ -\dfrac{N}{2j} & (k = -2 + rN) \\ 0 & （上記以外の $k$） \end{cases} \tag{S.5}$$

となる．これは，式 (5.25) と同じである．

**5.4** 110 ページの表 5.4 が答えである．

**5.5** 長さ $M$ の有限区間信号 $y(n)$ を

$$y(n) = \begin{cases} x(n) & (0 \leq n \leq N-1) \\ 0 & (N-1 < n \leq M-1) \end{cases} \tag{S.6}$$

のようにして生成する．$y(n)$ のスペクトルを $M$ 点 FFT で計算し，周波数軸を非正規化すれば，その最初の $N$ 点は $x(n)$ の DFT と一致する．

5.6 複素乗算回数が，DFT をそのまま計算する場合の $N^2$ 回から $\frac{N}{2}\log_2 N$ 回へと大幅に減少していることが最大の FFT の意義である．それに加えて，FFT だと演算誤差が減少するともいわれている．

5.7 DFT の定義式からわかるように，$N$ 点 DFT（あるいは FFT）は $N$ 個のパラレルデータに対して行う演算である．したがって，連続時間信号 $x(t)$ を A/D 変換器に通した後，直列データを並列データに並べ替えないといけない（これをブロック化ともいう）．システム構成は解図 9 のようになる．図中の窓関数は並べ替えに伴うスペクトル解析の解像度低下を少なくするための処理であり，詳細はたとえば文献 [7] を参照されたい．

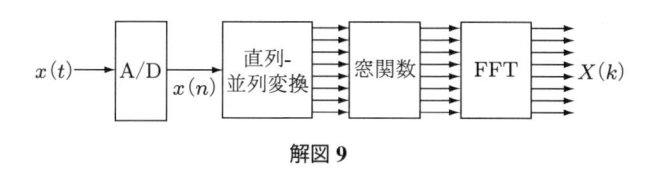

解図 9

# 第 6 章

**6.1** (a) $\omega_s = 2\pi/T$ および $\omega_c = \omega_s/3$ より $\omega_c T = 2\pi/3$ であるので，式 (6.16) と式 (6.18) に $N = 5$ とともに代入すると

$$a_0 = h(-2) = \frac{\sin(4\pi/3)}{2\pi} = \frac{\sqrt{3}}{4\pi}$$

$$a_1 = h(-1) = \frac{\sin(2\pi/3)}{\pi} = \frac{\sqrt{3}}{2\pi}$$

$$a_2 = h(0) = \frac{\omega_c T}{\pi} = \frac{2}{3}$$

$$a_3 = h(1) = \frac{\sin(2\pi/3)}{\pi} = \frac{\sqrt{3}}{2\pi}$$

$$a_4 = h(2) = \frac{\sin(4\pi/3)}{2\pi} = \frac{\sqrt{3}}{4\pi}$$

を得る．したがって，設計された伝達関数は

$$H(z) = \frac{\sqrt{3}}{4\pi} + \frac{\sqrt{3}}{2\pi}z^{-1} + \frac{2}{3}z^{-2} + \frac{\sqrt{3}}{2\pi}z^{-3} + \frac{\sqrt{3}}{4\pi}z^{-4}$$

となる．

**6.2** (a) $H(s)$ に $s = (1-z^{-1})/(1+z^{-1})$ を代入すると

$$H(z) = \frac{1}{\left\{\frac{1-z^{-1}}{1+z^{-1}}\right\}^2 + 0.1\frac{1-z^{-1}}{1+z^{-1}} + 1} = \frac{(1+z^{-1})^2}{2.1 - 0.1z^{-1} + 2z^{-2}}$$

$$= 0.476\frac{(1+z^{-1})^2}{1 - 0.0476z^{-1} + 0.952z^{-2}}$$

が得られる．

(b) 表 6.1 より，2 次低域通過フィルタである．

(c) 解図 10 のようになる．

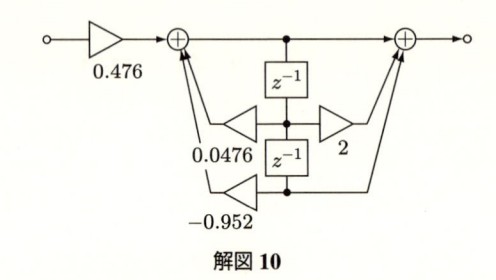

**解図 10**

6.3 伝送零点は
$$z = -\frac{1}{2} \pm j\frac{\sqrt{3}}{2}$$
である．このときのノッチ周波数は，式 (6.55) より標本化角周波数を $2\pi$ とするときの正規化角周波数で表すと $2\pi/3$ である．

6.4 2 次方程式 $z^2 + az + b = 0$ の解が実数解をもつときと複素共役解をもつときに場合分けをする．

(i) 実数解の場合
2 次方程式の判別式を $D$ とすると $D \geqq 0$ より
$$D = a^2 - 4b \geqq 0$$
すなわち
$$b \leqq \frac{1}{4}a^2$$
次に，放物線 $f(z) = z^2 + az + b$ の中心線 $x = -a/2$ について
$$-1 < -\frac{a}{2} < 1$$
すなわち
$$-2 \leqq a \leqq 2$$
また，$f(-1) > 1$ かつ $f(1) > 1$ より
$$b > a - 1$$
かつ
$$b > -a - 1$$

(ii) 複素共役解の場合
$D < 0$ より
$$a^2 - 4b < 0$$
すなわち
$$b > \frac{1}{4}a^2$$

このときの解は
$$z = -\frac{a}{2} \pm j\frac{\sqrt{4b-a^2}}{2}$$
この絶対値が 1 より小さくなるためには
$$-1 < b < 1$$
(i) と (ii) の結果を合わせると式 (6.58) となる．

**6.5** 式 (6.65) より中心周波数 $\omega_0$ は
$$\omega_0 = \cos^{-1}\frac{1.5}{1+0.9} = 0.210\pi$$
であり，帯域幅 $\omega_b$ は
$$\omega_b = 2\tan^{-1}\frac{1-0.9}{1+0.9} = 0.0335\pi$$
である．ただし，標本化周波数は $2\pi\,\mathrm{rad/s}$ である．

**6.6** 式 (6.70) を $b$ について解くと
$$b = \frac{1-\tan(\omega_b T/2)}{1+\tan(\omega_b T/2)} = \frac{1-\tan(0.05\pi)}{1+\tan(0.05\pi)} = 0.727$$
式 (6.65) を $a$ について解いて，$b$ の値を代入すると
$$a = -(1+b)\cos\omega_0 T = -(1+0.727)\cos(0.4\pi) = -0.534$$
また，式 (6.71) より
$$h = 0.137$$
となる．したがって，求める伝達関数は
$$H(z) = \frac{0.137(1-z^{-2})}{1-0.534z^{-1}+0.727z^{-2}}$$
である．

**6.7** $\omega$ に $-\omega$ を代入して複素共役をとると
$$\begin{aligned}H^*(e^{-j\omega T}) &= H_L^*(e^{j(-\omega+\omega_0)T}) + H_L^*(e^{j(-\omega-\omega_0)T})\\ &= H_L^*(e^{-j(\omega-\omega_0)T}) + H_L^*(e^{-j(\omega+\omega_0)T})\end{aligned} \quad (\text{S}.7)$$
ここで $H_L(e^{j\omega T})$ は複素係数なので，$H_L(e^{j\omega T}) = H_L^*(e^{-j\omega T})$ である．よって
$$\begin{aligned}H^*(e^{-j\omega T}) &= H_L(e^{j(\omega-\omega_0)T}) + H_L(e^{j(\omega+\omega_0)T})\\ &= H(e^{-j\omega T})\end{aligned}$$
となる．

**6.8** 重ね合わせの理を利用するために図 6.58 の回路の入力部分を解図 11 のように分解する．上側の入力からの伝達関数が $G$ で，下側の入力からの伝達関数は $F(1+G)$ である．よって，求める伝達関数 $H$ はそれらの和をとることにより
$$H = G + F(1+G) = F + G + FG$$

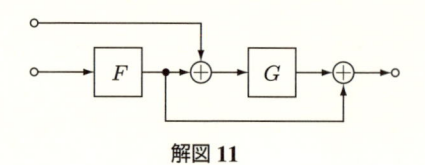

解図 11

となる．

**6.9** 係数 $a_1$ と $a_2$ をそれぞれ一つの乗算器で実現すると，解図 12 を得る（図 6.38 参照）．

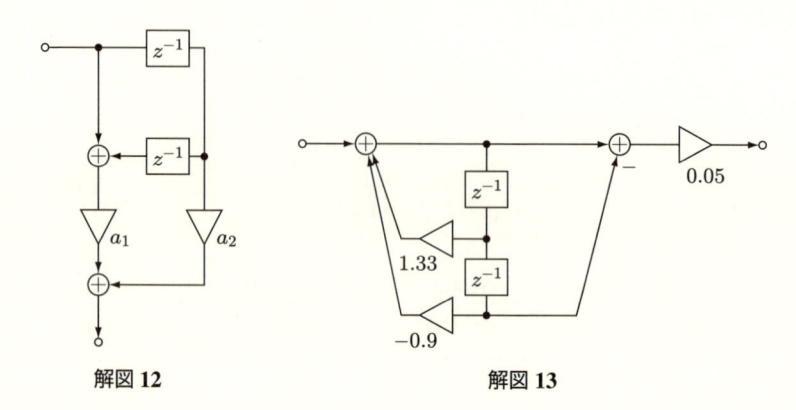

解図 12

解図 13

**6.10** 解図 13 のようになる．

**6.11** 各乗算器の入力節点からフィルタの出力節点までの伝達関数は $h_i z^{-i}$ $(i = 0, 2, \cdots, n)$ であるので，重ね合わせの理より全体の伝達関数はそれらの総和として

$$H(z) = h_0 + h_1 z^{-1} + \cdots + h_n z^{-n}$$

となる．

**6.12** 重ね合わせの理を利用するために図 6.49 の回路の入力部分を解図 14 のように分解する．上側の入力からの伝達関数は

$$\frac{z^{-1} - p_1 z^{-1}}{1 + p_1 z^{-1}}$$

で，下側の入力からの伝達関数は

$$\frac{p_1 + p_1 z^{-1}}{1 + p_1 z^{-1}}$$

である．よって，求める伝達関数 $H$ はそれらの和をとることにより

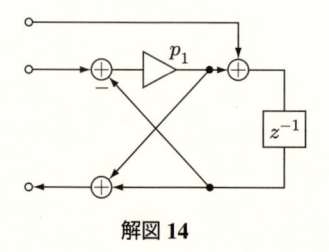

解図 14

$$H(z) = \frac{z^{-1} - p_1 z^{-1}}{1 + p_1 z^{-1}} + \frac{p_1 + p_1 z^{-1}}{1 + p_1 z^{-1}} = \frac{p_1 + z^{-1}}{1 + p_1 z^{-1}}$$

となる．

**6.13** 回路は図 6.51 である．係数 $k_1$ および $k_2$ は式 (6.134) および式 (6.135) より

$$k_1 = 0.9$$

および

$$k_2 = \frac{-1.33}{1 + 0.9} = -0.7$$

で与えられる．

**6.14** 低域–高域変換は遅延要素 $z^{-1}$ を $-z^{-1}$ で置き換えることであるので，その回路実現は解図 15 のようになる．この置き換えでディレイフリーループは生じない．

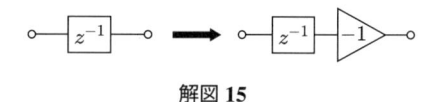

**解図 15**

# 第 7 章

**7.1** 順次 2 をかけていくと

|  | 整数部 |
| --- | --- |
| $0.625 \times 2 = 1.25$ | 1 |
| $0.25 \times 2 = 0.5$ | 0 |
| $0.5 \times 2 = 1.0$ | 1 |

なので，0.101 となる．

**7.2** 式 (7.2) より

$$-1 + 1 \times 2^{-1} + 1 \times 2^{-2} + 1 \times 2^{-3} = -0.125$$

となる．

**7.3** 式 (7.3) より

$$(1 \times 2^{-1} + 1 \times 2^{-3}) \times 2^{(-1 \times 2^3 + 1)} = 0.625 \times 2^{-7} = 0.0048828$$

となる．

**7.4** 解図 16 のように節点番号を付ける．

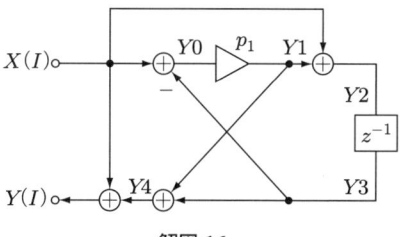

**解図 16**

この結果，解図 17 のプレシデンスフォームを得る．

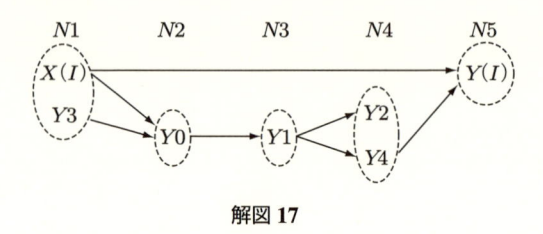

**解図 17**

7.5 解図 18 の太線のパスで，$X(I) \to Y0 \to Y1 \to Y4 \to Y(I)$ あるいは $Y3 \to Y0 \to Y1 \to Y4 \to Y(I)$ の二つである．

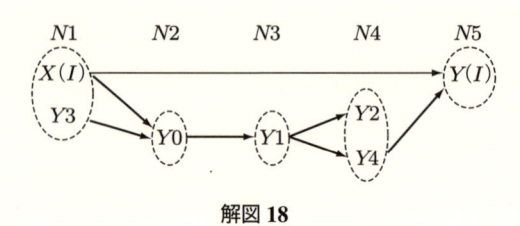

**解図 18**

7.6 図 7.5 のディジタルフィルタの演算を行う算術文は 178 ページに記述してある．これを基に時点 0 から 64 点のインパルス応答を計算するプログラムを記述した例は以下のようになる．

```
/*--------------------------------------------------*/
/* インパルス応答のシミュレーション */
#include <stdio.h>
 main()
 {
  int i;
  double xin, y0, y1, y2, yout, a, b, h;
  /* 乗算器係数 */
  a = -0.75;
  b = 0.5;
  h = 0.25;
  /* 遅延の初期値 */
  y1 = 0.0;
  y2 = 0.0;
  /* インパルス応答の繰り返し計算 */
  for (i=0; i<64; i++)
    {
      /* インパルスの入力 */
      if (i == 0)
        xin = 1.0;
      else
        xin = 0.0;
      /* プレシデンスフォームに基づく節点の計算 */
      y0 = xin - a*y1 - b*y2;
      yout = h*(y0 - y2);
      /* 遅延要素のデータの更新 */
```

```
            y2 = y1;
            y1 = y0;
            /* 出力 */
            printf("%5d%10f\n", i, yout);
        }
    }
/*--------------------------------------------------*/
```

**7.7** ディジタル信号処理システムの動作シミュレーションとソフトウェア実現およびハードウェア実現の垣根が低くなり，実現の最終段階に至るまではターゲットを意識せずに開発が行われるようになると予想される．

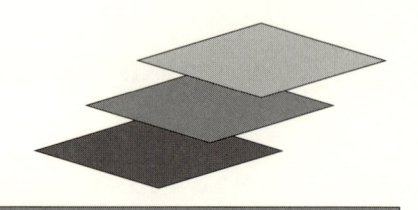

# 索　引

## ■英　数

| | |
|---|---|
| 0 次ホールド | 89 |
| 1D 形 | 160 |
| 2D 形 | 162 |
| 2 次伝達関数 | 139 |
| 2 の補数表示 | 171 |
| DFS | 108 |
| DFT | 111 |
| DSP | 4 |
| DTFT | 25, 104 |
| FFT | 113 |
| FIR 形 | 15 |
| FIR システム | 15 |
| FIR フィルタ | 120 |
| IDTFT | 25, 104 |
| IFFT | 118 |
| IIR 形 | 15 |
| IIR システム | 15 |
| IIR フィルタ | 120 |
| LSB | 170 |
| MSB | 170 |
| Remez のアルゴリズム | 128 |
| $s$ 領域 | 65 |
| $z$ 変換 | 27 |
| $z$ 領域 | 27 |

## ■ア　行

| | |
|---|---|
| アナログ信号 | 1, 9 |
| アナログ信号処理 | 2 |
| アパーチャ効果 | 90 |
| 安　定 | 43 |
| 安定判別 | 43 |
| 位　相 | 19 |
| 位相スペクトル | 25 |
| 位相特性 | 22 |
| 位相歪み | 121 |
| 一定振幅 | 121 |
| 移動平均 | 129 |
| イメージング歪み | 81 |
| 因果性 | 16 |
| インパルス応答 | 13 |
| インパルス系列 | 9 |
| インパルス信号 | 9 |
| インパルス不変条件 | 100 |
| インパルス不変法 | 137 |
| エイリアシング | 73 |
| エイリアシング係数 | 79 |
| エイリアシング歪み | 73 |
| エイリアス | 73 |
| 演算子 | 12 |
| オイラーの定理 | 20 |
| オーダリング | 161 |
| オーバーサンプリング | 96 |
| オーバーフロー | 173 |
| オールパス関数 | 144 |
| オールパス回路 | 163 |
| オールパス変換 | 148, 166 |

## ■カ　行

| | |
|---|---|
| ガードフィルタ | 100 |
| 回　路 | 41 |
| 確定信号 | 1 |
| 確率信号 | 1 |
| 重ね合わせの理 | 18 |
| 加算器 | 41 |
| 過渡応答 | 34 |
| 過渡項 | 34 |
| 過渡状態 | 35 |

| | | | |
|---|---|---|---|
| 可変フィルタ | 166 | 次　数 | 14, 37 |
| 完全応答 | 34 | 実現可能性 | 17 |
| 基　数 | 116 | 時定数 | 64 |
| 奇対称 | 125 | シフト不変 | 12 |
| ギブスの現象 | 85 | 時不変（離散時間） | 12 |
| 基本波 | 54 | 時不変（連続時間） | 60 |
| 逆 $z$ 変換 | 30 | 遮断周波数 | 122 |
| 逆　相 | 22 | 周期信号 | 21 |
| 極 | 27, 38 | 縦続形構成 | 158, 160 |
| 切り捨て | 172 | 周波数 | 19 |
| 偶対称 | 124 | 周波数応答 | 21 |
| くし形フィルタ | 131 | 周波数シフト | 145 |
| クリティカルサンプリング | 95 | 周波数伝達関数 | 21 |
| クリティカルパス | 181 | 周波数特性 | 21 |
| 群遅延特性 | 22 | 周波数領域（離散時間） | 25 |
| 減衰量 | 39 | 周波数領域（連続時間） | 48 |
| 厳密相補 | 152 | 巡回形 | 15 |
| 高域通過（ハイパス）フィルタ | 120 | 巡回形回路 | 155 |
| 高速フーリエ逆変換 | 118 | 乗算器 | 41 |
| 高速フーリエ変換 | 113 | 初期休止条件 | 19 |
| 高調波 | 54 | 初期値 | 15 |
| 交番定理 | 128 | 信号処理 | 1 |
| コサイン変調 | 146, 147 | 信号の差 | 9 |
| 語　長 | 170 | 信号の積 | 9 |
| 語長制限 | 172 | 信号の和 | 9 |
| 固定小数点 | 170 | 信号モデリング | 3 |
| 固有関数 | 22 | 振　幅 | 19 |
| 固有値 | 22 | 振幅 2 乗特性 | 23 |
| 混合基数 FFT | 117 | 振幅スペクトル | 25 |
| コンボリューション | 14 | 振幅特性 | 22 |
| | | 振幅歪み | 121 |
| ■サ　行 | | 数値ビット | 170 |
| 再帰形回路 | 155 | ステップ応答（離散時間） | 34 |
| 最小重みビット | 170 | ステップ応答（連続時間） | 62 |
| 最大重みビット | 170 | ステップ系列 | 9 |
| 差分方程式 | 5, 14 | ステップ信号 | 9 |
| 作用素 | 12 | スペクトル推定 | 3 |
| サンプラ | 72 | スムージングフィルタ | 92 |
| サンプリング | 72 | 正規化角周波数 | 26 |
| サンプルホールド回路 | 72, 89 | 正規化周波数 | 26 |
| 時間領域（離散時間） | 25 | 正弦積分 | 53 |
| 時間領域（連続時間） | 48 | 正弦波信号 | 19 |
| シグナルフローグラフ | 42 | 積和演算 | 185 |

節　点 ························································ 175
零位相 ························································ 125
零状態応答 ················································· 34
零　点 ·························································· 38
零入力応答 ················································· 34
全域通過回路 ············································ 163
全域通過関数 ············································ 143
全極形伝達関数 ··········································· 38
線形システム ············································· 12
線形時不変システム ·································· 12
線スペクトル ············································· 54
全零形伝達関数 ··········································· 38
双 1 次変換 ················································ 133
相補性 ··············································· 152, 167
阻止域 ························································ 120
阻止域最小減衰量 ····································· 123
阻止域端周波数 ········································· 123

■タ 行

帯域消去（バンドストップ）フィルタ ····· 120
帯域制限 ······················································ 73
帯域制限信号 ·············································· 76
帯域制限フィルタ ······································· 74
帯域通過（バンドパス）フィルタ ············ 120
帯域幅 ························································ 120
帯域幅（2 次フィルタ）···························· 142
帯域幅固定低域‒帯域通過オールパス変換 ·· 150
ダイナミックレンジ ································· 173
楕円特性 ··················································· 123
畳み込み積分 ·············································· 51
畳み込み和 ·················································· 14
タップ ······················································· 157
タップ数 ··················································· 124
単位インパルス信号（離散時間）··············· 9
単位インパルス信号（連続時間）············· 56
単位ステップ関数 ······································· 58
単位ステップ信号 ········································· 9
遅延要素 ····················································· 41
チェビシェフ特性 ····································· 123
中心周波数 ················································ 120
中心周波数（2 次フィルタ）···················· 142
直接形 I ····················································· 159
直接形 II ··················································· 160

直接形構成 ········································ 157, 159
直線位相 ··················································· 121
通過域 ························································ 120
通過域最大減衰量 ····································· 123
通過域リプル ············································ 123
低域‒高域オールパス変換 ························ 149
低域‒高域変換 ·········································· 145
低域‒帯域消去オールパス変換 ················· 150
低域‒帯域通過オールパス変換 ················· 150
低域通過（ローパス）フィルタ ··············· 120
低域‒低域オールパス変換 ························ 148
ディジタルシグナルプロセッサ ··············· 185
ディジタルシミュレータ ··························· 98
ディジタル信号 ······································· 4, 9
ディジタル信号処理 ····································· 4
ディジタルフィルタ ································· 119
定常応答 ····················································· 35
定常項 ························································· 35
定常状態 ····················································· 35
ディレイフリーループ ···························· 180
適応信号処理 ················································ 3
デルタ関数 ·················································· 56
デルタ関数列 ·············································· 58
伝送関数 ····················································· 39
伝送零点 ··················································· 139
伝達関数 ····················································· 36
転置回路 ··················································· 161
電力相補 ··················································· 152
等　化 ··························································· 3
同　相 ························································· 22
等リプル近似 ············································ 123
トランスバーサル形回路 ·························· 157

■ナ 行

ナイキスト周波数 ······································· 74
ナイキストレート ······································· 73
内挿フィルタ ·············································· 74
ノッチ周波数 ············································ 139
ノッチフィルタ ········································ 120

■ハ 行

パーセバルの定理 ·················· 52, 107, 108, 112
波形整形 ······················································· 3

| | |
|---|---|
| バタフライ演算（時間間引き形） | 114 |
| バタフライ演算（周波数間引き形） | 116 |
| バタワース特性 | 123 |
| ハミング窓 | 127 |
| 反伝達関数 | 39 |
| 非再帰形回路 | 155 |
| 非巡回形 | 15 |
| 非巡回形回路 | 155 |
| ビット反転の関係 | 116 |
| 標準 $z$ 変換 | 102 |
| 標本化 | 4, 72 |
| 標本化関数 | 76 |
| 標本化周期 | 8 |
| 標本化周波数 | 20, 72 |
| 標本化定理 | 76 |
| 標本値信号 | 72 |
| 標本値列 | 4 |
| 不安定 | 43 |
| フィルタリング | 2 |
| フーリエ級数（連続時間） | 54 |
| フーリエ変換（連続時間） | 48 |
| 複素指数関数信号 | 20 |
| 符号ビット | 170 |
| 浮動小数点 | 170 |
| 負の周波数 | 20 |
| プリワーピング | 135 |
| プレシデンスフォーム | 175 |
| ブロック法 | 154 |
| ペアリング | 161 |
| 平均 2 乗誤差 | 86, 127 |
| 平坦近似 | 123 |
| 方形波 | 49 |
| 方形波列 | 55 |
| 方形窓 | 111, 127 |
| ホールド回路 | 89 |

### ■マ 行

| | |
|---|---|
| 窓関数 | 111, 126 |
| 窓関数法 | 126 |
| マルチレート信号処理 | 96 |
| まるめ | 172 |
| まるめ雑音 | 173 |
| 無歪みフィルタリング | 121 |

### ■ヤ 行

| | |
|---|---|
| 有 界 | 43 |
| 有極形フィルタ | 140 |
| 有限区間信号 | 111 |
| 有限継続信号 | 111 |
| 有限次数システム（離散時間） | 17 |
| 有限次数システム（連続時間） | 69 |
| 余弦波信号 | 19 |

### ■ラ 行

| | |
|---|---|
| ラティス形全域通過回路 | 163 |
| ラプラス変換 | 27, 65 |
| ランニングサム | 10 |
| 離散時間システム | 4, 12 |
| 離散時間信号 | 4, 8 |
| 離散時間フーリエ逆変換 | 25, 104 |
| 離散時間フーリエ変換 | 25, 104 |
| 離散時間方形波 | 45, 106 |
| 離散時間方形波列 | 109 |
| 離散フーリエ級数 | 108 |
| 離散フーリエ変換 | 111 |
| 理想サンプラ | 72 |
| 理想低域通過フィルタ（離散時間） | 121 |
| 理想低域通過フィルタ（連続時間） | 62 |
| 利得水準 | 39 |
| 利得定数 | 139 |
| リプル | 123 |
| リミットサイクル | 173 |
| 量子化 | 72 |
| 量子化器 | 72 |
| 量子化雑音 | 173 |
| レート変換 | 96 |
| 連続時間システム | 1, 60 |
| 連続時間信号 | 1, 9, 48 |
| 連続スペクトル | 49 |

### 著者略歴

渡部　英二（わたなべ・えいじ）
- 1981 年　電気通信大学電波通信学科卒業
- 1983 年　同大大学院修士課程修了
- 1986 年　東京工業大学大学院電子物理工学専攻博士後期課程修了
　　　　　東京工業大学大学院物理情報工学専攻助手
- 1991 年　芝浦工業大学電子情報システム学科講師
- 1995 年　芝浦工業大学電子情報システム学科助教授
- 2000 年　芝浦工業大学電子情報システム学科教授
　　　　　現在に至る
　　　　　工学博士

---

ディジタル信号処理システムの基礎　　　© 渡部英二　2008

2008 年 4 月 4 日　第 1 版第 1 刷発行　　【本書の無断転載を禁ず】
2022 年 9 月 15 日　第 1 版第 4 刷発行

著　　者　渡部英二
発 行 者　森北博巳
発 行 所　森北出版株式会社
　　　　　東京都千代田区富士見 1-4-11（〒102-0071）
　　　　　電話 03-3265-8341 ／ FAX 03-3264-8709
　　　　　https://www.morikita.co.jp/
　　　　　日本書籍出版協会・自然科学書協会　会員
　　　　　JCOPY ＜（一社）出版者著作権管理機構　委託出版物＞

落丁・乱丁本はお取替えいたします　　印刷／エーヴィス・製本／協栄製本
　　　　　　　　　　　　　　　　　　組版／ウルス

Printed in Japan／ISBN978-4-627-78571-7